# Schülkes Tafeln

**Funktionswerte**

**Zahlenwerte**

**Formeln**

Bearbeitet von Studiendirektor H. Wunderling, Berlin
und Oberstudiendirektor a. D. H. Heise, Berlin

56., durchgesehene Auflage
Mit einem ausklappbaren Periodensystem der Elemente
und einer beigelegten Proportionaltafel

B. G. Teubner Stuttgart 1984

# Vorbemerkungen

Die Schülkeschen Tafeln haben sich seit ihrem ersten Erscheinen im Jahre 1895 einen festen Platz unter den Hilfsmitteln des mathematischen und naturwissenschaftlichen Unterrichts erworben. Sie wurden laufend überprüft, erneuert und erweitert.

In der 55. Auflage wurden folgende Veränderungen gegenüber der 54. Auflage vorgenommen, die alle dem Ziel dienten, trotz gesteigerten Informationsangebots die Übersichtlichkeit weiter zu erhöhen:

1. Auf die nicht unbedingt notwendigen Tafeln lg tan $x$/lg cot $x$ wurde verzichtet, um für die Stochastik neben den bisherigen Tafeln die kumulative Binomialverteilung bereitzustellen.
2. Die Angaben in den physikalischen und astronomischen Tabellen (Tafeln 21 bis 25) wurden überprüft und auf den neuesten Stand gebracht. Um dem wachsenden Interesse an Problemen des Energieumsatzes und des Energieübergangs Rechnung zu tragen, wurden in stärkerem Umfang als bisher energetische Konstanten berücksichtigt; dazu gehören Angaben über die Wärmeleitfähigkeit verschiedener Stoffe, den Emissionsgrad von Oberflächen und die Heiz(Brenn)-Werte von Brennstoffen sowie eine Energieskala.
3. Neu aufgenommen wurde eine informationsreiche vierfarbige Darstellung des Periodensystems der Elemente.
4. Die mathematischen Formeln wurden nunmehr sämtlich nach dem bewährten Prinzip eines logischen Aufbaus jeden Teilgebiets dargestellt, wobei die farbliche Unterscheidung zwischen Formelteil (schwarz) und erläuterndem Beispiel (grün) die Benutzung unterstützt.
5. Da die angewandte Mathematik aufgrund des möglichen Einsatzes elektronischer Rechenhilfsmittel heute mehr und mehr Berücksichtigung in der Schule findet, wurde ihr im Formelteil ein größerer Raum zugewiesen. So findet der Benutzer die statistischen Methoden zur Bearbeitung von Meßreihen ausführlicher als bisher. Vor allem aber wurden der Umgang mit Taschenrechnern, die damit zusammenhängenden Fragen der Fehlerfortpflanzung sowie einige Algorithmen als Flußdiagramme neu aufgenommen.

Die Grundanordnung nach Tafelnummern wurde gegenüber den letzten Auflagen nicht wesentlich verändert. Die alten Tafelnummern sind im Inhaltsverzeichnis in Klammern angegeben, so daß trotz der vorgenommenen Erweiterungen die Auflagen nebeneinander benutzt werden können.

Die vorliegende 56. Auflage ist ein Nachdruck der 55. Auflage, bei der bekannt gewordene Druckfehler berichtigt wurden.

Für Anregungen aus dem Kreise der Benutzer werden wir stets dankbar sein.

Berlin, im Frühjahr 1983                                H. Wunderling, H. Heise


CIP-Kurztitelaufnahme der Deutschen Bibliothek

**Schülkes Tafeln** : Funktionswerte, Zahlenwerte,
Formeln ; mit e. ausklappbaren Periodensystem d.
Elemente u. e. beigelegten Proportionaltaf. / bearb.
von H. Wunderling und H. Heise. — 56., durchges.
Aufl. — Stuttgart : Teubner, 1984. —
    ISBN 3-519-02550-7

NE: Schülke , Albert [Begr.]; Wunderling , Helmut [Bearb.]


Das Werk ist urheberrechtlich geschützt. Die dadurch begründeten Rechte, besonders die der Übersetzung des Nachdrucks, der Bildentnahme, der Funksendung, der Wiedergabe auf photomechanischem oder ähnlichem Wege, der Speicherung und Auswertung in Datenverarbeitungsanlagen, bleiben, auch bei Verwertung von Teilen des Werkes, dem Verlag vorbehalten. Ausgenommen hiervon sind die in §§ 53 und 54 UrhG ausdrücklich genannten Sonderfälle.

Bei gewerblichen Zwecken dienender Vervielfältigung ist an den Verlag gemäß § 54 UrhG eine Vergütung zu zahlen, deren Höhe mit dem Verlag zu vereinbaren ist.

© B. G. Teubner, Stuttgart 1980
Printed in Germany
Herstellung: Sellier GmbH Freising
Umschlaggestaltung: W. Koch, Sindelfingen

# Umrechnungen

Tafel **1**

## Minuten in Dezimalteile des Grades

| Minuten | 0 | 1 | 2 | 3 | 4 | 5 | 6 | 7 | 8 | 9 |
|---|---|---|---|---|---|---|---|---|---|---|
| 0  | 0,000  | 016.  | 033.  | 050   | 066.  | 083.  | 100   | 116.  | 133.  | 150   |
| 10 | 0,166. | 183.  | 200   | 216.  | 233.  | 250   | 266.  | 283.  | 300   | 316.  |
| 20 | 0,333. | 350   | 366.  | 383.  | 400   | 416.  | 433.  | 450   | 466.  | 483.  |
| 30 | 0,500  | 516.  | 533.  | 550   | 566.  | 583.  | 600   | 616.  | 633.  | 650   |
| 40 | 0,666. | 683.  | 700   | 716.  | 733.  | 750   | 766.  | 783.  | 800   | 816.  |
| 50 | 0,833. | 850   | 866.  | 883.  | 900   | 916.  | 933.  | 950   | 966.  | 983.  |

## Sekunden in Dezimalteile des Grades

| Sekunden | 0 | 1 | 2 | 3 | 4 | 5 | 6 | 7 | 8 | 9 |
|---|---|---|---|---|---|---|---|---|---|---|
| 0  | 0,00 00 | 03 | 06 | 08 | 11 | 14 | 17   | 19   | 22   | 25   |
| 10 | 0,00 28 | 31 | 33 | 36 | 39 | 42 | 44   | 47   | 50   | 53   |
| 20 | 0,00 56 | 58 | 61 | 64 | 67 | 69 | 72   | 75   | 78   | 81   |
| 30 | 0,00 83 | 86 | 89 | 92 | 94 | 97 | 0100 | 0103 | 0106 | 0108 |
| 40 | 0,01 11 | 14 | 17 | 19 | 22 | 25 | 28   | 31   | 33   | 36   |
| 50 | 0,01 39 | 42 | 44 | 47 | 50 | 53 | 56   | 58   | 61   | 64   |

## Dezimalteile des Grades in Minuten und Sekunden

| Grad | 1 | 2 | 3 | 4 | 5 | 6 | 7 | 8 | 9 |
|---|---|---|---|---|---|---|---|---|---|
| $0,1°$   | 6'    | 12'    | 18'    | 24'    | 30' | 36'    | 42'    | 48'    | 54'    |
| $0,01°$  | 36"   | 1' 12" | 1' 48" | 2' 24" | 3'  | 3' 36" | 4' 12" | 4' 48" | 5' 24" |
| $0,001°$ | 3,6"  | 7,2"   | 10,8"  | 14,4"  | 18" | 21,6"  | 25,2"  | 28,8"  | 32,4"  |

Durch Dezimalteilung erhält man etwa halb so große Differenzen und doppelte Genauigkeit wie durch Minuten (60 : 100).

# Konstanten

Tafel **2**

| | $n$ | $\lg n$ | $1/n$ |
|---|---|---|---|
| $2\pi$ . . . | 6,283  | 0.7982 | 0,1592  |
| $4\pi$ . . . | 12,566 | 1.0992 | 0,07958 |
| $\pi : 2$ . . | 1,5708 | 0.1961 | 0,6366  |
| $\pi : 3$ . . | 1,047  | 0.0200 | 0,9549  |
| $4\pi : 3$ . | 4,189  | 0.6221 | 0,2387  |
| $\sqrt{\pi}$ . . . | 1,772 | 0.2486 | 0,5642 |
| $\sqrt[3]{\pi}$ . . . | 1,465 | 0.1657 | 0,6828 |
| $\sqrt[3]{4\pi : 3}$ . | 1,612 | 0.2074 | 0,6203 |
| $\sqrt[3]{\pi : 6}$ . | 0,8060 | 9.9063 | 1,241 |
| $1 : \sqrt{2\pi}$ . | 0,3989 | 9.6009 | 2,5066 |
| $\pi^2$ . . . | 9,870 | 0.9943 | 0,1013 |
| $\sqrt{e}$ . . . | 1,649 | 0.2171 | 0,6065 |
| $\sqrt{2}$ . . . | 1,414 | 0.1505 | 0,7071 |
| $\sqrt[3]{2}$ . . . | 1,260 | 0.1003 | 0,7937 |
| $\sqrt{3}$ . . . | 1,732 | 0.2386 | 0,5774 |
| $\sqrt[3]{3}$ . . . | 1,442 | 0.1590 | 0,6934 |
| $\sqrt{10}$ . . | 3,162 | 0.5000 | 0,3162 |
| $\sqrt[3]{10}$ . . | 2,154 | 0.3333 | 0,4642 |

| | $n$ | $\lg n$ | $1/n$ |
|---|---|---|---|
| $\pi = 3,1415926535\ldots$ | | 0.4971 | 0,3183 |
| $\pi : 180 = \text{arc } 1°$ | 0,01745 | 8.2419 | 57,30 |
| $\dfrac{\pi}{60 \cdot 180} = \text{arc } 1'$ | $2,909 \cdot 10^{-4}$ | 6.4637 | $3,438 \cdot 10^3$ |
| $\dfrac{\pi}{60^2 \cdot 180} = \text{arc } 1''$ | $4,848 \cdot 10^{-6}$ | 4.6856 | $2,063 \cdot 10^5$ |
| $e = 2,7182818284\ldots$ | | $0.4343 = M$ | 0,3679 |
| $e^{-1} = 0,3678794\ldots$ | | | |

### Potenzen von 10*)

| $n$ | $10^n$ |
|---|---|
| 0,1   | 1,2589 |
| 2     | 1,5849 |
| 5     | 3,1623 |
| 0,01  | 1,0233 |
| 2     | 0471   |
| 5     | 1220   |
| 0,001 | 1,0023 |
| 2     | 0046   |
| 5     | 0116   |

### Potenzen von e

| $n$ | $e^n$ | $e^{-n}$ |
|---|---|---|
| 2  | 7,389           | 0,1353             |
| 3  | 20,09           | $4,979 \cdot 10^{-2}$ |
| 4  | 54,60           | $1,832 \cdot 10^{-2}$ |
| 5  | 148,4           | $6,738 \cdot 10^{-3}$ |
| 6  | 403,4           | $2,479 \cdot 10^{-3}$ |
| 7  | $1,097 \cdot 10^3$ | $9,119 \cdot 10^{-4}$ |
| 8  | $2,981 \cdot 10^3$ | $3,354 \cdot 10^{-4}$ |
| 9  | $8,103 \cdot 10^3$ | $1,234 \cdot 10^{-4}$ |
| 10 | $2,203 \cdot 10^4$ | $4,540 \cdot 10^{-5}$ |

*) Potenzen von 2, 3 usw. sowie Fakultäten s. Tafel 16 auf S. 22.

## Die Logarithmen von 1000···1099 5stellig, von 100···499 4stellig

| | 1 | 2 | 3 | 4 | 5 | 6 | 7 | 8 | 9 | D |
|---|---|---|---|---|---|---|---|---|---|---|
| | | 043 | 087 | 130 | 173 | 217 | 260 | 303 | 346 | 389 | 43 |
| 101 | | 475 | 518 | 561 | 604 | 647 | 689 | 732 | 775 | 817 | 43 |
| 102 | 860 | 903 | 945 | 988 | *030 | *072 | *115 | *157 | *199 | *242 | 42 |
| 103 | 01 284 | 326 | 368 | 410 | 452 | 494 | 536 | 578 | 620 | 662 | 41 |
| 104 | 703 | 745 | 787 | 828 | 870 | 912 | 953 | 995 | *036 | *078 | 41 |
| 105 | 02 119 | 160 | 202 | 243 | 284 | 325 | 366 | 407 | 449 | 490 | 41 |
| 106 | 531 | 572 | 612 | 653 | 694 | 735 | 776 | 816 | 857 | 898 | 40 |
| 107 | 938 | 979 | *019 | *060 | *100 | *141 | *181 | *222 | *262 | *302 | 40 |
| 108 | 03 342 | 383 | 423 | 463 | 503 | 543 | 583 | 623 | 663 | 703 | 40 |
| 109 | 743 | 782 | 822 | 862 | 902 | 941 | 981 | *021 | *060 | *100 | 40 |
| 10 | 0000 | 0043 | 0086 | 0128 | 0170 | 0212 | 0253 | 0294 | 0334 | 0374 | 40 |
| 11 | 0414 | 0453 | 0492 | 0531 | 0569 | 0607 | 0645 | 0682 | 0719 | 0755 | 37 |
| 12 | 0792 | 0828 | 0864 | 0899 | 0934 | 0969 | 1004 | 1038 | 1072 | 1106 | 33 |
| 13 | 1139 | 1173 | 1206 | 1239 | 1271 | 1303 | 1335 | 1367 | 1399 | 1430 | 31 |
| 14 | 1461 | 1492 | 1523 | 1553 | 1584 | 1614 | 1644 | 1673 | 1703 | 1732 | 29 |
| 15 | 1761 | 1790 | 1818 | 1847 | 1875 | 1903 | 1931 | 1959 | 1987 | 2014 | 27 |
| 16 | 2041 | 2068 | 2095 | 2122 | 2148 | 2175 | 2201 | 2227 | 2253 | 2279 | 25 |
| 17 | 2304 | 2330 | 2355 | 2380 | 2405 | 2430 | 2455 | 2480 | 2504 | 2529 | 24 |
| 18 | 2553 | 2577 | 2601 | 2625 | 2648 | 2672 | 2695 | 2718 | 2742 | 2765 | 23 |
| 19 | 2788 | 2810 | 2833 | 2856 | 2878 | 2900 | 2923 | 2945 | 2967 | 2989 | 21 |
| 20 | 3010 | 3032 | 3054 | 3075 | 3096 | 3118 | 3139 | 3160 | 3181 | 3201 | 21 |
| 21 | 3222 | 3243 | 3263 | 3284 | 3304 | 3324 | 3345 | 3365 | 3385 | 3404 | 20 |
| 22 | 3424 | 3444 | 3464 | 3483 | 3502 | 3522 | 3541 | 3560 | 3579 | 3598 | 19 |
| 23 | 3617 | 3636 | 3655 | 3674 | 3692 | 3711 | 3729 | 3747 | 3766 | 3784 | 18 |
| 24 | 3802 | 3820 | 3838 | 3856 | 3874 | 3892 | 3909 | 3927 | 3945 | 3962 | 17 |
| 25 | 3979 | 3997 | 4014 | 4031 | 4048 | 4065 | 4082 | 4099 | 4116 | 4133 | 17 |
| 26 | 4150 | 4166 | 4183 | 4200 | 4216 | 4232 | 4249 | 4265 | 4281 | 4298 | 16 |
| 27 | 4314 | 4330 | 4346 | 4362 | 4378 | 4393 | 4409 | 4425 | 4440 | 4456 | 16 |
| 28 | 4472 | 4487 | 4502 | 4518 | 4533 | 4548 | 4564 | 4579 | 4594 | 4609 | 15 |
| 29 | 4624 | 4639 | 4654 | 4669 | 4683 | 4698 | 4713 | 4728 | 4742 | 4757 | 14 |
| 30 | 4771 | 4786 | 4800 | 4814 | 4829 | 4843 | 4857 | 4871 | 4886 | 4900 | 14 |
| 31 | 4914 | 4928 | 4942 | 4955 | 4969 | 4983 | 4997 | 5011 | 5024 | 5038 | 13 |
| 32 | 5051 | 5065 | 5079 | 5092 | 5105 | 5119 | 5132 | 5145 | 5159 | 5172 | 13 |
| 33 | 5185 | 5198 | 5211 | 5224 | 5237 | 5250 | 5263 | 5276 | 5289 | 5302 | 13 |
| 34 | 5315 | 5328 | 5340 | 5353 | 5366 | 5378 | 5391 | 5403 | 5416 | 5428 | 13 |
| 35 | 5441 | 5453 | 5465 | 5478 | 5490 | 5502 | 5514 | 5527 | 5539 | 5551 | 12 |
| 36 | 5563 | 5575 | 5587 | 5599 | 5611 | 5623 | 5635 | 5647 | 5658 | 5670 | 12 |
| 37 | 5682 | 5694 | 5705 | 5717 | 5729 | 5740 | 5752 | 5763 | 5775 | 5786 | 12 |
| 38 | 5798 | 5809 | 5821 | 5832 | 5843 | 5855 | 5866 | 5877 | 5888 | 5899 | 12 |
| 39 | 5911 | 5922 | 5933 | 5944 | 5955 | 5966 | 5977 | 5988 | 5999 | 6010 | 11 |
| 40 | 6021 | 6031 | 6042 | 6053 | 6064 | 6075 | 6085 | 6096 | 6107 | 6117 | 11 |
| 41 | 6128 | 6138 | 6149 | 6160 | 6170 | 6180 | 6191 | 6201 | 6212 | 6222 | 10 |
| 42 | 6232 | 6243 | 6253 | 6263 | 6274 | 6284 | 6294 | 6304 | 6314 | 6325 | 10 |
| 43 | 6335 | 6345 | 6355 | 6365 | 6375 | 6385 | 6395 | 6405 | 6415 | 6425 | 10 |
| 44 | 6435 | 6444 | 6454 | 6464 | 6474 | 6484 | 6493 | 6503 | 6513 | 6522 | 10 |
| 45 | 6532 | 6542 | 6551 | 6561 | 6571 | 6580 | 6590 | 6599 | 6609 | 6618 | 10 |
| 46 | 6628 | 6637 | 6646 | 6656 | 6665 | 6675 | 6684 | 6693 | 6702 | 6712 | 9 |
| 47 | 6721 | 6730 | 6739 | 6749 | 6758 | 6767 | 6776 | 6785 | 6794 | 6803 | 9 |
| 48 | 6812 | 6821 | 6830 | 6839 | 6848 | 6857 | 6866 | 6875 | 6884 | 6893 | 9 |
| 49 | 6902 | 6911 | 6920 | 6928 | 6937 | 6946 | 6955 | 6964 | 6972 | 6981 | 9 |

Spalte D enthält die Differenz des letzten lg gegen den ersten der folgenden Zeile

**Die Logarithmen** der Zahlen von 500···999  **Tafel 3**

| Zahl | 0 | 1 | 2 | 3 | 4 | 5 | 6 | 7 | 8 | 9 | D |
|---|---|---|---|---|---|---|---|---|---|---|---|
| 50 | 6990 | 6998 | 7007 | 7016 | 7024 | 7033 | 7042 | 7050 | 7059 | 7067 | 9 |
| 51 | 7076 | 7084 | 7093 | 7101 | 7110 | 7118 | 7126 | 7135 | 7143 | 7152 | 8 |
| 52 | 7160 | 7168 | 7177 | 7185 | 7193 | 7202 | 7210 | 7218 | 7226 | 7235 | 8 |
| 53 | 7243 | 7251 | 7259 | 7267 | 7275 | 7284 | 7292 | 7300 | 7308 | 7316 | 8 |
| 54 | 7324 | 7332 | 7340 | 7348 | 7356 | 7364 | 7372 | 7380 | 7388 | 7396 | 8 |
| 55 | 7404 | 7412 | 7419 | 7427 | 7435 | 7443 | 7451 | 7459 | 7466 | 7474 | 8 |
| 56 | 7482 | 7490 | 7497 | 7505 | 7513 | 7520 | 7528 | 7536 | 7543 | 7551 | 8 |
| 57 | 7559 | 7566 | 7574 | 7582 | 7589 | 7597 | 7604 | 7612 | 7619 | 7627 | 7 |
| 58 | 7634 | 7642 | 7649 | 7657 | 7664 | 7672 | 7679 | 7686 | 7694 | 7701 | 8 |
| 59 | 7709 | 7716 | 7723 | 7731 | 7738 | 7745 | 7752 | 7760 | 7767 | 7774 | 8 |
| 60 | 7782 | 7789 | 7796 | 7803 | 7810 | 7818 | 7825 | 7832 | 7839 | 7846 | 7 |
| 61 | 7853 | 7860 | 7868 | 7875 | 7882 | 7889 | 7896 | 7903 | 7910 | 7917 | 7 |
| 62 | 7924 | 7931 | 7938 | 7945 | 7952 | 7959 | 7966 | 7973 | 7980 | 7987 | 6 |
| 63 | 7993 | 8000 | 8007 | 8014 | 8021 | 8028 | 8035 | 8041 | 8048 | 8055 | 7 |
| 64 | 8062 | 8069 | 8075 | 8082 | 8089 | 8096 | 8102 | 8109 | 8116 | 8122 | 7 |
| 65 | 8129 | 8136 | 8142 | 8149 | 8156 | 8162 | 8169 | 8176 | 8182 | 8189 | 6 |
| 66 | 8195 | 8202 | 8209 | 8215 | 8222 | 8228 | 8235 | 8241 | 8248 | 8254 | 7 |
| 67 | 8261 | 8267 | 8274 | 8280 | 8287 | 8293 | 8299 | 8306 | 8312 | 8319 | 6 |
| 68 | 8325 | 8331 | 8338 | 8344 | 8351 | 8357 | 8363 | 8370 | 8376 | 8382 | 6 |
| 69 | 8388 | 8395 | 8401 | 8407 | 8414 | 8420 | 8426 | 8432 | 8439 | 8445 | 6 |
| 70 | 8451 | 8457 | 8463 | 8470 | 8476 | 8482 | 8488 | 8494 | 8500 | 8506 | 7 |
| 71 | 8513 | 8519 | 8525 | 8531 | 8537 | 8543 | 8549 | 8555 | 8561 | 8567 | 6 |
| 72 | 8573 | 8579 | 8585 | 8591 | 8597 | 8603 | 8609 | 8615 | 8621 | 8627 | 6 |
| 73 | 8633 | 8639 | 8645 | 8651 | 8657 | 8663 | 8669 | 8675 | 8681 | 8686 | 6 |
| 74 | 8692 | 8698 | 8704 | 8710 | 8716 | 8722 | 8727 | 8733 | 8739 | 8745 | 6 |
| 75 | 8751 | 8756 | 8762 | 8768 | 8774 | 8779 | 8785 | 8791 | 8797 | 8802 | 6 |
| 76 | 8808 | 8814 | 8820 | 8825 | 8831 | 8837 | 8842 | 8848 | 8854 | 8859 | 6 |
| 77 | 8865 | 8871 | 8876 | 8882 | 8887 | 8893 | 8899 | 8904 | 8910 | 8915 | 6 |
| 78 | 8921 | 8927 | 8932 | 8938 | 8943 | 8949 | 8954 | 8960 | 8965 | 8971 | 5 |
| 79 | 8976 | 8982 | 8987 | 8993 | 8998 | 9004 | 9009 | 9015 | 9020 | 9025 | 6 |
| 80 | 9031 | 9036 | 9042 | 9047 | 9053 | 9058 | 9063 | 9069 | 9074 | 9079 | 6 |
| 81 | 9085 | 9090 | 9096 | 9101 | 9106 | 9112 | 9117 | 9122 | 9128 | 9133 | 5 |
| 82 | 9138 | 9143 | 9149 | 9154 | 9159 | 9165 | 9170 | 9175 | 9180 | 9186 | 5 |
| 83 | 9191 | 9196 | 9201 | 9206 | 9212 | 9217 | 9222 | 9227 | 9232 | 9238 | 5 |
| 84 | 9243 | 9248 | 9253 | 9258 | 9263 | 9269 | 9274 | 9279 | 9284 | 9289 | 5 |
| 85 | 9294 | 9299 | 9304 | 9309 | 9315 | 9320 | 9325 | 9330 | 9335 | 9340 | 5 |
| 86 | 9345 | 9350 | 9355 | 9360 | 9365 | 9370 | 9375 | 9380 | 9385 | 9390 | 5 |
| 87 | 9395 | 9400 | 9405 | 9410 | 9415 | 9420 | 9425 | 9430 | 9435 | 9440 | 5 |
| 88 | 9445 | 9450 | 9455 | 9460 | 9465 | 9469 | 9474 | 9479 | 9484 | 9489 | 5 |
| 89 | 9494 | 9499 | 9504 | 9509 | 9513 | 9518 | 9523 | 9528 | 9533 | 9538 | 4 |
| 90 | 9542 | 9547 | 9552 | 9557 | 9562 | 9566 | 9571 | 9576 | 9581 | 9586 | 4 |
| 91 | 9590 | 9595 | 9600 | 9605 | 9609 | 9614 | 9619 | 9624 | 9628 | 9633 | 5 |
| 92 | 9638 | 9643 | 9647 | 9652 | 9657 | 9661 | 9666 | 9671 | 9675 | 9680 | 5 |
| 93 | 9685 | 9689 | 9694 | 9699 | 9703 | 9708 | 9713 | 9717 | 9722 | 9727 | 4 |
| 94 | 9731 | 9736 | 9741 | 9745 | 9750 | 9754 | 9759 | 9763 | 9768 | 9773 | 4 |
| 95 | 9777 | 9782 | 9786 | 9791 | 9795 | 9800 | 9805 | 9809 | 9814 | 9818 | 5 |
| 96 | 9823 | 9827 | 9832 | 9836 | 9841 | 9845 | 9850 | 9854 | 9859 | 9863 | 5 |
| 97 | 9868 | 9872 | 9877 | 9881 | 9886 | 9890 | 9894 | 9899 | 9903 | 9908 | 4 |
| 98 | 9912 | 9917 | 9921 | 9926 | 9930 | 9934 | 9939 | 9943 | 9948 | 9952 | 4 |
| 99 | 9956 | 9961 | 9965 | 9969 | 9974 | 9978 | 9983 | 9987 | 9991 | 9996 | 4 |

$\lg \sqrt{2} = 0.1505$  $\lg \pi = 0.4971$  $\lg a = 0.4343 \ln a$
$\lg \sqrt{3} = 0.2386$  $\lg e = 0.4343$  $\ln a = 2.3026 \lg a$

## Tafel 4   lg sin 0° ··· lg sin 45°

Für kleine Winkel 0° < α < 3,2° s. Hinweis auf U2

| Grad | 0'<br>,0 | 6'<br>,1 | 12'<br>,2 | 18'<br>,3 | 24'<br>,4 | 30'<br>,5 | 36'<br>,6 | 42'<br>,7 | 48'<br>,8 | 54'<br>,9 | 60'<br>1,0 | |
|---|---|---|---|---|---|---|---|---|---|---|---|---|
| 0  | —      | 7.2419 | 5429 | 7190 | 8439 | 9408 | *0200 | *0870 | *1450 | *1961 | *2419 | 89 |
| 1  | 8.2419 | 2832 | 3210 | 3558 | 3880 | 4179 | 4459 | 4723 | 4971 | 5206 | 5428 | 88 |
| 2  | 5428 | 5640 | 5842 | 6035 | 6220 | 6397 | 6567 | 6731 | 6889 | 7041 | 7188 | 87 |
| 3  | 7188 | 7330 | 7468 | 7602 | 7731 | 7857 | 7979 | 8098 | 8213 | 8326 | 8436 | 86 |
| 4  | 8.8436 | 8543 | 8647 | 8749 | 8849 | 8946 | 9042 | 9135 | 9226 | 9315 | 9403 | 85 |
| 5  | 9403 | 9489 | 9573 | 9655 | 9736 | 9816 | 9894 | 9970 | *0046 | *0120 | *0192 | 84 |
| 6  | 9.0192 | 0264 | 0334 | 0403 | 0472 | 0539 | 0605 | 0670 | 0734 | 0797 | 0859 | 83 |
| 7  | 9.0859 | 0920 | 0981 | 1040 | 1099 | 1157 | 1214 | 1271 | 1326 | 1381 | 1436 | 82 |
| 8  | 1436 | 1489 | 1542 | 1594 | 1646 | 1697 | 1747 | 1797 | 1847 | 1895 | 1943 | 81 |
| 9  | 1943 | 1991 | 2038 | 2085 | 2131 | 2176 | 2221 | 2266 | 2310 | 2353 | 2397 | 80 |
| 10 | 9.2397 | 2439 | 2482 | 2524 | 2565 | 2606 | 2647 | 2687 | 2727 | 2767 | 2806 | 79 |
| 11 | 9.2806 | 2845 | 2883 | 2921 | 2959 | 2997 | 3034 | 3070 | 3107 | 3143 | 3179 | 78 |
| 12 | 3179 | 3214 | 3250 | 3284 | 3319 | 3353 | 3387 | 3421 | 3455 | 3488 | 3521 | 77 |
| 13 | 3521 | 3554 | 3586 | 3618 | 3650 | 3682 | 3713 | 3745 | 3775 | 3806 | 3837 | 76 |
| 14 | 9.3837 | 3867 | 3897 | 3927 | 3957 | 3986 | 4015 | 4044 | 4073 | 4102 | 4130 | 75 |
| 15 | 4130 | 4158 | 4186 | 4214 | 4242 | 4269 | 4296 | 4323 | 4350 | 4377 | 4403 | 74 |
| 16 | 4403 | 4430 | 4456 | 4482 | 4508 | 4533 | 4559 | 4584 | 4609 | 4634 | 4659 | 73 |
| 17 | 9.4659 | 4684 | 4709 | 4733 | 4757 | 4781 | 4805 | 4829 | 4853 | 4876 | 4900 | 72 |
| 18 | 4900 | 4923 | 4946 | 4969 | 4992 | 5015 | 5037 | 5060 | 5082 | 5104 | 5126 | 71 |
| 19 | 5126 | 5148 | 5170 | 5192 | 5213 | 5235 | 5256 | 5278 | 5299 | 5320 | 5341 | 70 |
| 20 | 9.5341 | 5361 | 5382 | 5402 | 5423 | 5443 | 5463 | 5484 | 5504 | 5523 | 5543 | 69 |
| 21 | 9.5543 | 5563 | 5583 | 5602 | 5621 | 5641 | 5660 | 5679 | 5698 | 5717 | 5736 | 68 |
| 22 | 5736 | 5754 | 5773 | 5792 | 5810 | 5828 | 5847 | 5865 | 5883 | 5901 | 5919 | 67 |
| 23 | 5919 | 5937 | 5954 | 5972 | 5990 | 6007 | 6024 | 6042 | 6059 | 6076 | 6093 | 66 |
| 24 | 9.6093 | 6110 | 6127 | 6144 | 6161 | 6177 | 6194 | 6210 | 6227 | 6243 | 6259 | 65 |
| 25 | 6259 | 6276 | 6292 | 6308 | 6324 | 6340 | 6356 | 6371 | 6387 | 6403 | 6418 | 64 |
| 26 | 6418 | 6434 | 6449 | 6465 | 6480 | 6495 | 6510 | 6526 | 6541 | 6556 | 6570 | 63 |
| 27 | 9.6570 | 6585 | 6600 | 6615 | 6629 | 6644 | 6659 | 6673 | 6687 | 6702 | 6716 | 62 |
| 28 | 6716 | 6730 | 6744 | 6759 | 6773 | 6787 | 6801 | 6814 | 6828 | 6842 | 6856 | 61 |
| 29 | 6856 | 6869 | 6883 | 6896 | 6910 | 6923 | 6937 | 6950 | 6963 | 6977 | 6990 | 60 |
| 30 | 9.6990 | 7003 | 7016 | 7029 | 7042 | 7055 | 7068 | 7080 | 7093 | 7106 | 7118 | 59 |
| 31 | 9.7118 | 7131 | 7144 | 7156 | 7168 | 7181 | 7193 | 7205 | 7218 | 7230 | 7242 | 58 |
| 32 | 7242 | 7254 | 7266 | 7278 | 7290 | 7302 | 7314 | 7326 | 7338 | 7349 | 7361 | 57 |
| 33 | 7361 | 7373 | 7384 | 7396 | 7407 | 7419 | 7430 | 7442 | 7453 | 7464 | 7476 | 56 |
| 34 | 9.7476 | 7487 | 7498 | 7509 | 7520 | 7531 | 7542 | 7553 | 7564 | 7575 | 7586 | 55 |
| 35 | 7586 | 7597 | 7607 | 7618 | 7629 | 7640 | 7650 | 7661 | 7671 | 7682 | 7692 | 54 |
| 36 | 7692 | 7703 | 7713 | 7723 | 7734 | 7744 | 7754 | 7764 | 7774 | 7785 | 7795 | 53 |
| 37 | 9.7795 | 7805 | 7815 | 7825 | 7835 | 7844 | 7854 | 7864 | 7874 | 7884 | 7893 | 52 |
| 38 | 7893 | 7903 | 7913 | 7922 | 7932 | 7941 | 7951 | 7960 | 7970 | 7979 | 7989 | 51 |
| 39 | 7989 | 7998 | 8007 | 8017 | 8026 | 8035 | 8044 | 8053 | 8063 | 8072 | 8081 | 50 |
| 40 | 9.8081 | 8090 | 8099 | 8108 | 8117 | 8125 | 8134 | 8143 | 8152 | 8161 | 8169 | 49 |
| 41 | 9.8169 | 8178 | 8187 | 8195 | 8204 | 8213 | 8221 | 8230 | 8238 | 8247 | 8255 | 48 |
| 42 | 8255 | 8264 | 8272 | 8280 | 8289 | 8297 | 8305 | 8313 | 8322 | 8330 | 8338 | 47 |
| 43 | 8338 | 8346 | 8354 | 8362 | 8370 | 8378 | 8386 | 8394 | 8402 | 8410 | 8418 | 46 |
| 44 | 9.8418 | 8426 | 8433 | 8441 | 8449 | 8457 | 8464 | 8472 | 8480 | 8487 | 8495 | 45 |
|    | 1,0 | ,9 | ,8 | ,7 | ,6 | ,5 | ,4 | ,3 | ,2 | ,1 | ,0 | Grad |
|    | 60' | 54' | 48' | 42' | 36' | 30' | 24' | 18' | 12' | 6' | 0' | |

lg cos 90° ··· lg cos 45°

lg sin 45°···lg sin 90°    Tafel 4

| Grad | 0' ,0 | 6' ,1 | 12' ,2 | 18' ,3 | 24' ,4 | 30' ,5 | 36' ,6 | 42' ,7 | 48' ,8 | 54' ,9 | 60' 1,0 | |
|---|---|---|---|---|---|---|---|---|---|---|---|---|
| 45 | 9.8495 | 8502 | 8510 | 8517 | 8525 | 8532 | 8540 | 8547 | 8555 | 8562 | 8569 | 44 |
| 46 | 8569 | 8577 | 8584 | 8591 | 8598 | 8606 | 8613 | 8620 | 8627 | 8634 | 8641 | 43 |
| 47 | 9.8641 | 8648 | 8655 | 8662 | 8669 | 8676 | 8683 | 8690 | 8697 | 8704 | 8711 | 42 |
| 48 | 8711 | 8718 | 8724 | 8731 | 8738 | 8745 | 8751 | 8758 | 8765 | 8771 | 8778 | 41 |
| 49 | 8778 | 8784 | 8791 | 8797 | 8804 | 8810 | 8817 | 8823 | 8830 | 8836 | 8843 | 40 |
| 50 | 9.8843 | 8849 | 8855 | 8862 | 8868 | 8874 | 8880 | 8887 | 8893 | 8899 | 8905 | 39 |
| 51 | 9.8905 | 8911 | 8917 | 8923 | 8929 | 8935 | 8941 | 8947 | 8953 | 8959 | 8965 | 38 |
| 52 | 8965 | 8971 | 8977 | 8983 | 8989 | 8995 | 9000 | 9006 | 9012 | 9018 | 9023 | 37 |
| 53 | 9023 | 9029 | 9035 | 9041 | 9046 | 9052 | 9057 | 9063 | 9069 | 9074 | 9080 | 36 |
| 54 | 9.9080 | 9085 | 9091 | 9096 | 9101 | 9107 | 9112 | 9118 | 9123 | 9128 | 9134 | 35 |
| 55 | 9134 | 9139 | 9144 | 9149 | 9155 | 9160 | 9165 | 9170 | 9175 | 9181 | 9186 | 34 |
| 56 | 9186 | 9191 | 9196 | 9201 | 9206 | 9211 | 9216 | 9221 | 9226 | 9231 | 9236 | 33 |
| 57 | 9.9236 | 9241 | 9246 | 9251 | 9255 | 9260 | 9265 | 9270 | 9275 | 9279 | 9284 | 32 |
| 58 | 9284 | 9289 | 9294 | 9298 | 9303 | 9308 | 9312 | 9317 | 9322 | 9326 | 9331 | 31 |
| 59 | 9331 | 9335 | 9340 | 9344 | 9349 | 9353 | 9358 | 9362 | 9367 | 9371 | 9375 | 30 |
| 60 | 9.9375 | 9380 | 9384 | 9388 | 9393 | 9397 | 9401 | 9406 | 9410 | 9414 | 9418 | 29 |
| 61 | 9.9418 | 9422 | 9427 | 9431 | 9435 | 9439 | 9443 | 9447 | 9451 | 9455 | 9459 | 28 |
| 62 | 9459 | 9463 | 9467 | 9471 | 9475 | 9479 | 9483 | 9487 | 9491 | 9495 | 9499 | 27 |
| 63 | 9499 | 9503 | 9506 | 9510 | 9514 | 9518 | 9522 | 9525 | 9529 | 9533 | 9537 | 26 |
| 64 | 9.9537 | 9540 | 9544 | 9548 | 9551 | 9555 | 9558 | 9562 | 9566 | 9569 | 9573 | 25 |
| 65 | 9573 | 9576 | 9580 | 9583 | 9587 | 9590 | 9594 | 9597 | 9601 | 9604 | 9607 | 24 |
| 66 | 9607 | 9611 | 9614 | 9617 | 9621 | 9624 | 9627 | 9631 | 9634 | 9637 | 9640 | 23 |
| 67 | 9.9640 | 9643 | 9647 | 9650 | 9653 | 9656 | 9659 | 9662 | 9666 | 9669 | 9672 | 22 |
| 68 | 9672 | 9675 | 9678 | 9681 | 9684 | 9687 | 9690 | 9693 | 9696 | 9699 | 9702 | 21 |
| 69 | 9702 | 9704 | 9707 | 9710 | 9713 | 9716 | 9719 | 9722 | 9724 | 9727 | 9730 | 20 |
| 70 | 9.9730 | 9733 | 9735 | 9738 | 9741 | 9743 | 9746 | 9749 | 9751 | 9754 | 9757 | 19 |
| 71 | 9.9757 | 9759 | 9762 | 9764 | 9767 | 9770 | 9772 | 9775 | 9777 | 9780 | 9782 | 18 |
| 72 | 9782 | 9785 | 9787 | 9789 | 9792 | 9794 | 9797 | 9799 | 9801 | 9804 | 9806 | 17 |
| 73 | 9806 | 9808 | 9811 | 9813 | 9815 | 9817 | 9820 | 9822 | 9824 | 9826 | 9828 | 16 |
| 74 | 9.9828 | 9831 | 9833 | 9835 | 9837 | 9839 | 9841 | 9843 | 9845 | 9847 | 9849 | 15 |
| 75 | 9849 | 9851 | 9853 | 9855 | 9857 | 9859 | 9861 | 9863 | 9865 | 9867 | 9869 | 14 |
| 76 | 9869 | 9871 | 9873 | 9875 | 9876 | 9878 | 9880 | 9882 | 9884 | 9885 | 9887 | 13 |
| 77 | 9.9887 | 9889 | 9891 | 9892 | 9894 | 9896 | 9897 | 9899 | 9901 | 9902 | 9904 | 12 |
| 78 | 9904 | 9906 | 9907 | 9909 | 9910 | 9912 | 9913 | 9915 | 9916 | 9918 | 9919 | 11 |
| 79 | 9919 | 9921 | 9922 | 9924 | 9925 | 9927 | 9928 | 9929 | 9931 | 9932 | 9934 | 10 |
| 80 | 9.9934 | 9935 | 9936 | 9937 | 9939 | 9940 | 9941 | 9943 | 9944 | 9945 | 9946 | 9 |
| 81 | 9.9946 | 9947 | 9949 | 9950 | 9951 | 9952 | 9953 | 9954 | 9955 | 9956 | 9958 | 8 |
| 82 | 9958 | 9959 | 9960 | 9961 | 9962 | 9963 | 9964 | 9965 | 9966 | 9967 | 9968 | 7 |
| 83 | 9968 | 9968 | 9969 | 9970 | 9971 | 9972 | 9973 | 9974 | 9975 | 9975 | 9976 | 6 |
| 84 | 9.9976 | 9977 | 9978 | 9978 | 9979 | 9980 | 9981 | 9981 | 9982 | 9983 | 9983 | 5 |
| 85 | 9983 | 9984 | 9985 | 9985 | 9986 | 9987 | 9987 | 9988 | 9988 | 9989 | 9989 | 4 |
| 86 | 9989 | 9990 | 9990 | 9991 | 9991 | 9992 | 9992 | 9993 | 9993 | 9994 | 9994 | 3 |
| 87 | 9.9994 | 9994 | 9995 | 9995 | 9996 | 9996 | 9996 | 9996 | 9997 | 9997 | 9997 | 2 |
| 88 | 9997 | 9998 | 9998 | 9998 | 9998 | 9999 | 9999 | 9999 | 9999 | 9999 | 9999 | 1 |
| 89 | 9999 | 9999 | *0000 | *0000 | *0000 | *0000 | *0000 | *0000 | *0000 | *0000 | *0000 | 0 |
| | 1,0 | ,9 | ,8 | ,7 | ,6 | ,5 | ,4 | ,3 | ,2 | ,1 | ,0 | Grad |
| | 60' | 54' | 48' | 42' | 36' | 30' | 24' | 18' | 12' | 6' | 0' | |

lg sin x
lg cos x

lg cos 45° ··· lg cos 0°

Tafel 5    sin 0° ··· sin 45°

| Grad | 0'<br>,0 | 6'<br>,1 | 12'<br>,2 | 18'<br>,3 | 24'<br>,4 | 30'<br>,5 | 36'<br>,6 | 42'<br>,7 | 48'<br>,8 | 54'<br>,9 | 60'<br>1,0 | |
|---|---|---|---|---|---|---|---|---|---|---|---|---|
| 0  | 0      | 0,00175 | 00349 | 00524 | 00698 | 00873 | 0105 | 0122 | 0140 | 0157 | 0175 | 89 |
| 1  | 0,0175 | 0192 | 0209 | 0227 | 0244 | 0262 | 0279 | 0297 | 0314 | 0332 | 0349 | 88 |
| 2  | 0349   | 0366 | 0384 | 0401 | 0419 | 0436 | 0454 | 0471 | 0488 | 0506 | 0523 | 87 |
| 3  | 0523   | 0541 | 0558 | 0576 | 0593 | 0610 | 0628 | 0645 | 0663 | 0680 | 0698 | 86 |
| 4  | 0,0698 | 0715 | 0732 | 0750 | 0767 | 0785 | 0802 | 0819 | 0837 | 0854 | 0872 | 85 |
| 5  | 0872   | 0889 | 0906 | 0924 | 0941 | 0958 | 0976 | 0993 | 1011 | 1028 | 1045 | 84 |
| 6  | 1045   | 1063 | 1080 | 1097 | 1115 | 1132 | 1149 | 1167 | 1184 | 1201 | 1219 | 83 |
| 7  | 0,1219 | 1236 | 1253 | 1271 | 1288 | 1305 | 1323 | 1340 | 1357 | 1374 | 1392 | 82 |
| 8  | 1392   | 1409 | 1426 | 1444 | 1461 | 1478 | 1495 | 1513 | 1530 | 1547 | 1564 | 81 |
| 9  | 1564   | 1582 | 1599 | 1616 | 1633 | 1650 | 1668 | 1685 | 1702 | 1719 | 1736 | 80 |
| 10 | 0,1736 | 1754 | 1771 | 1788 | 1805 | 1822 | 1840 | 1857 | 1874 | 1891 | 1908 | 79 |
| 11 | 0,1908 | 1925 | 1942 | 1959 | 1977 | 1994 | 2011 | 2028 | 2045 | 2062 | 2079 | 78 |
| 12 | 2079   | 2096 | 2113 | 2130 | 2147 | 2164 | 2181 | 2198 | 2215 | 2233 | 2250 | 77 |
| 13 | 2250   | 2267 | 2284 | 2300 | 2317 | 2334 | 2351 | 2368 | 2385 | 2402 | 2419 | 76 |
| 14 | 0,2419 | 2436 | 2453 | 2470 | 2487 | 2504 | 2521 | 2538 | 2554 | 2571 | 2588 | 75 |
| 15 | 2588   | 2605 | 2622 | 2639 | 2656 | 2672 | 2689 | 2706 | 2723 | 2740 | 2756 | 74 |
| 16 | 2756   | 2773 | 2790 | 2807 | 2823 | 2840 | 2857 | 2874 | 2890 | 2907 | 2924 | 73 |
| 17 | 0,2924 | 2940 | 2957 | 2974 | 2990 | 3007 | 3024 | 3040 | 3057 | 3074 | 3090 | 72 |
| 18 | 3090   | 3107 | 3123 | 3140 | 3156 | 3173 | 3190 | 3206 | 3223 | 3239 | 3256 | 71 |
| 19 | 3256   | 3272 | 3289 | 3305 | 3322 | 3338 | 3355 | 3371 | 3387 | 3404 | 3420 | 70 |
| 20 | 0,3420 | 3437 | 3453 | 3469 | 3486 | 3502 | 3518 | 3535 | 3551 | 3567 | 3584 | 69 |
| 21 | 0,3584 | 3600 | 3616 | 3633 | 3649 | 3665 | 3681 | 3697 | 3714 | 3730 | 3746 | 68 |
| 22 | 3746   | 3762 | 3778 | 3795 | 3811 | 3827 | 3843 | 3859 | 3875 | 3891 | 3907 | 67 |
| 23 | 3907   | 3923 | 3939 | 3955 | 3971 | 3987 | 4003 | 4019 | 4035 | 4051 | 4067 | 66 |
| 24 | 0,4067 | 4083 | 4099 | 4115 | 4131 | 4147 | 4163 | 4179 | 4195 | 4210 | 4226 | 65 |
| 25 | 4226   | 4242 | 4258 | 4274 | 4289 | 4305 | 4321 | 4337 | 4352 | 4368 | 4384 | 64 |
| 26 | 4384   | 4399 | 4415 | 4431 | 4446 | 4462 | 4478 | 4493 | 4509 | 4524 | 4540 | 63 |
| 27 | 0,4540 | 4555 | 4571 | 4586 | 4602 | 4617 | 4633 | 4648 | 4664 | 4679 | 4695 | 62 |
| 28 | 4695   | 4710 | 4726 | 4741 | 4756 | 4772 | 4787 | 4802 | 4818 | 4833 | 4848 | 61 |
| 29 | 4848   | 4863 | 4879 | 4894 | 4909 | 4924 | 4939 | 4955 | 4970 | 4985 | 5000 | 60 |
| 30 | 0,5000 | 5015 | 5030 | 5045 | 5060 | 5075 | 5090 | 5105 | 5120 | 5135 | 5150 | 59 |
| 31 | 0,5150 | 5165 | 5180 | 5195 | 5210 | 5225 | 5240 | 5255 | 5270 | 5284 | 5299 | 58 |
| 32 | 5299   | 5314 | 5329 | 5344 | 5358 | 5373 | 5388 | 5402 | 5417 | 5432 | 5446 | 57 |
| 33 | 5446   | 5461 | 5476 | 5490 | 5505 | 5519 | 5534 | 5548 | 5563 | 5577 | 5592 | 56 |
| 34 | 0,5592 | 5606 | 5621 | 5635 | 5650 | 5664 | 5678 | 5693 | 5707 | 5721 | 5736 | 55 |
| 35 | 5736   | 5750 | 5764 | 5779 | 5793 | 5807 | 5821 | 5835 | 5850 | 5864 | 5878 | 54 |
| 36 | 5878   | 5892 | 5906 | 5920 | 5934 | 5948 | 5962 | 5976 | 5990 | 6004 | 6018 | 53 |
| 37 | 0,6018 | 6032 | 6046 | 6060 | 6074 | 6088 | 6101 | 6115 | 6129 | 6143 | 6157 | 52 |
| 38 | 6157   | 6170 | 6184 | 6198 | 6211 | 6225 | 6239 | 6252 | 6266 | 6280 | 6293 | 51 |
| 39 | 6293   | 6307 | 6320 | 6334 | 6347 | 6361 | 6374 | 6388 | 6401 | 6414 | 6428 | 50 |
| 40 | 0,6428 | 6441 | 6455 | 6468 | 6481 | 6494 | 6508 | 6521 | 6534 | 6547 | 6561 | 49 |
| 41 | 0,6561 | 6574 | 6587 | 6600 | 6613 | 6626 | 6639 | 6652 | 6665 | 6678 | 6691 | 48 |
| 42 | 6691   | 6704 | 6717 | 6730 | 6743 | 6756 | 6769 | 6782 | 6794 | 6807 | 6820 | 47 |
| 43 | 6820   | 6833 | 6845 | 6858 | 6871 | 6884 | 6896 | 6909 | 6921 | 6934 | 6947 | 46 |
| 44 | 0,6947 | 6959 | 6972 | 6984 | 6997 | 7009 | 7022 | 7034 | 7046 | 7059 | 7071 | 45 |
|    | 1,0 | ,9 | ,8 | ,7 | ,6 | ,5 | ,4 | ,3 | ,2 | ,1 | ,0 | Grad |
|    | 60' | 54' | 48' | 42' | 36' | 30' | 24' | 18' | 12' | 6' | 0' | |

cos 90° ··· cos 45°

sin 45° ··· sin 90°  Tafel 5

| Grad | 0'<br>,0 | 6'<br>,1 | 12'<br>,2 | 18'<br>,3 | 24'<br>,4 | 30'<br>,5 | 36'<br>,6 | 42'<br>,7 | 48'<br>,8 | 54'<br>,9 | 60'<br>1,0 | |
|---|---|---|---|---|---|---|---|---|---|---|---|---|
| 45 | 0,7071 | 7083 | 7096 | 7108 | 7120 | 7133 | 7145 | 7157 | 7169 | 7181 | 7193 | 44 |
| 46 | 7193 | 7206 | 7218 | 7230 | 7242 | 7254 | 7266 | 7278 | 7290 | 7302 | 7314 | 43 |
| 47 | 0,7314 | 7325 | 7337 | 7349 | 7361 | 7373 | 7385 | 7396 | 7408 | 7420 | 7431 | 42 |
| 48 | 7431 | 7443 | 7455 | 7466 | 7478 | 7490 | 7501 | 7513 | 7524 | 7536 | 7547 | 41 |
| 49 | 7547 | 7559 | 7570 | 7581 | 7593 | 7604 | 7615 | 7627 | 7638 | 7649 | 7660 | 40 |
| 50 | 0,7660 | 7672 | 7683 | 7694 | 7705 | 7716 | 7727 | 7738 | 7749 | 7760 | 7771 | 39 |
| 51 | 0,7771 | 7782 | 7793 | 7804 | 7815 | 7826 | 7837 | 7848 | 7859 | 7869 | 7880 | 38 |
| 52 | 7880 | 7891 | 7902 | 7912 | 7923 | 7934 | 7944 | 7955 | 7965 | 7976 | 7986 | 37 |
| 53 | 7986 | 7997 | 8007 | 8018 | 8028 | 8039 | 8049 | 8059 | 8070 | 8080 | 8090 | 36 |
| 54 | 0,8090 | 8100 | 8111 | 8121 | 8131 | 8141 | 8151 | 8161 | 8171 | 8181 | 8192 | 35 |
| 55 | 8192 | 8202 | 8211 | 8221 | 8231 | 8241 | 8251 | 8261 | 8271 | 8281 | 8290 | 34 |
| 56 | 8290 | 8300 | 8310 | 8320 | 8329 | 8339 | 8348 | 8358 | 8368 | 8377 | 8387 | 33 |
| 57 | 0,8387 | 8396 | 8406 | 8415 | 8425 | 8434 | 8443 | 8453 | 8462 | 8471 | 8480 | 32 |
| 58 | 8480 | 8490 | 8499 | 8508 | 8517 | 8526 | 8536 | 8545 | 8554 | 8563 | 8572 | 31 |
| 59 | 8572 | 8581 | 8590 | 8599 | 8607 | 8616 | 8625 | 8634 | 8643 | 8652 | 8660 | 30 |
| 60 | 0,8660 | 8669 | 8678 | 8686 | 8695 | 8704 | 8712 | 8721 | 8729 | 8738 | 8746 | 29 |
| 61 | 0,8746 | 8755 | 8763 | 8771 | 8780 | 8788 | 8796 | 8805 | 8813 | 8821 | 8829 | 28 |
| 62 | 8829 | 8838 | 8846 | 8854 | 8862 | 8870 | 8878 | 8886 | 8894 | 8902 | 8910 | 27 |
| 63 | 8910 | 8918 | 8926 | 8934 | 8942 | 8949 | 8957 | 8965 | 8973 | 8980 | 8988 | 26 |
| 64 | 0,8988 | 8996 | 9003 | 9011 | 9018 | 9026 | 9033 | 9041 | 9048 | 9056 | 9063 | 25 |
| 65 | 9063 | 9070 | 9078 | 9085 | 9092 | 9100 | 9107 | 9114 | 9121 | 9128 | 9135 | 24 |
| 66 | 9135 | 9143 | 9150 | 9157 | 9164 | 9171 | 9178 | 9184 | 9191 | 9198 | 9205 | 23 |
| 67 | 0,9205 | 9212 | 9219 | 9225 | 9232 | 9239 | 9245 | 9252 | 9259 | 9265 | 9272 | 22 |
| 68 | 9272 | 9278 | 9285 | 9291 | 9298 | 9304 | 9311 | 9317 | 9323 | 9330 | 9336 | 21 |
| 69 | 9336 | 9342 | 9348 | 9354 | 9361 | 9367 | 9373 | 9379 | 9385 | 9391 | 9397 | 20 |
| 70 | 0,9397 | 9403 | 9409 | 9415 | 9421 | 9426 | 9432 | 9438 | 9444 | 9449 | 9455 | 19 |
| 71 | 0,9455 | 9461 | 9466 | 9472 | 9478 | 9483 | 9489 | 9494 | 9500 | 9505 | 9511 | 18 |
| 72 | 9511 | 9516 | 9521 | 9527 | 9532 | 9537 | 9542 | 9548 | 9553 | 9558 | 9563 | 17 |
| 73 | 9563 | 9568 | 9573 | 9578 | 9583 | 9588 | 9593 | 9598 | 9603 | 9608 | 9613 | 16 |
| 74 | 0,9613 | 9617 | 9622 | 9627 | 9632 | 9636 | 9641 | 9646 | 9650 | 9655 | 9659 | 15 |
| 75 | 9659 | 9664 | 9668 | 9673 | 9677 | 9681 | 9686 | 9690 | 9694 | 9699 | 9703 | 14 |
| 76 | 9703 | 9707 | 9711 | 9715 | 9720 | 9724 | 9728 | 9732 | 9736 | 9740 | 9744 | 13 |
| 77 | 0,9744 | 9748 | 9751 | 9755 | 9759 | 9763 | 9767 | 9770 | 9774 | 9778 | 9781 | 12 |
| 78 | 9781 | 9785 | 9789 | 9792 | 9796 | 9799 | 9803 | 9806 | 9810 | 9813 | 9816 | 11 |
| 79 | 9816 | 9820 | 9823 | 9826 | 9829 | 9833 | 9836 | 9839 | 9842 | 9845 | 9848 | 10 |
| 80 | 0,9848 | 9851 | 9854 | 9857 | 9860 | 9863 | 9866 | 9869 | 9871 | 9874 | 9877 | 9 |
| 81 | 0,9877 | 9880 | 9882 | 9885 | 9888 | 9890 | 9893 | 9895 | 9898 | 9900 | 9903 | 8 |
| 82 | 9903 | 9905 | 9907 | 9910 | 9912 | 9914 | 9917 | 9919 | 9921 | 9923 | 9925 | 7 |
| 83 | 9925 | 9928 | 9930 | 9932 | 9934 | 9936 | 9938 | 9940 | 9942 | 9943 | 9945 | 6 |
| 84 | 0,9945 | 9947 | 9949 | 9951 | 9952 | 9954 | 9956 | 9957 | 9959 | 9960 | 9962 | 5 |
| 85 | 9962 | 9963 | 9965 | 9966 | 9968 | 9969 | 9971 | 9972 | 9973 | 9974 | 9976 | 4 |
| 86 | 9976 | 9977 | 9978 | 9979 | 9980 | 9981 | 9982 | 9983 | 9984 | 9985 | 9986 | 3 |
| 87 | 0,9986 | 9987 | 9988 | 9989 | 9990 | 9990 | 9991 | 9992 | 9993 | 9993 | 9994 | 2 |
| 88 | 9994 | 9995 | 9995 | 9996 | 9996 | 9997 | 9997 | 9997 | 9998 | 9998 | 9998 | 1 |
| 89 | 9998 | 9999 | 9999 | 9999 | 9999 | 1,000 | 1,000 | 1,000 | 1,000 | 1,000 | 1 | 0 |
|  | 1,0 | ,9 | ,8 | ,7 | ,6 | ,5 | ,4 | ,3 | ,2 | ,1 | ,0 | Grad |
|  | 60' | 54' | 48' | 42' | 36' | 30' | 24' | 18' | 12' | 6' | 0' | |

sin x
cos x

cos 45° ··· cos 0°

Tafel **6**     tan 0° ··· tan 45°

| Grad | 0'<br>,0 | 6'<br>,1 | 12'<br>,2 | 18'<br>,3 | 24'<br>,4 | 30'<br>,5 | 36'<br>,6 | 42'<br>,7 | 48'<br>,8 | 54'<br>,9 | 60'<br>1,0 | |
|---|---|---|---|---|---|---|---|---|---|---|---|---|
| 0 | 0 | 0,00175 | 00349 | 00524 | 00698 | 00873 | 0105 | 0122 | 0140 | 0157 | 0175 | 89 |
| 1 | 0,0175 | 0192 | 0209 | 0227 | 0244 | 0262 | 0279 | 0297 | 0314 | 0332 | 0349 | 88 |
| 2 | 0349 | 0367 | 0384 | 0402 | 0419 | 0437 | 0454 | 0472 | 0489 | 0507 | 0524 | 87 |
| 3 | 0524 | 0542 | 0559 | 0577 | 0594 | 0612 | 0629 | 0647 | 0664 | 0682 | 0699 | 86 |
| 4 | 0,0699 | 0717 | 0734 | 0752 | 0769 | 0787 | 0805 | 0822 | 0840 | 0857 | 0875 | 85 |
| 5 | 0875 | 0892 | 0910 | 0928 | 0945 | 0963 | 0981 | 0998 | 1016 | 1033 | 1051 | 84 |
| 6 | 1051 | 1069 | 1086 | 1104 | 1122 | 1139 | 1157 | 1175 | 1192 | 1210 | 1228 | 83 |
| 7 | 0,1228 | 1246 | 1263 | 1281 | 1299 | 1317 | 1334 | 1352 | 1370 | 1388 | 1405 | 82 |
| 8 | 1405 | 1423 | 1441 | 1459 | 1477 | 1495 | 1512 | 1530 | 1548 | 1566 | 1584 | 81 |
| 9 | 1584 | 1602 | 1620 | 1638 | 1655 | 1673 | 1691 | 1709 | 1727 | 1745 | 1763 | 80 |
| 10 | 0,1763 | 1781 | 1799 | 1817 | 1835 | 1853 | 1871 | 1890 | 1908 | 1926 | 1944 | 79 |
| 11 | 0,1944 | 1962 | 1980 | 1998 | 2016 | 2035 | 2053 | 2071 | 2089 | 2107 | 2126 | 78 |
| 12 | 2126 | 2144 | 2162 | 2180 | 2199 | 2217 | 2235 | 2254 | 2272 | 2290 | 2309 | 77 |
| 13 | 2309 | 2327 | 2345 | 2364 | 2382 | 2401 | 2419 | 2438 | 2456 | 2475 | 2493 | 76 |
| 14 | 0,2493 | 2512 | 2530 | 2549 | 2568 | 2586 | 2605 | 2623 | 2642 | 2661 | 2679 | 75 |
| 15 | 2679 | 2698 | 2717 | 2736 | 2754 | 2773 | 2792 | 2811 | 2830 | 2849 | 2867 | 74 |
| 16 | 2867 | 2886 | 2905 | 2924 | 2943 | 2962 | 2981 | 3000 | 3019 | 3038 | 3057 | 73 |
| 17 | 0,3057 | 3076 | 3096 | 3115 | 3134 | 3153 | 3172 | 3191 | 3211 | 3230 | 3249 | 72 |
| 18 | 3249 | 3269 | 3288 | 3307 | 3327 | 3346 | 3365 | 3385 | 3404 | 3424 | 3443 | 71 |
| 19 | 3443 | 3463 | 3482 | 3502 | 3522 | 3541 | 3561 | 3581 | 3600 | 3620 | 3640 | 70 |
| 20 | 0,3640 | 3659 | 3679 | 3699 | 3719 | 3739 | 3759 | 3779 | 3799 | 3819 | 3839 | 69 |
| 21 | 0,3839 | 3859 | 3879 | 3899 | 3919 | 3939 | 3959 | 3979 | 4000 | 4020 | 4040 | 68 |
| 22 | 4040 | 4061 | 4081 | 4101 | 4122 | 4142 | 4163 | 4183 | 4204 | 4224 | 4245 | 67 |
| 23 | 4245 | 4265 | 4286 | 4307 | 4327 | 4348 | 4369 | 4390 | 4411 | 4431 | 4452 | 66 |
| 24 | 0,4452 | 4473 | 4494 | 4515 | 4536 | 4557 | 4578 | 4599 | 4621 | 4642 | 4663 | 65 |
| 25 | 4663 | 4684 | 4706 | 4727 | 4748 | 4770 | 4791 | 4813 | 4834 | 4856 | 4877 | 64 |
| 26 | 4877 | 4899 | 4921 | 4942 | 4964 | 4986 | 5008 | 5029 | 5051 | 5073 | 5095 | 63 |
| 27 | 0,5095 | 5117 | 5139 | 5161 | 5184 | 5206 | 5228 | 5250 | 5272 | 5295 | 5317 | 62 |
| 28 | 5317 | 5340 | 5362 | 5384 | 5407 | 5430 | 5452 | 5475 | 5498 | 5520 | 5543 | 61 |
| 29 | 5543 | 5566 | 5589 | 5612 | 5635 | 5658 | 5681 | 5704 | 5727 | 5750 | 5774 | 60 |
| 30 | 0,5774 | 5797 | 5820 | 5844 | 5867 | 5890 | 5914 | 5938 | 5961 | 5985 | 6009 | 59 |
| 31 | 0,6009 | 6032 | 6056 | 6080 | 6104 | 6128 | 6152 | 6176 | 6200 | 6224 | 6249 | 58 |
| 32 | 6249 | 6273 | 6297 | 6322 | 6346 | 6371 | 6395 | 6420 | 6445 | 6469 | 6494 | 57 |
| 33 | 6494 | 6519 | 6544 | 6569 | 6594 | 6619 | 6644 | 6669 | 6694 | 6720 | 6745 | 56 |
| 34 | 0,6745 | 6771 | 6796 | 6822 | 6847 | 6873 | 6899 | 6924 | 6950 | 6976 | 7002 | 55 |
| 35 | 7002 | 7028 | 7054 | 7080 | 7107 | 7133 | 7159 | 7186 | 7212 | 7239 | 7265 | 54 |
| 36 | 7265 | 7292 | 7319 | 7346 | 7373 | 7400 | 7427 | 7454 | 7481 | 7508 | 7536 | 53 |
| 37 | 0,7536 | 7563 | 7590 | 7618 | 7646 | 7673 | 7701 | 7729 | 7757 | 7785 | 7813 | 52 |
| 38 | 7813 | 7841 | 7869 | 7898 | 7926 | 7954 | 7983 | 8012 | 8040 | 8069 | 8098 | 51 |
| 39 | 8098 | 8127 | 8156 | 8185 | 8214 | 8243 | 8273 | 8302 | 8332 | 8361 | 8391 | 50 |
| 40 | 0,8391 | 8421 | 8451 | 8481 | 8511 | 8541 | 8571 | 8601 | 8632 | 8662 | 8693 | 49 |
| 41 | 0,8693 | 8724 | 8754 | 8785 | 8816 | 8847 | 8878 | 8910 | 8941 | 8972 | 9004 | 48 |
| 42 | 9004 | 9036 | 9067 | 9099 | 9131 | 9163 | 9195 | 9228 | 9260 | 9293 | 9325 | 47 |
| 43 | 9325 | 9358 | 9391 | 9424 | 9457 | 9490 | 9523 | 9556 | 9590 | 9623 | 9657 | 46 |
| 44 | 0,9657 | 9691 | 9725 | 9759 | 9793 | 9827 | 9861 | 9896 | 9930 | 9965 | 1 | 45 |
| | 1,0 | ,9 | ,8 | ,7 | ,6 | ,5 | ,4 | ,3 | ,2 | ,1 | ,0 | Grad |
| | 60' | 54' | 48' | 42' | 36' | 30' | 24' | 18' | 12' | 6' | 0' | |

cot 90° ··· cot 45°

tan 45° ··· tan 90°  Tafel 6

| Grad | 0' | 6' | 12' | 18' | 24' | 30' | 36' | 42' | 48' | 54' | 60' | |
|---|---|---|---|---|---|---|---|---|---|---|---|---|
| | ,0 | ,1 | ,2 | ,3 | ,4 | ,5 | ,6 | ,7 | ,8 | ,9 | 1,0 | Grad |
| 45 | 1 | 1,003 | 1,007 | 1,011 | 1,014 | 1,018 | 1,021 | 1,025 | 1,028 | 1,032 | 1,036 | 44 |
| 46 | 1,036 | 1,039 | 1,043 | 1,046 | 1,050 | 1,054 | 1,057 | 1,061 | 1,065 | 1,069 | 1,072 | 43 |
| 47 | 1,072 | 1,076 | 1,080 | 1,084 | 1,087 | 1,091 | 1,095 | 1,099 | 1,103 | 1,107 | 1,111 | 42 |
| 48 | 1,111 | 1,115 | 1,118 | 1,122 | 1,126 | 1,130 | 1,134 | 1,138 | 1,142 | 1,146 | 1,150 | 41 |
| 49 | 1,150 | 1,154 | 1,159 | 1,163 | 1,167 | 1,171 | 1,175 | 1,179 | 1,183 | 1,188 | 1,192 | 40 |
| 50 | 1,192 | 1,196 | 1,200 | 1,205 | 1,209 | 1,213 | 1,217 | 1,222 | 1,226 | 1,230 | 1,235 | 39 |
| 51 | 1,235 | 1,239 | 1,244 | 1,248 | 1,253 | 1,257 | 1,262 | 1,266 | 1,271 | 1,275 | 1,280 | 38 |
| 52 | 1,280 | 1,285 | 1,289 | 1,294 | 1,299 | 1,303 | 1,308 | 1,313 | 1,317 | 1,322 | 1,327 | 37 |
| 53 | 1,327 | 1,332 | 1,337 | 1,342 | 1,347 | 1,351 | 1,356 | 1,361 | 1,366 | 1,371 | 1,376 | 36 |
| 54 | 1,376 | 1,381 | 1,387 | 1,392 | 1,397 | 1,402 | 1,407 | 1,412 | 1,418 | 1,423 | 1,428 | 35 |
| 55 | 1,428 | 1,433 | 1,439 | 1,444 | 1,450 | 1,455 | 1,460 | 1,466 | 1,471 | 1,477 | 1,483 | 34 |
| 56 | 1,483 | 1,488 | 1,494 | 1,499 | 1,505 | 1,511 | 1,517 | 1,522 | 1,528 | 1,534 | 1,540 | 33 |
| 57 | 1,540 | 1,546 | 1,552 | 1,558 | 1,564 | 1,570 | 1,576 | 1,582 | 1,588 | 1,594 | 1,600 | 32 |
| 58 | 1,600 | 1,607 | 1,613 | 1,619 | 1,625 | 1,632 | 1,638 | 1,645 | 1,651 | 1,658 | 1,664 | 31 |
| 59 | 1,664 | 1,671 | 1,678 | 1,684 | 1,691 | 1,698 | 1,704 | 1,711 | 1,718 | 1,725 | 1,732 | 30 |
| 60 | 1,732 | 1,739 | 1,746 | 1,753 | 1,760 | 1,767 | 1,775 | 1,782 | 1,789 | 1,797 | 1,804 | 29 |
| 61 | 1,804 | 1,811 | 1,819 | 1,827 | 1,834 | 1,842 | 1,849 | 1,857 | 1,865 | 1,873 | 1,881 | 28 |
| 62 | 1,881 | 1,889 | 1,897 | 1,905 | 1,913 | 1,921 | 1,929 | 1,937 | 1,946 | 1,954 | 1,963 | 27 |
| 63 | 1,963 | 1,971 | 1,980 | 1,988 | 1,997 | 2,006 | 2,014 | 2,023 | 2,032 | 2,041 | 2,050 | 26 |
| 64 | 2,050 | 2,059 | 2,069 | 2,078 | 2,087 | 2,097 | 2,106 | 2,116 | 2,125 | 2,135 | 2,145 | 25 |
| 65 | 2,145 | 2,154 | 2,164 | 2,174 | 2,184 | 2,194 | 2,204 | 2,215 | 2,225 | 2,236 | 2,246 | 24 |
| 66 | 2,246 | 2,257 | 2,267 | 2,278 | 2,289 | 2,300 | 2,311 | 2,322 | 2,333 | 2,344 | 2,356 | 23 |
| 67 | 2,356 | 2,367 | 2,379 | 2,391 | 2,402 | 2,414 | 2,426 | 2,438 | 2,450 | 2,463 | 2,475 | 22 |
| 68 | 2,475 | 2,488 | 2,500 | 2,513 | 2,526 | 2,539 | 2,552 | 2,565 | 2,578 | 2,592 | 2,605 | 21 |
| 69 | 2,605 | 2,619 | 2,633 | 2,646 | 2,660 | 2,675 | 2,689 | 2,703 | 2,718 | 2,733 | 2,747 | 20 |
| 70 | 2,747 | 2,762 | 2,778 | 2,793 | 2,808 | 2,824 | 2,840 | 2,856 | 2,872 | 2,888 | 2,904 | 19 |
| 71 | 2,904 | 2,921 | 2,937 | 2,954 | 2,971 | 2,989 | 3,006 | 3,024 | 3,042 | 3,060 | 3,078 | 18 |
| 72 | 3,078 | 3,096 | 3,115 | 3,133 | 3,152 | 3,172 | 3,191 | 3,211 | 3,230 | 3,251 | 3,271 | 17 |
| 73 | 3,271 | 3,291 | 3,312 | 3,333 | 3,354 | 3,376 | 3,398 | 3,420 | 3,442 | 3,465 | 3,487 | 16 |
| 74 | 3,487 | 3,511 | 3,534 | 3,558 | 3,582 | 3,606 | 3,630 | 3,655 | 3,681 | 3,706 | 3,732 | 15 |
| 75 | 3,732 | 3,758 | 3,785 | 3,812 | 3,839 | 3,867 | 3,895 | 3,923 | 3,952 | 3,981 | 4,011 | 14 |
| 76 | 4,011 | 4,041 | 4,071 | 4,102 | 4,134 | 4,165 | 4,198 | 4,230 | 4,264 | 4,297 | 4,331 | 13 |
| 77 | 4,331 | 4,366 | 4,402 | 4,437 | 4,474 | 4,511 | 4,548 | 4,586 | 4,625 | 4,665 | 4,705 | 12 |
| 78 | 4,705 | 4,745 | 4,787 | 4,829 | 4,872 | 4,915 | 4,959 | 5,005 | 5,050 | 5,097 | 5,145 | 11 |
| 79 | 5,145 | 5,193 | 5,242 | 5,292 | 5,343 | 5,396 | 5,449 | 5,503 | 5,558 | 5,614 | 5,671 | 10 |
| 80 | 5,671 | 5,730 | 5,789 | 5,850 | 5,912 | 5,976 | 6,041 | 6,107 | 6,174 | 6,243 | 6,314 | 9 |
| 81 | 6,314 | 6,386 | 6,460 | 6,535 | 6,612 | 6,691 | 6,772 | 6,855 | 6,940 | 7,026 | 7,115 | 8 |
| 82 | 7,115 | 7,207 | 7,300 | 7,396 | 7,495 | 7,596 | 7,700 | 7,806 | 7,916 | 8,028 | 8,144 | 7 |
| 83 | 8,144 | 8,264 | 8,386 | 8,513 | 8,643 | 8,777 | 8,915 | 9,058 | 9,205 | 9,357 | 9,514 | 6 |
| 84 | 9,514 | 9,677 | 9,845 | 10,02 | 10,20 | 10,39 | 10,58 | 10,78 | 10,99 | 11,20 | 11,43 | 5 |
| 85 | 11,43 | 11,66 | 11,91 | 12,16 | 12,43 | 12,71 | 13,00 | 13,30 | 13,62 | 13,95 | 14,30 | 4 |
| 86 | 14,30 | 14,67 | 15,06 | 15,46 | 15,89 | 16,35 | 16,83 | 17,34 | 17,89 | 18,46 | 19,08 | 3 |
| 87 | 19,08 | 19,74 | 20,45 | 21,20 | 22,02 | 22,90 | 23,86 | 24,90 | 26,03 | 27,27 | 28,64 | 2 |
| 88 | 28,64 | 30,14 | 31,82 | 33,69 | 35,80 | 38,19 | 40,92 | 44,07 | 47,74 | 52,08 | 57,29 | 1 |
| 89 | 57,29 | 63,66 | 71,62 | 81,85 | 95,49 | 114,6 | 143,2 | 191,0 | 286,5 | 573,0 | — | 0 |
| | 1,0 | ,9 | ,8 | ,7 | ,6 | ,5 | ,4 | ,3 | ,2 | ,1 | ,0 | Grad |
| | 60' | 54' | 48' | 42' | 36' | 30' | 24' | 18' | 12' | 6' | 0' | |

tan x
cot x

cot 45° ··· cot 0°

## Tafel 7 — Quadrate von 1,00 ··· 5,49 und Quadratwurzeln

| Zahl | .,.0 | 1 | 2 | 3 | 4 | 5 | 6 | 7 | 8 | 9 | D |
|---|---|---|---|---|---|---|---|---|---|---|---|
| **1,0** | 1,000 | 1,020 | 1,040 | 1,061 | 1,082 | 1,103 | 1,124 | 1,145 | 1,166 | 1,188 | 22 |
| 1,1 | 1,210 | 1,232 | 1,254 | 1,277 | 1,300 | 1,323 | 1,346 | 1,369 | 1,392 | 1,416 | 24 |
| 1,2 | 1,440 | 1,464 | 1,488 | 1,513 | 1,538 | 1,563 | 1,588 | 1,613 | 1,638 | 1,664 | 26 |
| 1,3 | 1,690 | 1,716 | 1,742 | 1,769 | 1,796 | 1,823 | 1,850 | 1,877 | 1,904 | 1,932 | 28 |
| 1,4 | 1,960 | 1,988 | 2,016 | 2,045 | 2,074 | 2,103 | 2,132 | 2,161 | 2,190 | 2,220 | 30 |
| 1,5 | 2,250 | 2,280 | 2,310 | 2,341 | 2,372 | 2,403 | 2,434 | 2,465 | 2,496 | 2,528 | 32 |
| 1,6 | 2,560 | 2,592 | 2,624 | 2,657 | 2,690 | 2,723 | 2,756 | 2,789 | 2,822 | 2,856 | 34 |
| 1,7 | 2,890 | 2,924 | 2,958 | 2,993 | 3,028 | 3,063 | 3,098 | 3,133 | 3,168 | 3,204 | 36 |
| 1,8 | 3,240 | 3,276 | 3,312 | 3,349 | 3,386 | 3,423 | 3,460 | 3,497 | 3,534 | 3,572 | 38 |
| 1,9 | 3,610 | 3,648 | 3,686 | 3,725 | 3,764 | 3,803 | 3,842 | 3,881 | 3,920 | 3,960 | 40 |
| **2,0** | 4,000 | 4,040 | 4,080 | 4,121 | 4,162 | 4,203 | 4,244 | 4,285 | 4,326 | 4,368 | 42 |
| 2,1 | 4,410 | 4,452 | 4,494 | 4,537 | 4,580 | 4,623 | 4,666 | 4,709 | 4,752 | 4,796 | 44 |
| 2,2 | 4,840 | 4,884 | 4,928 | 4,973 | 5,018 | 5,063 | 5,108 | 5,153 | 5,198 | 5,244 | 46 |
| 2,3 | 5,290 | 5,336 | 5,382 | 5,429 | 5,476 | 5,523 | 5,570 | 5,617 | 5,664 | 5,712 | 48 |
| 2,4 | 5,760 | 5,808 | 5,856 | 5,905 | 5,954 | 6,003 | 6,052 | 6,101 | 6,150 | 6,200 | 50 |
| 2,5 | 6,250 | 6,300 | 6,350 | 6,401 | 6,452 | 6,503 | 6,554 | 6,605 | 6,656 | 6,708 | 52 |
| 2,6 | 6,760 | 6,812 | 6,864 | 6,917 | 6,970 | 7,023 | 7,076 | 7,129 | 7,182 | 7,236 | 54 |
| 2,7 | 7,290 | 7,344 | 7,398 | 7,453 | 7,508 | 7,563 | 7,618 | 7,673 | 7,728 | 7,784 | 56 |
| 2,8 | 7,840 | 7,896 | 7,952 | 8,009 | 8,066 | 8,123 | 8,180 | 8,237 | 8,294 | 8,352 | 58 |
| 2,9 | 8,410 | 8,468 | 8,526 | 8,585 | 8,644 | 8,703 | 8,762 | 8,821 | 8,880 | 8,940 | 60 |
| **3,0** | 9,000 | 9,060 | 9,120 | 9,181 | 9,242 | 9,303 | 9,364 | 9,425 | 9,486 | 9,548 | 62 |
| 3,1 | 9,610 | 9,672 | 9,734 | 9,797 | 9,860 | 9,923 | 9,986 | 10,05 | 10,11 | 10,18 | 6 |
| 3,2 | 10,24 | 10,30 | 10,37 | 10,43 | 10,50 | 10,56 | 10,63 | 10,69 | 10,76 | 10,82 | 7 |
| 3,3 | 10,89 | 10,96 | 11,02 | 11,09 | 11,16 | 11,22 | 11,29 | 11,36 | 11,42 | 11,49 | 7 |
| 3,4 | 11,56 | 11,63 | 11,70 | 11,76 | 11,83 | 11,90 | 11,97 | 12,04 | 12,11 | 12,18 | 7 |
| 3,5 | 12,25 | 12,32 | 12,39 | 12,46 | 12,53 | 12,60 | 12,67 | 12,74 | 12,82 | 12,89 | 7 |
| 3,6 | 12,96 | 13,03 | 13,10 | 13,18 | 13,25 | 13,32 | 13,40 | 13,47 | 13,54 | 13,62 | 7 |
| 3,7 | 13,69 | 13,76 | 13,84 | 13,91 | 13,99 | 14,06 | 14,14 | 14,21 | 14,29 | 14,36 | 8 |
| 3,8 | 14,44 | 14,52 | 14,59 | 14,67 | 14,75 | 14,82 | 14,90 | 14,98 | 15,05 | 15,13 | 8 |
| 3,9 | 15,21 | 15,29 | 15,37 | 15,44 | 15,52 | 15,60 | 15,68 | 15,76 | 15,84 | 15,92 | 8 |
| **4,0** | 16,00 | 16,08 | 16,16 | 16,24 | 16,32 | 16,40 | 16,48 | 16,56 | 16,65 | 16,73 | 8 |
| 4,1 | 16,81 | 16,89 | 16,97 | 17,06 | 17,14 | 17,22 | 17,31 | 17,39 | 17,47 | 17,56 | 8 |
| 4,2 | 17,64 | 17,72 | 17,81 | 17,89 | 17,98 | 18,06 | 18,15 | 18,23 | 18,32 | 18,40 | 9 |
| 4,3 | 18,49 | 18,58 | 18,66 | 18,75 | 18,84 | 18,92 | 19,01 | 19,10 | 19,18 | 19,27 | 9 |
| 4,4 | 19,36 | 19,45 | 19,54 | 19,62 | 19,71 | 19,80 | 19,89 | 19,98 | 20,07 | 20,16 | 9 |
| 4,5 | 20,25 | 20,34 | 20,43 | 20,52 | 20,61 | 20,70 | 20,79 | 20,88 | 20,98 | 21,07 | 9 |
| 4,6 | 21,16 | 21,25 | 21,34 | 21,44 | 21,53 | 21,62 | 21,72 | 21,81 | 21,90 | 22,00 | 9 |
| 4,7 | 22,09 | 22,18 | 22,28 | 22,37 | 22,47 | 22,56 | 22,66 | 22,75 | 22,85 | 22,94 | 10 |
| 4,8 | 23,04 | 23,14 | 23,23 | 23,33 | 23,43 | 23,52 | 23,62 | 23,72 | 23,81 | 23,91 | 10 |
| 4,9 | 24,01 | 24,11 | 24,21 | 24,30 | 24,40 | 24,50 | 24,60 | 24,70 | 24,80 | 24,90 | 10 |
| **5,0** | 25,00 | 25,10 | 25,20 | 25,30 | 25,40 | 25,50 | 25,60 | 25,70 | 25,81 | 25,91 | 10 |
| 5,1 | 26,01 | 26,11 | 26,21 | 26,32 | 26,42 | 26,52 | 26,63 | 26,73 | 26,83 | 26,94 | 10 |
| 5,2 | 27,04 | 27,14 | 27,25 | 27,35 | 27,46 | 27,56 | 27,67 | 27,77 | 27,88 | 27,98 | 11 |
| 5,3 | 28,09 | 28,20 | 28,30 | 28,41 | 28,52 | 28,62 | 28,73 | 28,84 | 28,94 | 29,05 | 11 |
| 5,4 | 29,16 | 29,27 | 29,38 | 29,48 | 29,59 | 29,70 | 29,81 | 29,92 | 30,03 | 30,14 | 11 |

Rückt das Komma in $n$ eine Stelle nach rechts (links), so rückt es in $n^2$ zwei Stellen nach rechts (links).

Beispiele:
$4{,}63^2 = 21{,}44$     $5{,}416^2 = 29{,}27$     $1{,}1 \cdot 6$     $\sqrt{29{,}56} = 5{,}437$
$46{,}3^2 = 2144$              $\phantom{5{,}416^2 =\ }+ 66$                      $48$
$46\,300^2 = 21{,}44 \cdot 10^8$     $\phantom{5{,}416^2 =\ } = 29{,}34$              $8 : 11$

## Quadrate von 5,50 ··· 9,99 und Quadratwurzeln — Tafel 7

| Zahl | .,.0 | 1 | 2 | 3 | 4 | 5 | 6 | 7 | 8 | 9 | D |
|---|---|---|---|---|---|---|---|---|---|---|---|
| 5,5 | 30,25 | 30,36 | 30,47 | 30,58 | 30,69 | 30,80 | 30,91 | 31,02 | 31,14 | 31,25 | 11 |
| 5,6 | 31,36 | 31,47 | 31,58 | 31,70 | 31,81 | 31,92 | 32,04 | 32,15 | 32,26 | 32,38 | 11 |
| 5,7 | 32,49 | 32,60 | 32,72 | 32,83 | 32,95 | 33,06 | 33,18 | 33,29 | 33,41 | 33,52 | 12 |
| 5,8 | 33,64 | 33,76 | 33,87 | 33,99 | 34,11 | 34,22 | 34,34 | 34,46 | 34,57 | 34,69 | 12 |
| 5,9 | 34,81 | 34,93 | 35,05 | 35,16 | 35,28 | 35,40 | 35,52 | 35,64 | 35,76 | 35,88 | 12 |
| 6,0 | 36,00 | 36,12 | 36,24 | 36,36 | 36,48 | 36,60 | 36,72 | 36,84 | 36,97 | 37,09 | 12 |
| 6,1 | 37,21 | 37,33 | 37,45 | 37,58 | 37,70 | 37,82 | 37,95 | 38,07 | 38,19 | 38,32 | 12 |
| 6,2 | 38,44 | 38,56 | 38,69 | 38,81 | 38,94 | 39,06 | 39,19 | 39,31 | 39,44 | 39,56 | 13 |
| 6,3 | 39,69 | 39,82 | 39,94 | 40,07 | 40,20 | 40,32 | 40,45 | 40,58 | 40,70 | 40,83 | 13 |
| 6,4 | 40,96 | 41,09 | 41,22 | 41,34 | 41,47 | 41,60 | 41,73 | 41,86 | 41,99 | 42,12 | 13 |
| 6,5 | 42,25 | 42,38 | 42,51 | 42,64 | 42,77 | 42,90 | 43,03 | 43,16 | 43,30 | 43,43 | 13 |
| 6,6 | 43,56 | 43,69 | 43,82 | 43,96 | 44,09 | 44,22 | 44,36 | 44,49 | 44,62 | 44,76 | 13 |
| 6,7 | 44,89 | 45,02 | 45,16 | 45,29 | 45,43 | 45,56 | 45,70 | 45,83 | 45,97 | 46,10 | 14 |
| 6,8 | 46,24 | 46,38 | 46,51 | 46,65 | 46,79 | 46,92 | 47,06 | 47,20 | 47,33 | 47,47 | 14 |
| 6,9 | 47,61 | 47,75 | 47,89 | 48,02 | 48,16 | 48,30 | 48,44 | 48,58 | 48,72 | 48,86 | 14 |
| 7,0 | 49,00 | 49,14 | 49,28 | 49,42 | 49,56 | 49,70 | 49,84 | 49,98 | 50,13 | 50,27 | 14 |
| 7,1 | 50,41 | 50,55 | 50,69 | 50,84 | 50,98 | 51,12 | 51,27 | 51,41 | 51,55 | 51,70 | 14 |
| 7,2 | 51,84 | 51,98 | 52,13 | 52,27 | 52,42 | 52,56 | 52,71 | 52,85 | 53,00 | 53,14 | 15 |
| 7,3 | 53,29 | 53,44 | 53,58 | 53,73 | 53,88 | 54,02 | 54,17 | 54,32 | 54,46 | 54,61 | 15 |
| 7,4 | 54,76 | 54,91 | 55,06 | 55,20 | 55,35 | 55,50 | 55,65 | 55,80 | 55,95 | 56,10 | 15 |
| 7,5 | 56,25 | 56,40 | 56,55 | 56,70 | 56,85 | 57,00 | 57,15 | 57,30 | 57,46 | 57,61 | 15 |
| 7,6 | 57,76 | 57,91 | 58,06 | 58,22 | 58,37 | 58,52 | 58,68 | 58,83 | 58,98 | 59,14 | 15 |
| 7,7 | 59,29 | 59,44 | 59,60 | 59,75 | 59,91 | 60,06 | 60,22 | 60,37 | 60,53 | 60,68 | 16 |
| 7,8 | 60,84 | 61,00 | 61,15 | 61,31 | 61,47 | 61,62 | 61,78 | 61,94 | 62,09 | 62,25 | 16 |
| 7,9 | 62,41 | 62,57 | 62,73 | 62,88 | 63,04 | 63,20 | 63,36 | 63,52 | 63,68 | 63,84 | 16 |
| 8,0 | 64,00 | 64,16 | 64,32 | 64,48 | 64,64 | 64,80 | 64,96 | 65,12 | 65,29 | 65,45 | 16 |
| 8,1 | 65,61 | 65,77 | 65,93 | 66,10 | 66,26 | 66,42 | 66,59 | 66,75 | 66,91 | 67,08 | 16 |
| 8,2 | 67,24 | 67,40 | 67,57 | 67,73 | 67,90 | 68,06 | 68,23 | 68,39 | 68,56 | 68,72 | 17 |
| 8,3 | 68,89 | 69,06 | 69,22 | 69,39 | 69,56 | 69,72 | 69,89 | 70,06 | 70,22 | 70,39 | 17 |
| 8,4 | 70,56 | 70,73 | 70,90 | 71,06 | 71,23 | 71,40 | 71,57 | 71,74 | 71,91 | 72,08 | 17 |
| 8,5 | 72,25 | 72,42 | 72,59 | 72,76 | 72,93 | 73,10 | 73,27 | 73,44 | 73,62 | 73,79 | 17 |
| 8,6 | 73,96 | 74,13 | 74,30 | 74,48 | 74,65 | 74,82 | 75,00 | 75,17 | 75,34 | 75,52 | 17 |
| 8,7 | 75,69 | 75,86 | 76,04 | 76,21 | 76,39 | 76,56 | 76,74 | 76,91 | 77,09 | 77,26 | 18 |
| 8,8 | 77,44 | 77,62 | 77,79 | 77,97 | 78,15 | 78,32 | 78,50 | 78,68 | 78,85 | 79,03 | 18 |
| 8,9 | 79,21 | 79,39 | 79,57 | 79,74 | 79,92 | 80,10 | 80,28 | 80,46 | 80,64 | 80,82 | 18 |
| 9,0 | 81,00 | 81,18 | 81,36 | 81,54 | 81,72 | 81,90 | 82,08 | 82,26 | 82,45 | 82,63 | 18 |
| 9,1 | 82,81 | 82,99 | 83,17 | 83,36 | 83,54 | 83,72 | 83,91 | 84,09 | 84,27 | 84,46 | 18 |
| 9,2 | 84,64 | 84,82 | 85,01 | 85,19 | 85,38 | 85,56 | 85,75 | 85,93 | 86,12 | 86,30 | 19 |
| 9,3 | 86,49 | 86,68 | 86,86 | 87,05 | 87,24 | 87,42 | 87,61 | 87,80 | 87,98 | 88,17 | 19 |
| 9,4 | 88,36 | 88,55 | 88,74 | 88,92 | 89,11 | 89,30 | 89,49 | 89,68 | 89,87 | 90,06 | 19 |
| 9,5 | 90,25 | 90,44 | 90,63 | 90,82 | 91,01 | 91,20 | 91,39 | 91,58 | 91,78 | 91,97 | 19 |
| 9,6 | 92,16 | 92,35 | 92,54 | 92,74 | 92,93 | 93,12 | 93,32 | 93,51 | 93,70 | 93,90 | 19 |
| 9,7 | 94,09 | 94,28 | 94,48 | 94,67 | 94,87 | 95,06 | 95,26 | 95,45 | 95,65 | 95,84 | 20 |
| 9,8 | 96,04 | 96,24 | 96,43 | 96,63 | 96,83 | 97,02 | 97,22 | 97,42 | 97,61 | 97,81 | 20 |
| 9,9 | 98,01 | 98,21 | 98,41 | 98,60 | 98,80 | 99,00 | 99,20 | 99,40 | 99,60 | 99,80 | 20 |

$x^2$

Rückt das Komma in $n$ e i n e Stelle nach rechts (links), so rückt es in $n^2$ z w e i Stellen nach rechts (links).

Beispiele:  $0{,}261^2 = 0{,}06812$   $\sqrt{81{,}63} = 9{,}035$   $\sqrt{8{,}163} = 2{,}857$
 $0{,}861^2 = 0{,}7413$   $9:18$   $40:57$
 $0{,}0194^2 = 0{,}0003764$

## Tafel 8 — Kuben von 1,00···5,49 und Kubikwurzel

| Zahl | .,.0 | 1 | 2 | 3 | 4 | 5 | 6 | 7 | 8 | 9 | D |
|---|---|---|---|---|---|---|---|---|---|---|---|
| **1,0** | 1,000 | 1,030 | 1,061 | 1,093 | 1,125 | 1,158 | 1,191 | 1,225 | 1,260 | 1,295 | 36 |
| 1,1 | 1,331 | 1,368 | 1,405 | 1,443 | 1,482 | 1,521 | 1,561 | 1,602 | 1,643 | 1,685 | 43 |
| 1,2 | 1,728 | 1,772 | 1,816 | 1,861 | 1,907 | 1,953 | 2,000 | 2,048 | 2,097 | 2,147 | 50 |
| 1,3 | 2,197 | 2,248 | 2,300 | 2,353 | 2,406 | 2,460 | 2,515 | 2,571 | 2,628 | 2,686 | 58 |
| 1,4 | 2,744 | 2,803 | 2,863 | 2,924 | 2,986 | 3,049 | 3,112 | 3,177 | 3,242 | 3,308 | 67 |
| 1,5 | 3,375 | 3,443 | 3,512 | 3,582 | 3,652 | 3,724 | 3,796 | 3,870 | 3,944 | 4,020 | 76 |
| 1,6 | 4,096 | 4,173 | 4,252 | 4,331 | 4,411 | 4,492 | 4,574 | 4,657 | 4,742 | 4,827 | 86 |
| 1,7 | 4,913 | 5,000 | 5,088 | 5,178 | 5,268 | 5,359 | 5,452 | 5,545 | 5,640 | 5,735 | 97 |
| 1,8 | 5,832 | 5,930 | 6,029 | 6,128 | 6,230 | 6,332 | 6,435 | 6,539 | 6,645 | 6,751 | 108 |
| 1,9 | 6,859 | 6,968 | 7,078 | 7,189 | 7,301 | 7,415 | 7,530 | 7,645 | 7,762 | 7,881 | 119 |
| **2,0** | 8,000 | 8,121 | 8,242 | 8,365 | 8,490 | 8,615 | 8,742 | 8,870 | 8,999 | 9,129 | 132 |
| 2,1 | 9,261 | 9,394 | 9,528 | 9,664 | 9,800 | 9,938 | 10,078 | 10,22 | 10,36 | 10,50 | 15 |
| 2,2 | 10,65 | 10,79 | 10,94 | 11,09 | 11,24 | 11,39 | 11,54 | 11,70 | 11,85 | 12,01 | 16 |
| 2,3 | 12,17 | 12,33 | 12,49 | 12,65 | 12,81 | 12,98 | 13,14 | 13,31 | 13,48 | 13,65 | 17 |
| 2,4 | 13,82 | 14,00 | 14,17 | 14,35 | 14,53 | 14,71 | 14,89 | 15,07 | 15,25 | 15,44 | 19 |
| 2,5 | 15,63 | 15,81 | 16,00 | 16,19 | 16,39 | 16,58 | 16,78 | 16,97 | 17,17 | 17,37 | 21 |
| 2,6 | 17,58 | 17,78 | 17,98 | 18,19 | 18,40 | 18,61 | 18,82 | 19,03 | 19,25 | 19,47 | 21 |
| 2,7 | 19,68 | 19,90 | 20,12 | 20,35 | 20,57 | 20,80 | 21,02 | 21,25 | 21,48 | 21,72 | 23 |
| 2,8 | 21,95 | 22,19 | 22,43 | 22,67 | 22,91 | 23,15 | 23,39 | 23,64 | 23,89 | 24,14 | 25 |
| 2,9 | 24,39 | 24,64 | 24,90 | 25,15 | 25,41 | 25,67 | 25,93 | 26,20 | 26,46 | 26,73 | 27 |
| **3,0** | 27,00 | 27,27 | 27,54 | 27,82 | 28,09 | 28,37 | 28,65 | 28,93 | 29,22 | 29,50 | 29 |
| 3,1 | 29,79 | 30,08 | 30,37 | 30,66 | 30,96 | 31,26 | 31,55 | 31,86 | 32,16 | 32,46 | 31 |
| 3,2 | 32,77 | 33,08 | 33,39 | 33,70 | 34,01 | 34,33 | 34,65 | 34,97 | 35,29 | 35,61 | 33 |
| 3,3 | 35,94 | 36,26 | 36,59 | 36,93 | 37,26 | 37,60 | 37,93 | 38,27 | 38,61 | 38,96 | 34 |
| 3,4 | 39,30 | 39,65 | 40,00 | 40,35 | 40,71 | 41,06 | 41,42 | 41,78 | 42,14 | 42,51 | 37 |
| 3,5 | 42,88 | 43,24 | 43,61 | 43,99 | 44,36 | 44,74 | 45,12 | 45,50 | 45,88 | 46,27 | 39 |
| 3,6 | 46,66 | 47,05 | 47,44 | 47,83 | 48,23 | 48,63 | 49,03 | 49,43 | 49,84 | 50,24 | 41 |
| 3,7 | 50,65 | 51,06 | 51,48 | 51,90 | 52,31 | 52,73 | 53,16 | 53,58 | 54,01 | 54,44 | 43 |
| 3,8 | 54,87 | 55,31 | 55,74 | 56,18 | 56,62 | 57,07 | 57,51 | 57,96 | 58,41 | 58,86 | 46 |
| 3,9 | 59,32 | 59,78 | 60,24 | 60,70 | 61,16 | 61,63 | 62,10 | 62,57 | 63,04 | 63,52 | 48 |
| **4,0** | 64,00 | 64,48 | 64,96 | 65,45 | 65,94 | 66,43 | 66,92 | 67,42 | 67,92 | 68,42 | 50 |
| 4,1 | 68,92 | 69,43 | 69,93 | 70,44 | 70,96 | 71,47 | 71,99 | 72,51 | 73,03 | 73,56 | 53 |
| 4,2 | 74,09 | 74,62 | 75,15 | 75,69 | 76,23 | 76,77 | 77,31 | 77,85 | 78,40 | 78,95 | 56 |
| 4,3 | 79,51 | 80,06 | 80,62 | 81,18 | 81,75 | 82,31 | 82,88 | 83,45 | 84,03 | 84,60 | 58 |
| 4,4 | 85,18 | 85,77 | 86,35 | 86,94 | 87,53 | 88,12 | 88,72 | 89,31 | 89,92 | 90,52 | 61 |
| 4,5 | 91,13 | 91,73 | 92,35 | 92,96 | 93,58 | 94,20 | 94,82 | 95,44 | 96,07 | 96,70 | 64 |
| 4,6 | 97,34 | 97,97 | 98,61 | 99,25 | 99,90 | 100,5 | 101,2 | 101,8 | 102,5 | 103,2 | 6 |
| 4,7 | 103,8 | 104,5 | 105,2 | 105,8 | 106,5 | 107,2 | 107,9 | 108,5 | 109,2 | 109,9 | 7 |
| 4,8 | 110,6 | 111,3 | 112,0 | 112,7 | 113,4 | 114,1 | 114,8 | 115,5 | 116,2 | 116,9 | 7 |
| 4,9 | 117,6 | 118,4 | 119,1 | 119,8 | 120,6 | 121,3 | 122,0 | 122,8 | 123,5 | 124,3 | 7 |
| **5,0** | 125,0 | 125,8 | 126,5 | 127,3 | 128,0 | 128,8 | 129,6 | 130,3 | 131,1 | 131,9 | 8 |
| 5,1 | 132,7 | 133,4 | 134,2 | 135,0 | 135,8 | 136,6 | 137,4 | 138,2 | 139,0 | 139,8 | 8 |
| 5,2 | 140,6 | 141,4 | 142,2 | 143,1 | 143,9 | 144,7 | 145,5 | 146,4 | 147,2 | 148,0 | 9 |
| 5,3 | 148,9 | 149,7 | 150,6 | 151,4 | 152,3 | 153,1 | 154,0 | 154,9 | 155,7 | 156,6 | 9 |
| 5,4 | 157,5 | 158,3 | 159,2 | 160,1 | 161,0 | 161,9 | 162,8 | 163,7 | 164,6 | 165,5 | 9 |

Rückt das Komma in $n$ e i n e Stelle nach rechts (links), so rückt es in $n^3$ d r e i Stellen nach rechts (links).

Beispiele:
$4,98^3 = 123,5$
$49,8^3 = 123\,500$
$498^3 = 123,5 \cdot 10^6$

$5,427^3 = 159,2$
$\phantom{5,427^3 =} + 63$
$\phantom{5,427^3 =} = 159,8$

$9 \cdot 7$

$\sqrt[3]{3,284} = 1,486$
$\phantom{\sqrt[3]{3,284} =} 42$
$\phantom{\sqrt[3]{3,284} =} 42 : 66$

# Kuben von 5,50 ··· 9,99 und Kubikwurzeln          Tafel 8

| Zahl | .,.0 | 1 | 2 | 3 | 4 | 5 | 6 | 7 | 8 | 9 | D |
|---|---|---|---|---|---|---|---|---|---|---|---|
| 5,5 | 166,4 | 167,3 | 168,2 | 169,1 | 170,0 | 171,0 | 171,9 | 172,8 | 173,7 | 174,7 | 9 |
| 5,6 | 175,6 | 176,6 | 177,5 | 178,5 | 179,4 | 180,4 | 181,3 | 182,3 | 183,3 | 184,2 | 10 |
| 5,7 | 185,2 | 186,2 | 187,1 | 188,1 | 189,1 | 190,1 | 191,1 | 192,1 | 193,1 | 194,1 | 10 |
| 5,8 | 195,1 | 196,1 | 197,1 | 198,2 | 199,2 | 200,2 | 201,2 | 202,3 | 203,3 | 204,3 | 11 |
| 5,9 | 205,4 | 206,4 | 207,5 | 208,5 | 209,6 | 210,6 | 211,7 | 212,8 | 213,8 | 214,9 | 11 |
| 6,0 | 216,0 | 217,1 | 218,2 | 219,3 | 220,3 | 221,4 | 222,5 | 223,6 | 224,8 | 225,9 | 11 |
| 6,1 | 227,0 | 228,1 | 229,2 | 230,3 | 231,5 | 232,6 | 233,7 | 234,9 | 236,0 | 237,2 | 11 |
| 6,2 | 238,3 | 239,5 | 240,6 | 241,8 | 243,0 | 244,1 | 245,3 | 246,5 | 247,7 | 248,9 | 11 |
| 6,3 | 250,0 | 251,2 | 252,4 | 253,6 | 254,8 | 256,0 | 257,3 | 258,5 | 259,7 | 260,9 | 12 |
| 6,4 | 262,1 | 263,4 | 264,6 | 265,8 | 267,1 | 268,3 | 269,6 | 270,8 | 272,1 | 273,4 | 12 |
| 6,5 | 274,6 | 275,9 | 277,2 | 278,4 | 279,7 | 281,0 | 282,3 | 283,6 | 284,9 | 286,2 | 13 |
| 6,6 | 287,5 | 288,8 | 290,1 | 291,4 | 292,8 | 294,1 | 295,4 | 296,7 | 298,1 | 299,4 | 14 |
| 6,7 | 300,8 | 302,1 | 303,5 | 304,8 | 306,2 | 307,5 | 308,9 | 310,3 | 311,7 | 313,0 | 14 |
| 6,8 | 314,4 | 315,8 | 317,2 | 318,6 | 320,0 | 321,4 | 322,8 | 324,2 | 325,7 | 327,1 | 14 |
| 6,9 | 328,5 | 329,9 | 331,4 | 332,8 | 334,3 | 335,7 | 337,2 | 338,6 | 340,1 | 341,5 | 15 |
| 7,0 | 343,0 | 344,5 | 345,9 | 347,4 | 348,9 | 350,4 | 351,9 | 353,4 | 354,9 | 356,4 | 15 |
| 7,1 | 357,9 | 359,4 | 360,9 | 362,5 | 364,0 | 365,5 | 367,1 | 368,6 | 370,1 | 371,7 | 15 |
| 7,2 | 373,2 | 374,8 | 376,4 | 377,9 | 379,5 | 381,1 | 382,7 | 384,2 | 385,8 | 387,4 | 16 |
| 7,3 | 389,0 | 390,6 | 392,2 | 393,8 | 395,4 | 397,1 | 398,7 | 400,3 | 401,9 | 403,6 | 16 |
| 7,4 | 405,2 | 406,9 | 408,5 | 410,2 | 411,8 | 413,5 | 415,2 | 416,8 | 418,5 | 420,2 | 17 |
| 7,5 | 421,9 | 423,6 | 425,3 | 427,0 | 428,7 | 430,4 | 432,1 | 433,8 | 435,5 | 437,2 | 18 |
| 7,6 | 439,0 | 440,7 | 442,5 | 444,2 | 445,9 | 447,7 | 449,5 | 451,2 | 453,0 | 454,8 | 17 |
| 7,7 | 456,5 | 458,3 | 460,1 | 461,9 | 463,7 | 465,5 | 467,3 | 469,1 | 470,9 | 472,7 | 19 |
| 7,8 | 474,6 | 476,4 | 478,2 | 480,0 | 481,9 | 483,7 | 485,6 | 487,4 | 489,3 | 491,2 | 18 |
| 7,9 | 493,0 | 494,9 | 496,8 | 498,7 | 500,6 | 502,5 | 504,4 | 506,3 | 508,2 | 510,1 | 19 |
| 8,0 | 512,0 | 513,9 | 515,8 | 517,8 | 519,7 | 521,7 | 523,6 | 525,6 | 527,5 | 529,5 | 19 |
| 8,1 | 531,4 | 533,4 | 535,4 | 537,4 | 539,4 | 541,3 | 543,3 | 545,3 | 547,3 | 549,4 | 20 |
| 8,2 | 551,4 | 553,4 | 555,4 | 557,4 | 559,5 | 561,5 | 563,6 | 565,6 | 567,7 | 569,7 | 21 |
| 8,3 | 571,8 | 573,9 | 575,9 | 578,0 | 580,1 | 582,2 | 584,3 | 586,4 | 588,5 | 590,6 | 21 |
| 8,4 | 592,7 | 594,8 | 596,9 | 599,1 | 601,2 | 603,4 | 605,5 | 607,6 | 609,8 | 612,0 | 21 |
| 8,5 | 614,1 | 616,3 | 618,5 | 620,7 | 622,8 | 625,0 | 627,2 | 629,4 | 631,6 | 633,8 | 23 |
| 8,6 | 636,1 | 638,3 | 640,5 | 642,7 | 645,0 | 647,2 | 649,5 | 651,7 | 654,0 | 656,2 | 23 |
| 8,7 | 658,5 | 660,8 | 663,1 | 665,3 | 667,6 | 669,9 | 672,2 | 674,5 | 676,8 | 679,2 | 23 |
| 8,8 | 681,5 | 683,8 | 686,1 | 688,5 | 690,8 | 693,2 | 695,5 | 697,9 | 700,2 | 702,6 | 24 |
| 8,9 | 705,0 | 707,3 | 709,7 | 712,1 | 714,5 | 716,9 | 719,3 | 721,7 | 724,2 | 726,6 | 24 |
| 9,0 | 729,0 | 731,4 | 733,9 | 736,3 | 738,8 | 741,2 | 743,7 | 746,1 | 748,6 | 751,1 | 25 |
| 9,1 | 753,6 | 756,1 | 758,6 | 761,0 | 763,6 | 766,1 | 768,6 | 771,1 | 773,6 | 776,2 | 25 |
| 9,2 | 778,7 | 781,2 | 783,8 | 786,3 | 788,9 | 791,5 | 794,0 | 796,6 | 799,2 | 801,8 | 26 |
| 9,3 | 804,4 | 807,0 | 809,6 | 812,2 | 814,8 | 817,4 | 820,0 | 822,7 | 825,3 | 827,9 | 27 |
| 9,4 | 830,6 | 833,2 | 835,9 | 838,6 | 841,2 | 843,9 | 846,6 | 849,3 | 852,0 | 854,7 | 27 |
| 9,5 | 857,4 | 860,1 | 862,8 | 865,5 | 868,3 | 871,0 | 873,7 | 876,5 | 879,2 | 882,0 | 27 |
| 9,6 | 884,7 | 887,5 | 890,3 | 893,1 | 895,8 | 898,6 | 901,4 | 904,2 | 907,0 | 909,9 | 28 |
| 9,7 | 912,7 | 915,5 | 918,3 | 921,2 | 924,0 | 926,9 | 929,7 | 932,6 | 935,4 | 938,3 | 29 |
| 9,8 | 941,2 | 944,1 | 947,0 | 949,9 | 952,8 | 955,7 | 958,6 | 961,5 | 964,4 | 967,4 | 29 |
| 9,9 | 970,3 | 973,2 | 976,2 | 979,1 | 982,1 | 985,1 | 988,0 | 991,0 | 994,0 | 997,0 | 30 |

$x^3$

Rückt das Komma in $n$ **eine** Stelle nach rechts (links), so rückt es in $n^3$ **drei** Stellen nach rechts (links).

Beispiele: $0{,}169^3 = 0{,}004\,827$    $\sqrt[3]{32\,840} = 32{,}02$    $\sqrt[3]{0{,}3284} = 0{,}6899$
$0{,}369^3 = 0{,}050\,24$    $\dfrac{77}{70:31}$    $\dfrac{71}{13:14}$
$0{,}969^3 = 0{,}909\,9$

15

## Tafel 9 — Bogenlängen, Kreisumfang und -inhalt, $\sqrt{n}$, $\sqrt[3]{n}$

| $n$ | $\dfrac{\pi n}{180}$ | $\pi n$ | $\pi \dfrac{n^2}{4}$ | $\sqrt{n}$ | $\sqrt[3]{n}$ | $n$ | $\dfrac{\pi n}{180}$ | $\pi n$ | $\pi \dfrac{n^2}{4}$ | $\sqrt{n}$ | $\sqrt[3]{n}$ |
|---|---|---|---|---|---|---|---|---|---|---|---|
| 1 | 0,01745 | 3,142 | 0,7854 | 1,000 | 1,000 | 51 | 0,8901 | 160,2 | 2043 | 7,141 | 3,708 |
| 2 | 0,03491 | 6,283 | 3,1416 | 414 | 260 | 52 | 9076 | 163,4 | 2124 | 211 | 733 |
| 3 | 0,05236 | 9,425 | 7,0686 | 732 | 442 | 53 | 9250 | 166,5 | 2206 | 280 | 756 |
| 4 | 0,06981 | 12,57 | 12,57 | 2,000 | 587 | 54 | 0,9425 | 169,6 | 2290 | 7,348 | 780 |
| 5 | 08727 | 15,71 | 19,63 | 236 | 710 | 55 | 9599 | 172,8 | 2376 | 416 | 803 |
| 6 | 1047 | 18,85 | 28,27 | 449 | 817 | 56 | 9774 | 175,9 | 2463 | 483 | 826 |
| 7 | 0,1222 | 21,99 | 38,48 | 2,646 | 913 | 57 | 0,9948 | 179,1 | 2552 | 7,550 | 849 |
| 8 | 1396 | 25,13 | 50,27 | 2,828 | 2,000 | 58 | 1,012 | 182,2 | 2642 | 616 | 871 |
| 9 | 1571 | 28,27 | 63,62 | 3,000 | 080 | 59 | 1,030 | 185,4 | 2734 | 681 | 3,893 |
| 10 | 0,1745 | 31,42 | 78,54 | 3,162 | 2,154 | 60 | 1,047 | 188,5 | 2827 | 7,746 | 3,915 |
| 11 | 0,1920 | 34,56 | 95,03 | 3,317 | 2,224 | 61 | 1,065 | 191,6 | 2922 | 7,810 | 3,936 |
| 12 | 2094 | 37,70 | 113,1 | 464 | 289 | 62 | 082 | 194,8 | 3019 | 874 | 958 |
| 13 | 2269 | 40,84 | 132,7 | 606 | 351 | 63 | 100 | 197,9 | 3117 | 937 | 3,979 |
| 14 | 0,2443 | 43,98 | 153,9 | 3,742 | 410 | 64 | 1,117 | 201,1 | 3217 | 8,000 | 4,000 |
| 15 | 2618 | 47,12 | 176,7 | 3,873 | 466 | 65 | 134 | 204,2 | 3318 | 062 | 021 |
| 16 | 2793 | 50,27 | 201,1 | 4,000 | 520 | 66 | 152 | 207,3 | 3421 | 124 | 041 |
| 17 | 0,2967 | 53,41 | 227,0 | 4,123 | 571 | 67 | 1,169 | 210,5 | 3526 | 8,185 | 062 |
| 18 | 3142 | 56,55 | 254,5 | 243 | 621 | 68 | 187 | 213,6 | 3632 | 246 | 082 |
| 19 | 3316 | 59,69 | 283,5 | 359 | 2,668 | 69 | 204 | 216,8 | 3739 | 307 | 4,102 |
| 20 | 0,3491 | 62,83 | 314,2 | 4,472 | 2,714 | 70 | 1,222 | 219,9 | 3848 | 8,367 | 4,121 |
| 21 | 0,3665 | 65,97 | 346,4 | 4,583 | 2,759 | 71 | 1,239 | 223,1 | 3959 | 8,426 | 4,141 |
| 22 | 3840 | 69,12 | 380,1 | 690 | 802 | 72 | 257 | 226,2 | 4071 | 485 | 160 |
| 23 | 4014 | 72,26 | 415,5 | 796 | 844 | 73 | 274 | 229,3 | 4185 | 544 | 179 |
| 24 | 0,4189 | 75,40 | 452,4 | 4,899 | 884 | 74 | 1,292 | 232,5 | 4301 | 8,602 | 198 |
| 25 | 4363 | 78,54 | 490,9 | 5,000 | 924 | 75 | 309 | 235,6 | 4418 | 660 | 217 |
| 26 | 4538 | 81,68 | 530,9 | 5,099 | 2,962 | 76 | 326 | 238,8 | 4536 | 718 | 236 |
| 27 | 0,4712 | 84,82 | 572,6 | 5,196 | 3,000 | 77 | 1,344 | 241,9 | 4657 | 8,775 | 254 |
| 28 | 4887 | 87,96 | 615,8 | 292 | 037 | 78 | 361 | 245,0 | 4778 | 832 | 273 |
| 29 | 5061 | 91,11 | 660,5 | 385 | 3,072 | 79 | 379 | 248,2 | 4902 | 888 | 4,291 |
| 30 | 0,5236 | 94,25 | 706,9 | 5,477 | 3,107 | 80 | 1,396 | 251,3 | 5027 | 8,944 | 4,309 |
| 31 | 0,5411 | 97,39 | 754,8 | 5,568 | 3,141 | 81 | 1,414 | 254,5 | 5153 | 9,000 | 4,327 |
| 32 | 5585 | 100,5 | 804,2 | 657 | 175 | 82 | 431 | 257,6 | 5281 | 055 | 344 |
| 33 | 5760 | 103,7 | 855,3 | 745 | 208 | 83 | 449 | 260,8 | 5411 | 110 | 362 |
| 34 | 0,5934 | 106,8 | 907,9 | 5,831 | 240 | 84 | 1,466 | 263,9 | 5542 | 9,165 | 380 |
| 35 | 6109 | 110,0 | 962,1 | 5,916 | 271 | 85 | 484 | 267,0 | 5674 | 220 | 397 |
| 36 | 6283 | 113,1 | 1018 | 6,000 | 302 | 86 | 501 | 270,2 | 5809 | 274 | 414 |
| 37 | 0,6458 | 116,2 | 1075 | 6,083 | 332 | 87 | 1,518 | 273,3 | 5945 | 9,327 | 431 |
| 38 | 6632 | 119,4 | 1134 | 164 | 362 | 88 | 536 | 276,5 | 6082 | 381 | 448 |
| 39 | 6807 | 122,5 | 1195 | 245 | 3,392 | 89 | 553 | 279,6 | 6221 | 434 | 4,465 |
| 40 | 0,6981 | 125,7 | 1257 | 6,325 | 3,420 | 90 | 1,571 | 282,7 | 6362 | 9,487 | 4,481 |
| 41 | 0,7156 | 128,8 | 1320 | 6,403 | 3,448 | 91 | 1,588 | 285,9 | 6504 | 9,539 | 4,498 |
| 42 | 7330 | 131,9 | 1385 | 481 | 476 | 92 | 606 | 289,0 | 6648 | 592 | 514 |
| 43 | 7505 | 135,1 | 1452 | 557 | 503 | 93 | 623 | 292,2 | 6793 | 644 | 531 |
| 44 | 0,7679 | 138,2 | 1521 | 6,633 | 530 | 94 | 1,641 | 295,3 | 6940 | 9,695 | 547 |
| 45 | 7854 | 141,4 | 1590 | 708 | 557 | 95 | 658 | 298,5 | 7088 | 747 | 563 |
| 46 | 8029 | 144,5 | 1662 | 782 | 583 | 96 | 676 | 301,6 | 7238 | 798 | 579 |
| 47 | 0,8203 | 147,7 | 1735 | 6,856 | 609 | 97 | 1,693 | 304,7 | 7390 | 9,849 | 595 |
| 48 | 8378 | 150,8 | 1810 | 6,928 | 634 | 98 | 710 | 307,9 | 7543 | 899 | 610 |
| 49 | 8552 | 153,9 | 1886 | 7,000 | 3,659 | 99 | 728 | 311,0 | 7698 | 950 | 4,626 |
| 50 | 0,8727 | 157,1 | 1963 | 7,071 | 3,684 | 100 | 1,745 | 314,2 | 7854 | 10,000 | 4,642 |

# Kreis- und Hyperbelfunktionen, $e^x$, $e^{-x}$, $\ln x$ — Tafel 10

| x | φ Grad | sin x | cos x | tan x | $e^x$ | $e^{-x}$ | ln x | sinh x | cosh x |
|---|---|---|---|---|---|---|---|---|---|
| 0 | 0 | 0 | 1 | 0 | 1 | 1 | — | 0 | 1 |
| 0,05 | 2,86 | 0,0500 | 0,999 | 0,0500 | 1,051 | 0,951 | −2.996 | 0,0500 | 1,001 |
| 10 | 5,73 | 0,0998 | 0,995 | 0,100 | 1,105 | 0,905 | −2.303 | 0,100 | 1,005 |
| 15 | 8,59 | 149 | 989 | 151 | 162 | 861 | −1.897 | 151 | 011 |
| 20 | 11,46 | 199 | 980 | 203 | 221 | 819 | −1.609 | 201 | 020 |
| 25 | 14,32 | 247 | 969 | 255 | 284 | 779 | −1.386 | 253 | 031 |
| 30 | 17,19 | 296 | 955 | 309 | 350 | 741 | −1.204 | 305 | 045 |
| 35 | 20,05 | 343 | 939 | 365 | 419 | 705 | −1.050 | 357 | 062 |
| 40 | 22,92 | 389 | 921 | 423 | 492 | 670 | −0.916 | 411 | 081 |
| 0,45 | 25,78 | 0,435 | 0,900 | 0,483 | 1,568 | 0,638 | −0.799 | 0,465 | 1,103 |
| 0,50 | 28,65 | 0,479 | 0,878 | 0,546 | 1,649 | 0,607 | −0.693 | 0,521 | 1,128 |
| 0,55 | 31,51 | 0,523 | 0,853 | 0,613 | 1,733 | 0,577 | −0.598 | 0,578 | 1,155 |
| 60 | 34,38 | 565 | 825 | 684 | 822 | 549 | −0.511 | 637 | 185 |
| 65 | 37,24 | 605 | 796 | 760 | 1,916 | 522 | −0.431 | 697 | 219 |
| 70 | 40,11 | 644 | 765 | 842 | 2,014 | 497 | −0.357 | 759 | 255 |
| 75 | 42,97 | 682 | 732 | 0,932 | 117 | 472 | −0.288 | 822 | 295 |
| 80 | 45,84 | 717 | 697 | 1,030 | 23 | 449 | −0.223 | 888 | 337 |
| 85 | 48,70 | 751 | 660 | 138 | 34 | 427 | −0.163 | 0,956 | 384 |
| 90 | 51,57 | 783 | 622 | 260 | 46 | 407 | −0.105 | 1,027 | 433 |
| 0,95 | 54,43 | 0,813 | 0,582 | 1,398 | 2,59 | 0,387 | −0.051 | 1,099 | 1,486 |
| 1,00 | 57,30 | 0,841 | 0,540 | 1,56 | 2,72 | 0,368 | 0.000 | 1,175 | 1,543 |
| 1,05 | 60,16 | 0,867 | 0,498 | 1,74 | 2,86 | 0,350 | 0.049 | 1,25 | 1,60 |
| 10 | 63,03 | 891 | 454 | 1,96 | 3,00 | 333 | 095 | 34 | 67 |
| 15 | 65,89 | 913 | 408 | 2,23 | 16 | 317 | 140 | 42 | 74 |
| 20 | 68,75 | 932 | 362 | 57 | 32 | 301 | 182 | 51 | 81 |
| 25 | 71,62 | 949 | 315 | 3,01 | 49 | 287 | 223 | 60 | 89 |
| 30 | 74,48 | 964 | 267 | 3,60 | 67 | 273 | 262 | 70 | 1,97 |
| 35 | 77,35 | 976 | 219 | 4,46 | 3,86 | 259 | 300 | 80 | 2,06 |
| 40 | 80,21 | 985 | 170 | 5,80 | 4,06 | 247 | 336 | 1,90 | 15 |
| 1,45 | 83,08 | 0,993 | 0,121 | 8,24 | 4,26 | 0,235 | 0.372 | 2,01 | 2,25 |
| 1,50 | 85,94 | 0,997 | 0,071 | 14,1 | 4,48 | 0,223 | 0.405 | 2,13 | 2,35 |
| 1,55 | 88,01 | 0,999 | +0,021 | +48,1 | 4,71 | 0,212 | 0.438 | 2,25 | 2,46 |
| 60 | 91,67 | 1,000 | −0,029 | −34,2 | 95 | 202 | 470 | 38 | 58 |
| 65 | 94,54 | 0,997 | −0,079 | −12,6 | 5,21 | 192 | 501 | 51 | 70 |
| 70 | 97,40 | 992 | −0,129 | −7,70 | 47 | 183 | 531 | 65 | 83 |
| 75 | 100,3 | 984 | −0,178 | −5,52 | 75 | 174 | 560 | 79 | 2,96 |
| 80 | 103,1 | 974 | −0,227 | −4,29 | 6,05 | 165 | 588 | 2,94 | 3,11 |
| 85 | 106,0 | 961 | −0,276 | −3,49 | 6,36 | 157 | 615 | 3,10 | 26 |
| 90 | 108,9 | 946 | −0,323 | −2,93 | 6,69 | 150 | 642 | 27 | 42 |
| 1,95 | 111,7 | 0,929 | −0,370 | −2,51 | 7,03 | 0,142 | 0.668 | 3,44 | 3,59 |
| 2,00 | 114,6 | 0,909 | −0,416 | −2,19 | 7,39 | 0,135 | 0.693 | 3,63 | 3,76 |
| 2,1 | 120,3 | 0,863 | −0,505 | −1,71 | 8,17 | 0,122 | 0.742 | 4,02 | 4,14 |
| 2 | 126,1 | 808 | −0,589 | −1,37 | 9,03 | 111 | 788 | 46 | 4,57 |
| 3 | 131,8 | 746 | −0,666 | −1,12 | 9,97 | 100 | 833 | 4,94 | 5,04 |
| 4 | 137,5 | 675 | −0,737 | −0,916 | 11,0 | 0907 | 875 | 5,47 | 5,56 |
| 5 | 143,2 | 598 | −0,801 | −0,747 | 12,2 | 0821 | 916 | 6,05 | 6,13 |
| 6 | 149,0 | 516 | −0,857 | −0,602 | 13,5 | 0743 | 956 | 6,69 | 6,77 |
| 7 | 154,7 | 427 | −0,904 | −0,473 | 14,9 | 0672 | 0.993 | 7,41 | 7,47 |
| 8 | 160,4 | 335 | −0,942 | −0,356 | 16,4 | 0608 | 1.030 | 8,19 | 8,25 |
| 2,9 | 166,2 | 0,239 | −0,971 | −0,246 | 18,2 | 0,0550 | 1.065 | 9,06 | 9,11 |
| 3,0 | 171,9 | +0,141 | −0,990 | −0,143 | 20,1 | 0,0498 | 1.099 | 10,0 | 10,1 |
| 3,2 | 183,3 | −0,058 | −0,998 | +0,058 | 24,5 | 0,0408 | 1.163 | 12,2 | 12,3 |
| 4 | 194,8 | −0,256 | −0,967 | 264 | 30,0 | 0334 | 224 | 15,0 | 15,0 |
| 6 | 206,3 | −0,443 | −0,897 | 493 | 36,6 | 0273 | 281 | 18,3 | 18,3 |
| 8 | 217,7 | −0,612 | −0,791 | 0,774 | 44,7 | 0,0224 | 1.335 | 22,3 | 22,4 |
| 4,0 | 229,2 | −0,757 | −0,654 | 1,16 | 54,6 | 0,0183 | 1.386 | 27,3 | 27,3 |
| 4,5 | 257,8 | −0,978 | −0,211 | +4,64 | 90,0 | 0111 | 504 | 45,0 | 45,0 |
| 5,0 | 286,5 | −0,959 | +0,284 | −3,38 | 148 | 0,00674 | 609 | 74,2 | 74,2 |
| 6,0 | 343,8 | −0,279 | +0,960 | −0,291 | 403 | 0,00248 | 792 | 202 | 202 |
| 8,0 | 458,4 | +0,989 | −0,146 | −6,80 | 2981 | $34 \cdot 10^{-5}$ | 2.079 | 1490 | 1490 |
| 10,0 | 573,0 | −0,544 | −0,839 | +0,648 | 22026 | $4,5 \cdot 10^{-5}$ | 2.303 | 11013 | 11013 |

Weitere Werte von ln x ergeben sich aus   $\ln 10^n x = \ln x + n \cdot \ln 10 = \ln x + n \cdot 2.303$
Beispiele: ln 34 = 1.224 + 2.303 = 3.527   ln 185 = 0.615 + 4.605 = 5.220

Bogen, Kreis, $\sqrt{n}$, $\sqrt[3]{n}$, Kreis-, Hyp.-Fktn., $e^x$, $e^{-x}$, ln x

Tafel 11  $e^{-x^2}$, Gauß-Verteilung $G(0; 1; x)$

| $x$ | $e^{-x^2}$ | $\dfrac{1}{\sqrt{2\pi}}e^{-\frac{x^2}{2}}$ | $\dfrac{1}{\sqrt{2\pi}}\int_{-x}^{x}e^{-\frac{t^2}{2}}dt$ | $x$ | $e^{-x^2}$ | $\dfrac{1}{\sqrt{2\pi}}e^{-\frac{x^2}{2}}$ | $\dfrac{1}{\sqrt{2\pi}}\int_{-x}^{x}e^{-\frac{t^2}{2}}dt$ |
|---|---|---|---|---|---|---|---|
| 0,00 | 1,000 | 0,399 | 0,000 | 1,50 | 0,105 | 0,130 | 0,866 |
| 05 | 0,998 | 0,398 | 0,040 | 55 | 0,090 | 0,120 | 0,879 |
| 10 | 990 | 397 | 080 | 60 | 077 | 111 | 890 |
| 15 | 978 | 395 | 119 | 65 | 066 | 102 | 901 |
| 20 | 961 | 391 | 159 | 70 | 056 | 094 | 911 |
| 25 | 939 | 387 | 197 | 75 | 047 | 086 | 920 |
| 30 | 914 | 381 | 236 | 80 | 039 | 079 | 928 |
| 35 | 885 | 375 | 274 | 85 | 033 | 072 | 936 |
| 40 | 852 | 368 | 311 | 90 | 027 | 066 | 943 |
| 45 | 0,817 | 0,361 | 0,347 | 95 | 0,022 | 0,060 | 0,949 |
| 0,50 | 0,779 | 0,352 | 0,383 | 2,00 | 0,018 | 0,054 | 0,955 |
| 55 | 0,739 | 0,343 | 0,418 | 10 | 0,013 | 0,044 | 0,964 |
| 60 | 698 | 333 | 451 | 20 | 008 | 035 | 972 |
| 65 | 655 | 323 | 484 | 30 | 005 | 028 | 979 |
| 675 | 634 | 318 | 500 | | | | |
| 70 | 613 | 312 | 516 | 40 | 003 | 022 | 984 |
| 75 | 570 | 301 | 547 | 50 | 002 | 018 | 988 |
| 80 | 527 | 290 | 576 | 60 | 001 | 014 | 991 |
| 85 | 486 | 278 | 605 | 70 | 0007 | 010 | 993 |
| 90 | 445 | 266 | 632 | 80 | 0004 | 008 | 995 |
| 95 | 0,406 | 0,254 | 0,658 | 90 | 0,0002 | 0,006 | 0,996 |
| 1,00 | 0,368 | 0,242 | 0,683 | 3,0 | 0,0001 | 0,0044 | 0,997 |
| 05 | 0,332 | 0,230 | 0,706 | 1 | 0,0001 | 0,0033 | 0,998 |
| 10 | 298 | 218 | 729 | 2 | 0000 | 0024 | 999 |
| 15 | 266 | 206 | 750 | 3 | 0000 | 0017 | 999 |
| 20 | 237 | 194 | 770 | 4 | 0000 | 0012 | 999 |
| 25 | 210 | 183 | 789 | | | | |
| 30 | 185 | 171 | 806 | 5 | 0000 | 0009 | 9995 |
| 35 | 162 | 160 | 823 | 4,0 | 0,0000 | 0,0001 | 0,9999 |
| 40 | 141 | 150 | 838 | | | | |
| 45 | 0,122 | 0,139 | 0,853 | 5,0 | 0,0000 | 0,0000 | 1,0000 |

Tafel 12  Binomialzahlen $\binom{n}{k}=\binom{n}{n-k}:=\dfrac{n!}{k!(n-k)!}$

| $n$ | $\binom{n}{0}$ | $\binom{n}{1}$ | $\binom{n}{2}$ | $\binom{n}{3}$ | $\binom{n}{4}$ | $\binom{n}{5}$ | $\binom{n}{6}$ | $\binom{n}{7}$ | $\binom{n}{8}$ | $\binom{n}{9}$ | $\binom{n}{10}$ | $\binom{n}{11}$ | $\binom{n}{12}$ |
|---|---|---|---|---|---|---|---|---|---|---|---|---|---|
| 1 | 1 | 1 | | | | | | | | | | | |
| 2 | 1 | 2 | 1 | | | | | | | | | | |
| 3 | 1 | 3 | 3 | 1 | | | | | | | | | |
| 4 | 1 | 4 | 6 | 4 | 1 | | | | | | | | |
| 5 | 1 | 5 | 10 | 10 | 5 | 1 | | | | | | | |
| 6 | 1 | 6 | 15 | 20 | 15 | 6 | 1 | | | | | | |
| 7 | 1 | 7 | 21 | 35 | 35 | 21 | 7 | 1 | | | | | |
| 8 | 1 | 8 | 28 | 56 | 70 | 56 | 28 | 8 | 1 | | | | |
| 9 | 1 | 9 | 36 | 84 | 126 | 126 | 84 | 36 | 9 | 1 | | | |
| 10 | 1 | 10 | 45 | 120 | 210 | 252 | 210 | 120 | 45 | 10 | 1 | | |
| 11 | 1 | 11 | 55 | 165 | 330 | 462 | 462 | 330 | 165 | 55 | 11 | 1 | |
| 12 | 1 | 12 | 66 | 220 | 495 | 792 | 924 | 792 | 495 | 220 | 66 | 12 | 1 |
| 13 | 1 | 13 | 78 | 286 | 715 | 1287 | 1716 | 1716 | 1287 | 715 | 286 | 78 | 13 |
| 14 | 1 | 14 | 91 | 364 | 1001 | 2002 | 3003 | 3432 | 3003 | 2002 | 1001 | 364 | 91 |
| 15 | 1 | 15 | 105 | 455 | 1365 | 3003 | 5005 | 6435 | 6435 | 5005 | 3003 | 1365 | 455 |
| 16 | 1 | 16 | 120 | 560 | 1820 | 4368 | 8008 | 11440 | 12870 | 11440 | 8008 | 4368 | 1820 |
| 17 | 1 | 17 | 136 | 680 | 2380 | 6188 | 12376 | 19448 | 24310 | 24310 | 19448 | 12376 | 6188 |
| 18 | 1 | 18 | 153 | 816 | 3060 | 8568 | 18564 | 31824 | 43758 | 48620 | 43758 | 31824 | 18564 |
| 19 | 1 | 19 | 171 | 969 | 3876 | 11628 | 27132 | 50388 | 75582 | 92378 | 92378 | 75582 | 50388 |
| 20 | 1 | 20 | 190 | 1140 | 4845 | 15504 | 38760 | 77520 | $1{,}260\cdot10^5$ | $1{,}680\cdot10^5$ | $1{,}848\cdot10^5$ | $1{,}680\cdot10^5$ | $1{,}260\cdot10^5$ |
| 21 | 1 | 21 | 210 | 1330 | 5985 | 20349 | 54264 | $1{,}163\cdot10^5$ | $2{,}035\cdot10^5$ | $2{,}939\cdot10^5$ | $3{,}527\cdot10^5$ | $3{,}527\cdot10^5$ | $2{,}939\cdot10^5$ |
| 22 | 1 | 22 | 231 | 1540 | 7315 | 26334 | 74613 | $1{,}705\cdot10^5$ | $3{,}198\cdot10^5$ | $4{,}974\cdot10^5$ | $6{,}466\cdot10^5$ | $7{,}054\cdot10^5$ | $6{,}466\cdot10^5$ |
| 23 | 1 | 23 | 253 | 1771 | 8855 | 33649 | $1{,}009\cdot10^5$ | $2{,}452\cdot10^5$ | $4{,}903\cdot10^5$ | $8{,}172\cdot10^5$ | $2{,}144\cdot10^6$ | $1{,}352\cdot10^6$ | $1{,}352\cdot10^6$ |
| 24 | 1 | 24 | 276 | 2024 | 10626 | 42504 | $1{,}346\cdot10^5$ | $3{,}461\cdot10^5$ | $7{,}355\cdot10^5$ | $1{,}306\cdot10^6$ | $1{,}961\cdot10^6$ | $2{,}496\cdot10^6$ | $2{,}704\cdot10^6$ |
| 25 | 1 | 25 | 300 | 2300 | 12650 | 53130 | $1{,}771\cdot10^5$ | $4{,}807\cdot10^5$ | $1{,}082\cdot10^6$ | $2{,}043\cdot10^6$ | $3{,}269\cdot10^6$ | $4{,}457\cdot10^6$ | $5{,}200\cdot10^6$ |

Bernoulli (Binomial)-Verteilung $B(n;p;x) := \binom{n}{x} p^x q^{n-x}$; $p+q=1$    Tafel **13**

| n | x | $p=\frac{1}{2}$ | $\frac{1}{3}$ | $\frac{1}{4}$ | $\frac{1}{5}$ | $\frac{2}{5}$ | $\frac{1}{6}$ | $\frac{1}{8}$ | $\frac{3}{8}$ | $\frac{1}{10}$ | $\frac{3}{10}$ |
|---|---|---|---|---|---|---|---|---|---|---|---|
| 1 | 0 | 0,5000 | 0,6667 | 0,7500 | 0,8000 | 0,6000 | 0,8333 | 0,8750 | 0,6250 | 0,9000 | 0,7000 |
|   | 1 | 5000 | 3333 | 2500 | 2000 | 4000 | 1667 | 1250 | 3750 | 1000 | 3000 |
| 2 | 0 | 0,2500 | 0,4444 | 0,5625 | 0,6400 | 0,3600 | 0,6944 | 0,7656 | 0,3906 | 0,8100 | 0,4900 |
|   | 1 | 5000 | 4444 | 3750 | 3200 | 4800 | 2778 | 2188 | 4688 | 1800 | 4200 |
|   | 2 | 2500 | 1111 | 0625 | 0400 | 1600 | 0278 | 0156 | 1406 | 0100 | 0900 |
| 3 | 0 | 0,1250 | 0,2963 | 0,4219 | 0,5120 | 0,2160 | 0,5787 | 0,6699 | 0,2441 | 0,7290 | 0,3430 |
|   | 1 | 3750 | 4444 | 4219 | 3840 | 4320 | 3472 | 2871 | 4395 | 2430 | 4410 |
|   | 2 | 3750 | 2222 | 1406 | 0960 | 2880 | 0694 | 0410 | 2637 | 0270 | 1890 |
|   | 3 | 1250 | 0370 | 0156 | 0080 | 0640 | 0046 | 0020 | 0527 | 0010 | 0270 |
| 4 | 0 | 0,0625 | 0,1975 | 0,3164 | 0,4096 | 0,1296 | 0,4823 | 0,5862 | 0,1526 | 0,6561 | 0,2401 |
|   | 1 | 2500 | 3951 | 4219 | 4096 | 3456 | 3858 | 3350 | 3662 | 2916 | 4116 |
|   | 2 | 3750 | 2963 | 2109 | 1536 | 3456 | 1157 | 0718 | 3296 | 0486 | 2646 |
|   | 3 | 2500 | 0988 | 0469 | 0256 | 1536 | 0154 | 0068 | 1318 | 0036 | 0756 |
|   | 4 | 0625 | 0123 | 0039 | 0016 | 0256 | 0008 | 0002 | 0198 | 0001 | 0081 |
| 5 | 0 | 0,0313 | 0,1317 | 0,2373 | 0,3277 | 0,0778 | 0,4019 | 0,5129 | 0,0954 | 0,5905 | 0,1681 |
|   | 1 | 1563 | 3292 | 3955 | 4096 | 2592 | 4019 | 3664 | 2861 | 3281 | 3602 |
|   | 2 | 3125 | 3292 | 2637 | 2048 | 3456 | 1608 | 1047 | 3433 | 0729 | 3087 |
|   | 3 | 3125 | 1646 | 0879 | 0512 | 2304 | 0321 | 0150 | 2060 | 0081 | 1323 |
|   | 4 | 1563 | 0412 | 0146 | 0064 | 0768 | 0032 | 0011 | 0618 | 0005 | 0284 |
|   | 5 | 0313 | 0041 | 0010 | 0003 | 0102 | 0001 | 0000 | 0074 | 0000 | 0024 |
| 6 | 0 | 0,0156 | 0,0878 | 0,1780 | 0,2621 | 0,0467 | 0,3349 | 0,4488 | 0,0596 | 0,5314 | 0,1176 |
|   | 1 | 0938 | 2634 | 3560 | 3932 | 1866 | 4019 | 3847 | 2146 | 3543 | 3025 |
|   | 2 | 2344 | 3292 | 2966 | 2458 | 3110 | 2009 | 1374 | 3219 | 0984 | 3241 |
|   | 3 | 3125 | 2195 | 1318 | 0819 | 2765 | 0536 | 0262 | 2575 | 0146 | 1852 |
|   | 4 | 2344 | 0823 | 0330 | 0154 | 1382 | 0080 | 0028 | 1159 | 0012 | 0595 |
|   | 5 | 0938 | 0165 | 0044 | 0015 | 0369 | 0006 | 0002 | 0278 | 0001 | 0102 |
|   | 6 | 0156 | 0014 | 0002 | 0001 | 0041 | 0000 | 0000 | 0028 | 0000 | 0007 |
| 7 | 0 | 0,0078 | 0,0585 | 0,1335 | 0,2097 | 0,0280 | 0,2791 | 0,3927 | 0,0373 | 0,4783 | 0,0824 |
|   | 1 | 0547 | 2048 | 3115 | 3670 | 1306 | 3907 | 3927 | 1565 | 3720 | 2471 |
|   | 2 | 1641 | 3073 | 3115 | 2753 | 2613 | 2344 | 1683 | 2816 | 1240 | 3177 |
|   | 3 | 2734 | 2561 | 1730 | 1147 | 2903 | 0781 | 0400 | 2816 | 0230 | 2269 |
|   | 4 | 2734 | 1280 | 0577 | 0287 | 1935 | 0156 | 0057 | 1690 | 0026 | 0972 |
|   | 5 | 1641 | 0384 | 0115 | 0043 | 0774 | 0019 | 0005 | 0608 | 0002 | 0250 |
|   | 6 | 0547 | 0064 | 0013 | 0004 | 0172 | 0001 | 0000 | 0122 | 0000 | 0036 |
|   | 7 | 0078 | 0005 | 0001 | 0000 | 0016 | 0000 | 0000 | 0010 | 0000 | 0002 |
| 8 | 0 | 0,0039 | 0,0390 | 0,1001 | 0,1678 | 0,0168 | 0,2326 | 0,3436 | 0,0233 | 0,4305 | 0,0576 |
|   | 1 | 0313 | 1561 | 2670 | 3355 | 0896 | 3721 | 3927 | 1118 | 3826 | 1977 |
|   | 2 | 1094 | 2731 | 3115 | 2936 | 2090 | 2605 | 1963 | 2347 | 1488 | 2965 |
|   | 3 | 2188 | 2731 | 2076 | 1468 | 2787 | 1042 | 0651 | 2816 | 0331 | 2541 |
|   | 4 | 2734 | 1707 | 0865 | 0459 | 2322 | 0260 | 0100 | 2112 | 0046 | 1361 |
|   | 5 | 2188 | 0683 | 0231 | 0092 | 1239 | 0042 | 0011 | 1014 | 0004 | 0467 |
|   | 6 | 1094 | 0171 | 0038 | 0011 | 0413 | 0004 | 0001 | 0304 | 0000 | 0100 |
|   | 7 | 0313 | 0024 | 0004 | 0001 | 0079 | 0000 | 0000 | 0052 | 0000 | 0012 |
|   | 8 | 0039 | 0002 | 0000 | 0000 | 0007 | 0000 | 0000 | 0004 | 0000 | 0001 |

$e^{-x^2}$
Gauß-, Bernoulli-Vert., Binomialz.

Tafel **14**  Bernoulli (Binom.)-Vert. kumul. $\sum_{i=0}^{x} B(n;p;i) = \sum_{i=0}^{x} \binom{n}{i} p^i \cdot q^{n-i}$

| n | x | p = 0,03 | 0,06 | 0,10 | 0,15 | 0,20 | 0,25 | 0,30 | 0,35 | 0,40 | 0,50 | |
|---|---|---|---|---|---|---|---|---|---|---|---|---|
| 2 | 0 | 0,9409 | 0,8836 | 0,8100 | 0,7225 | 0,6400 | 0,5625 | 0,4900 | 0,4225 | 0,3600 | 0,2500 | 1 |
|   | 1 | 9991 | 9964 | 9900 | 9775 | 9600 | 9375 | 9100 | 8775 | 8400 | 7500 | 0 |
| 3 | 0 | 0,9127 | 0,8306 | 0,7290 | 0,6141 | 0,5120 | 0,4219 | 0,3430 | 0,2746 | 0,2160 | 0,1250 | 2 |
|   | 1 | 9974 | 9896 | 9720 | 9393 | 8960 | 8438 | 7840 | 7183 | 6480 | 5000 | 1 |
|   | 2 | 1,0000 | 9998 | 9990 | 9966 | 9920 | 9844 | 9730 | 9571 | 9360 | 8750 | 0 |
| 4 | 0 | 0,8853 | 0,7807 | 0,6561 | 0,5220 | 0,4096 | 0,3164 | 0,2401 | 0,1785 | 0,1296 | 0,0625 | 3 |
|   | 1 | 9948 | 9801 | 9477 | 8905 | 8192 | 7383 | 6517 | 5630 | 4752 | 3125 | 2 |
|   | 2 | 9999 | 9992 | 9963 | 9880 | 9728 | 9492 | 9163 | 8735 | 8208 | 6875 | 1 |
|   | 3 | 1,0000 | 1,0000 | 9999 | 9995 | 9984 | 9961 | 9919 | 9850 | 9744 | 9375 | 0 |
| 5 | 0 | 0,8587 | 0,7339 | 0,5905 | 0,4437 | 0,3277 | 0,2373 | 0,1681 | 0,1160 | 0,0778 | 0,0313 | 4 |
|   | 1 | 9915 | 9681 | 9185 | 8352 | 7373 | 6328 | 5282 | 4284 | 3370 | 1875 | 3 |
|   | 2 | 9997 | 9980 | 9914 | 9734 | 9421 | 8965 | 8369 | 7648 | 6826 | 5000 | 2 |
|   | 3 | 1,0000 | 9999 | 9995 | 9978 | 9933 | 9844 | 9692 | 9460 | 9130 | 8125 | 1 |
|   | 4 |  | 1,0000 | 1,0000 | 9999 | 9997 | 9990 | 9976 | 9947 | 9898 | 9688 | 0 |
| 10 | 0 | 0,7374 | 0,5386 | 0,3487 | 0,1969 | 0,1074 | 0,0563 | 0,0282 | 0,0135 | 0,0060 | 0,0010 | 9 |
|   | 1 | 9655 | 8824 | 7361 | 5443 | 3758 | 2440 | 1493 | 0860 | 0464 | 0107 | 8 |
|   | 2 | 9972 | 9812 | 9298 | 8202 | 6778 | 5256 | 3828 | 2616 | 1673 | 0547 | 7 |
|   | 3 | 9999 | 9980 | 9872 | 9500 | 8791 | 7759 | 6496 | 5138 | 3823 | 1719 | 6 |
|   | 4 | 1,0000 | 9998 | 9984 | 9901 | 9672 | 9219 | 8497 | 7515 | 6331 | 3770 | 5 |
|   | 5 |  | 1,0000 | 9999 | 9986 | 9936 | 9803 | 9527 | 9051 | 8338 | 6230 | 4 |
|   | 6 |  |  | 1,0000 | 9999 | 9991 | 9965 | 9894 | 9740 | 9452 | 8281 | 3 |
|   | 7 |  |  |  | 1,0000 | 9999 | 9996 | 9984 | 9952 | 9877 | 9453 | 2 |
|   | 8 |  |  |  |  | 1,0000 | 1,0000 | 9999 | 9995 | 9983 | 9893 | 1 |
|   | 9 |  |  |  |  |  |  | 1,0000 | 1,0000 | 9999 | 9990 | 0 |
| 15 | 0 | 0,6333 | 0,3953 | 0,2059 | 0,0874 | 0,0352 | 0,0134 | 0,0047 | 0,0016 | 0,0005 | 0,0000 | 14 |
|   | 1 | 9270 | 7738 | 5490 | 3186 | 1671 | 0802 | 0353 | 0142 | 0052 | 0005 | 13 |
|   | 2 | 9906 | 9429 | 8159 | 6042 | 3980 | 2361 | 1268 | 0617 | 0271 | 0037 | 12 |
|   | 3 | 9992 | 9896 | 9444 | 8227 | 6482 | 4613 | 2969 | 1727 | 0905 | 0176 | 11 |
|   | 4 | 9999 | 9986 | 9873 | 9383 | 8358 | 6865 | 5155 | 3519 | 2173 | 0592 | 10 |
|   | 5 | 1,0000 | 9999 | 9978 | 9832 | 9389 | 8516 | 7216 | 5643 | 4032 | 1509 | 9 |
|   | 6 |  | 1,0000 | 9997 | 9964 | 9819 | 9434 | 8689 | 7548 | 6098 | 3036 | 8 |
|   | 7 |  |  | 1,0000 | 9994 | 9958 | 9827 | 9500 | 8868 | 7869 | 5000 | 7 |
|   | 8 |  |  |  | 9999 | 9992 | 9958 | 9848 | 9578 | 9050 | 6964 | 6 |
|   | 9 |  |  |  | 1,0000 | 9999 | 9992 | 9963 | 9876 | 9662 | 8491 | 5 |
|   | 10 |  |  |  |  | 1,0000 | 9999 | 9993 | 9972 | 9907 | 9408 | 4 |
|   | 11 |  |  |  |  |  | 1,0000 | 9999 | 9995 | 9981 | 9824 | 3 |
|   | 12 |  |  |  |  |  |  | 1,0000 | 9999 | 9997 | 9963 | 2 |
|   | 13 |  |  |  |  |  |  |  | 1,0000 | 1,0000 | 9995 | 1 |
| 20 | 0 | 0,5438 | 0,2901 | 0,1216 | 0,0388 | 0,0115 | 0,0032 | 0,0008 | 0,0002 | 0,0000 |  | 19 |
|   | 1 | 8802 | 6605 | 3917 | 1756 | 0692 | 0243 | 0076 | 0021 | 0005 | 0000 | 18 |
|   | 2 | 9790 | 8850 | 6769 | 4049 | 2061 | 0913 | 0355 | 0121 | 0036 | 0002 | 17 |
|   | 3 | 9973 | 9710 | 8670 | 6477 | 4114 | 2252 | 1071 | 0444 | 0160 | 0013 | 16 |
|   | 4 | 9997 | 9944 | 9568 | 8298 | 6296 | 4148 | 2375 | 1182 | 0510 | 0059 | 15 |
|   | 5 | 1,0000 | 9991 | 9887 | 9327 | 8042 | 6172 | 4164 | 2454 | 1256 | 0207 | 14 |
|   | 6 |  | 9999 | 9976 | 9781 | 9133 | 7858 | 6080 | 4166 | 2500 | 0577 | 13 |
|   | 7 |  | 1,0000 | 9996 | 9941 | 9679 | 8982 | 7723 | 6010 | 4159 | 1316 | 12 |
|   | 8 |  |  | 9999 | 9987 | 9900 | 9591 | 8867 | 7624 | 5956 | 2517 | 11 |
|   | 9 |  |  | 1,0000 | 9998 | 9974 | 9861 | 9520 | 8782 | 7553 | 4119 | 10 |
|   | 10 |  |  |  | 1,0000 | 9994 | 9961 | 9829 | 9468 | 8725 | 5881 | 9 |
|   | 11 |  |  |  |  | 1,0000 | 9991 | 9949 | 9804 | 9435 | 7483 | 8 |
|   | 12 |  |  |  |  |  | 9998 | 9987 | 9940 | 9790 | 8684 | 7 |
|   | 13 |  |  |  |  |  | 1,0000 | 9997 | 9985 | 9935 | 9423 | 6 |
|   | 14 |  |  |  |  |  |  | 1,0000 | 9997 | 9984 | 9793 | 5 |
|   | 15 |  |  |  |  |  |  |  | 1,0000 | 9997 | 9941 | 4 |
|   | 16 |  |  |  |  |  |  |  |  | 1,0000 | 9987 | 3 |
|   | 17 |  |  |  |  |  |  |  |  |  | 9998 | 2 |
| n |  | 0,97 | 0,94 | 0,90 | 0,85 | 0,80 | 0,75 | 0,70 | 0,65 | 0,60 | 0,50 | x |
|   |  | p = |  |  |  |  |  |  |  |  |  |  |

$1 - \sum_{i=0}^{x} B(n;p;i) = \sum_{i=x+1}^{n} \binom{n}{i} p^i \cdot q^{n-i}$  $q := 1 - p$

Bernoulli (Binom.)-Vert. kumul. $\sum_{i=0}^{x} B(n;p;i) = \sum_{i=0}^{x} \binom{n}{i} p^i \cdot q^{n-i}$    Tafel **14**

| n | x | p = 0,03 | 0,06 | 0,10 | 0,15 | 0,20 | 0,25 | 0,30 | 0,35 | 0,40 | 0,50 | |
|---|---|---|---|---|---|---|---|---|---|---|---|---|
| 30 | 0 | 0,4010 | 0,1563 | 0,0424 | 0,0076 | 0,0012 | 0,0002 | 0,0000 |  |  |  | 29 |
|  | 1 | 7731 | 4555 | 1837 | 0480 | 0105 | 0020 | 0003 | 0000 |  |  | 28 |
|  | 2 | 9399 | 7324 | 4114 | 1514 | 0442 | 0106 | 0021 | 0003 | 0000 |  | 27 |
|  | 3 | 9881 | 8974 | 6474 | 3217 | 1227 | 0374 | 0093 | 0019 | 0003 |  | 26 |
|  | 4 | 9982 | 9685 | 8245 | 5245 | 2552 | 0979 | 0302 | 0075 | 0015 | 0000 | 25 |
|  | 5 | 9998 | 9921 | 9268 | 7106 | 4275 | 2026 | 0766 | 0233 | 0057 | 0002 | 24 |
|  | 6 | 1,0000 | 9983 | 9742 | 8474 | 6070 | 3481 | 1595 | 0586 | 0172 | 0007 | 23 |
|  | 7 |  | 9997 | 9922 | 9302 | 7608 | 5143 | 2814 | 1238 | 0435 | 0026 | 22 |
|  | 8 |  | 1,0000 | 9980 | 9722 | 8713 | 6736 | 4315 | 2247 | 0940 | 0081 | 21 |
|  | 9 |  |  | 9995 | 9903 | 9389 | 8034 | 5888 | 3575 | 1763 | 0214 | 20 |
|  | 10 |  |  | 9999 | 9971 | 9744 | 8943 | 7304 | 5078 | 2915 | 0494 | 19 |
|  | 11 |  |  | 1,0000 | 9992 | 9905 | 9493 | 8407 | 6548 | 4311 | 1002 | 18 |
|  | 12 |  |  |  | 9998 | 9969 | 9784 | 9155 | 7802 | 5785 | 1808 | 17 |
|  | 13 |  |  |  | 1,0000 | 9991 | 9918 | 9599 | 8737 | 7145 | 2923 | 16 |
|  | 14 |  |  |  |  | 9998 | 9973 | 9831 | 9348 | 8246 | 4278 | 15 |
|  | 15 |  |  |  |  | 9999 | 9992 | 9936 | 9699 | 9029 | 5722 | 14 |
|  | 16 |  |  |  |  | 1,0000 | 9998 | 9979 | 9876 | 9519 | 7077 | 13 |
|  | 17 |  |  |  |  |  | 9999 | 9994 | 9955 | 9788 | 8192 | 12 |
|  | 18 |  |  |  |  |  | 1,0000 | 9998 | 9986 | 9917 | 8998 | 11 |
|  | 19 |  |  |  |  |  |  | 1,0000 | 9996 | 9971 | 9506 | 10 |
|  | 20 |  |  |  |  |  |  |  | 9999 | 9991 | 9786 | 9 |
|  | 21 |  |  |  |  |  |  |  | 1,0000 | 9998 | 9919 | 8 |
|  | 22 |  |  |  |  |  |  |  |  | 1,0000 | 9974 | 7 |
|  | 23 |  |  |  |  |  |  |  |  |  | 9993 | 6 |
|  | 24 |  |  |  |  |  |  |  |  |  | 9998 | 5 |
| 50 | 0 | 0,2181 | 0,0453 | 0,0052 | 0,0003 | 0,0000 |  |  |  |  |  | 49 |
|  | 1 | 5553 | 1900 | 0338 | 0029 | 0002 | 0000 |  |  |  |  | 48 |
|  | 2 | 8108 | 4162 | 1117 | 0142 | 0013 | 0001 |  |  |  |  | 47 |
|  | 3 | 9372 | 6473 | 2503 | 0460 | 0057 | 0005 | 0000 |  |  |  | 46 |
|  | 4 | 9832 | 8206 | 4312 | 1121 | 0185 | 0021 | 0002 | 0000 |  |  | 45 |
|  | 5 | 9963 | 9224 | 6161 | 2194 | 0480 | 0070 | 0007 | 0001 |  |  | 44 |
|  | 6 | 9993 | 9711 | 7702 | 3613 | 1034 | 0194 | 0025 | 0002 | 0000 |  | 43 |
|  | 7 | 9999 | 9906 | 8779 | 5188 | 1904 | 0453 | 0073 | 0008 | 0001 |  | 42 |
|  | 8 | 1,0000 | 9973 | 9421 | 6681 | 3073 | 0916 | 0183 | 0025 | 0002 |  | 41 |
|  | 9 |  | 9993 | 9755 | 7911 | 4437 | 1637 | 0402 | 0067 | 0008 |  | 40 |
|  | 10 |  | 9998 | 9906 | 8801 | 5836 | 2622 | 0789 | 0160 | 0022 |  | 39 |
|  | 11 |  | 1,0000 | 9968 | 9372 | 7107 | 3816 | 1390 | 0342 | 0057 | 0000 | 38 |
|  | 12 |  |  | 9990 | 9699 | 8139 | 5110 | 2229 | 0661 | 0133 | 0002 | 37 |
|  | 13 |  |  | 9997 | 9868 | 8894 | 6370 | 3279 | 1163 | 0280 | 0005 | 36 |
|  | 14 |  |  | 9999 | 9947 | 9393 | 7481 | 4468 | 1878 | 0540 | 0013 | 35 |
|  | 15 |  |  | 1,0000 | 9981 | 9692 | 8369 | 5692 | 2801 | 0955 | 0033 | 34 |
|  | 16 |  |  |  | 9993 | 9856 | 9017 | 6839 | 3889 | 1561 | 0077 | 33 |
|  | 17 |  |  |  | 9998 | 9937 | 9449 | 7822 | 5060 | 2369 | 0164 | 32 |
|  | 18 |  |  |  | 9999 | 9975 | 9713 | 8594 | 6216 | 3356 | 0325 | 31 |
|  | 19 |  |  |  | 1,0000 | 9991 | 9861 | 9152 | 7264 | 4465 | 0595 | 30 |
|  | 20 |  |  |  |  | 9997 | 9937 | 9522 | 8139 | 5610 | 1013 | 29 |
|  | 21 |  |  |  |  | 9999 | 9974 | 9749 | 8813 | 6701 | 1611 | 28 |
|  | 22 |  |  |  |  | 1,0000 | 9990 | 9877 | 9290 | 7660 | 2399 | 27 |
|  | 23 |  |  |  |  |  | 9996 | 9944 | 9604 | 8438 | 3359 | 26 |
|  | 24 |  |  |  |  |  | 9999 | 9976 | 9793 | 9022 | 4439 | 25 |
|  | 25 |  |  |  |  |  | 1,0000 | 9991 | 9900 | 9427 | 5561 | 24 |
|  | 26 |  |  |  |  |  |  | 9997 | 9955 | 9686 | 6641 | 23 |
|  | 27 |  |  |  |  |  |  | 9999 | 9981 | 9840 | 7601 | 22 |
|  | 28 |  |  |  |  |  |  | 1,0000 | 9993 | 9924 | 8389 | 21 |
|  | 29 |  |  |  |  |  |  |  | 9997 | 9966 | 8987 | 20 |
|  | 30 |  |  |  |  |  |  |  | 9999 | 9986 | 9405 | 19 |
|  | 31 |  |  |  |  |  |  |  | 1,0000 | 9995 | 9675 | 18 |
|  | 32 |  |  |  |  |  |  |  |  | 9998 | 9836 | 17 |
|  | 33 |  |  |  |  |  |  |  |  | 9999 | 9923 | 16 |
|  | 34 |  |  |  |  |  |  |  |  | 1,0000 | 9967 | 15 |
|  | 35 |  |  |  |  |  |  |  |  |  | 9987 | 14 |
|  | 36 |  |  |  |  |  |  |  |  |  | 9995 | 13 |
|  | 37 |  |  |  |  |  |  |  |  |  | 9998 | 12 |
| n |  | 0,97 | 0,94 | 0,90 | 0,85 | 0,80 | 0,75 | 0,70 | 0,65 | 0,60 | 0,50 | x |
|  |  | p = |  |  |  |  |  |  |  |  |  |  |

Bernoulli-Verteilg. kumulativ

$1 - \sum_{i=0}^{x} B(n;p;i) = \sum_{i=x+1}^{n} \binom{n}{i} p^i \cdot q^{n-i}$    $q := 1 - p$    21

Tafel **15** — Poisson-Verteilung $P(\mu;x) := \dfrac{\mu^x}{x!} e^{-\mu}$

| x | $\mu=$ 0,5 | 1 | 1,5 | 2 | 2,5 | 3 | 3,5 | 4 | 4,5 | 5 |
|---|---|---|---|---|---|---|---|---|---|---|
| 0 | 0,6065 | 0,3679 | 0,2231 | 0,1353 | 0,0821 | 0,0498 | 0,0302 | 0,0183 | 0,0111 | 0,0067 |
| 1 | 3033 | 3679 | 3347 | 2707 | 2052 | 1494 | 1507 | 0733 | 0500 | 0337 |
| 2 | 0758 | 1839 | 2510 | 2707 | 2565 | 2240 | 1850 | 1465 | 1125 | 0842 |
| 3 | 0126 | 0613 | 1255 | 1804 | 2138 | 2240 | 2158 | 1954 | 1687 | 1404 |
| 4 | 0016 | 0153 | 0471 | 0902 | 1336 | 1680 | 1888 | 1954 | 1898 | 1755 |
| 5 | 0002 | 0031 | 0141 | 0361 | 0668 | 1008 | 1322 | 1563 | 1708 | 1755 |
| 6 | 0000 | 0005 | 0035 | 0120 | 0278 | 0504 | 0771 | 1042 | 1281 | 1462 |
| 7 |  | 0001 | 0008 | 0034 | 0099 | 0216 | 0385 | 0595 | 0824 | 1044 |
| 8 |  | 0000 | 0001 | 0009 | 0031 | 0081 | 0169 | 0298 | 0463 | 0653 |
| 9 |  |  | 0000 | 0002 | 0009 | 0027 | 0066 | 0132 | 0232 | 0363 |
| 10 |  |  |  | 0000 | 0002 | 0008 | 0023 | 0053 | 0104 | 0181 |
| 11 |  |  |  |  | 0000 | 0002 | 0007 | 0019 | 0043 | 0082 |
| 12 |  |  |  |  |  | 0001 | 0002 | 0006 | 0016 | 0034 |
| 13 |  |  |  |  |  | 0000 | 0001 | 0002 | 0006 | 0013 |
| 14 |  |  |  |  |  |  | 0000 | 0001 | 0002 | 0005 |
| 15 |  |  |  |  |  |  |  | 0000 | 0001 | 0002 |

Tafel **16** — Potenzen und Fakultäten[1)]   Fortsetzung Tafel 15: Poisson-Verteilung

| n | $2^n$ | $3^n$ | $n!$ | $\lg n!$ |
|---|---|---|---|---|
| 2 | 4 | 9 | 2 | 0.3010 |
| 3 | 8 | 27 | 6 | 0.7782 |
| 4 | 16 | 81 | 24 | 1.3802 |
| 5 | 32 | 243 | 120 | 2.0792 |
| 6 | 64 | 729 | 720 | 2.8573 |
| 7 | 128 | 2187 | 5040 | 3.7024 |
| 8 | 256 | 6561 | 40320 | 4.6055 |
| 9 | 512 | 19683 | 362880 | 5.5598 |
| 10 | 1024 | 59049 | 3628800 | 6.5598 |
| 11 | 2048 | $1{,}771 \cdot 10^5$ | $3{,}992 \cdot 10^7$ | 7.6012 |
| 12 | 4096 | $5{,}314 \cdot 10^5$ | $4{,}790 \cdot 10^8$ | 8.6803 |
| 13 | 8192 | $1{,}594 \cdot 10^6$ | $6{,}227 \cdot 10^9$ | 9.7943 |
| 14 | 16384 | $4{,}783 \cdot 10^6$ | $8{,}718 \cdot 10^{10}$ | 10.9404 |
| 15 | 32768 | $1{,}435 \cdot 10^7$ | $1{,}308 \cdot 10^{12}$ | 12.1165 |
| 16 | 65536 | $4{,}305 \cdot 10^7$ | $2{,}092 \cdot 10^{13}$ | 13.3206 |
| 17 | $1{,}311 \cdot 10^5$ | $1{,}291 \cdot 10^8$ | $3{,}557 \cdot 10^{14}$ | 14.5511 |
| 18 | $2{,}621 \cdot 10^5$ | $3{,}874 \cdot 10^8$ | $6{,}402 \cdot 10^{15}$ | 15.8063 |
| 19 | $5{,}243 \cdot 10^5$ | $1{,}162 \cdot 10^9$ | $1{,}216 \cdot 10^{17}$ | 17.0851 |
| 20 | $1{,}049 \cdot 10^6$ | $3{,}487 \cdot 10^9$ | $2{,}433 \cdot 10^{18}$ | 18.3861 |
| 25 | $3{,}355 \cdot 10^7$ | $8{,}473 \cdot 10^{11}$ | $1{,}551 \cdot 10^{25}$ | 25.1906 |
| 30 | $1{,}074 \cdot 10^9$ | $2{,}059 \cdot 10^{14}$ | $2{,}653 \cdot 10^{32}$ | 32.4237 |
| 40 | $1{,}100 \cdot 10^{12}$ | $1{,}216 \cdot 10^{19}$ | $8{,}159 \cdot 10^{47}$ | 47.9116 |
| 50 | $1{,}126 \cdot 10^{15}$ | $7{,}179 \cdot 10^{23}$ | $3{,}041 \cdot 10^{64}$ | 64.4831 |
| 100 | $1{,}268 \cdot 10^{30}$ | $5{,}154 \cdot 10^{47}$ | $9{,}333 \cdot 10^{157}$ | 157.9700 |

| x | $\mu=$ 6 | 7 | 8 | 9 | 10 |
|---|---|---|---|---|---|
| 0 | 0,0025 | 0,0009 | 0,0003 | 0,0001 | 0,0000 |
| 1 | 0149 | 0064 | 0027 | 0011 | 0005 |
| 2 | 0446 | 0223 | 0107 | 0050 | 0023 |
| 3 | 0892 | 0521 | 0286 | 0150 | 0076 |
| 4 | 1339 | 0912 | 0573 | 0337 | 0189 |
| 5 | 1606 | 1277 | 0916 | 0607 | 0378 |
| 6 | 1606 | 1490 | 1221 | 0911 | 0631 |
| 7 | 1377 | 1490 | 1396 | 1171 | 0901 |
| 8 | 1033 | 1304 | 1396 | 1318 | 1126 |
| 9 | 0688 | 1014 | 1241 | 1318 | 1251 |
| 10 | 0413 | 0710 | 0993 | 1186 | 1251 |
| 11 | 0225 | 0452 | 0722 | 0970 | 1137 |
| 12 | 0113 | 0263 | 0481 | 0728 | 0948 |
| 13 | 0052 | 0142 | 0296 | 0504 | 0729 |
| 14 | 0022 | 0071 | 0169 | 0324 | 0521 |
| 15 | 0009 | 0033 | 0090 | 0194 | 0347 |
| 16 | 0003 | 0014 | 0045 | 0109 | 0217 |
| 17 | 0001 | 0006 | 0021 | 0058 | 0128 |
| 18 | 0000 | 0002 | 0009 | 0029 | 0071 |
| 19 |  | 0001 | 0004 | 0014 | 0037 |
| 20 |  | 0000 | 0002 | 0006 | 0019 |
| 21 |  |  | 0001 | 0003 | 0009 |
| 22 |  |  | 0000 | 0001 | 0004 |
| 23 |  |  |  | 0000 | 0002 |
| 24 |  |  |  |  | 0001 |

[1)] Potenzen von 10 und e s. Tafel 2, S. 3.

## $\chi^2$-Verteilung kumulativ — Tafel 17

| Freiheits-grad $f$ | \multicolumn{10}{c}{Wahrscheinlichkeit $P(\chi^2, f)$} |
|---|---|---|---|---|---|---|---|---|---|---|
|  | 0,99 | 0,95 | 0,90 | 0,70 | 0,50 | 0,30 | 0,10 | 0,05 | 0,01 | 0,001 |
| 1 | 0,000 | 0,004 | 0,016 | 0,148 | 0,455 | 1,07 | 2,71 | 3,84 | 6,64 | 10,8 |
| 2 | 0,020 | 0,103 | 0,211 | 0,713 | 1,39 | 2,41 | 4,61 | 5,99 | 9,21 | 13,8 |
| 3 | 0,115 | 0,352 | 0,584 | 1,42 | 2,37 | 3,67 | 6,25 | 7,82 | 11,3 | 16,3 |
| 4 | 0,297 | 0,711 | 1,06 | 2,20 | 3,36 | 4,88 | 7,78 | 9,49 | 13,3 | 18,5 |
| 5 | 0,554 | 1,145 | 1,61 | 3,00 | 4,35 | 6,06 | 9,24 | 11,1 | 15,1 | 20,5 |
| 6 | 0,872 | 1,64 | 2,20 | 3,83 | 5,35 | 7,23 | 10,6 | 12,6 | 16,8 | 22,5 |
| 7 | 1,24 | 2,17 | 2,83 | 4,67 | 6,35 | 8,38 | 12,0 | 14,1 | 18,5 | 24,3 |
| 8 | 1,65 | 2,73 | 3,49 | 5,53 | 7,34 | 9,52 | 13,4 | 15,5 | 20,1 | 26,1 |
| 9 | 2,09 | 3,33 | 4,17 | 6,39 | 8,34 | 10,7 | 14,7 | 16,9 | 21,7 | 27,9 |
| 10 | 2,56 | 3,94 | 4,87 | 7,27 | 9,34 | 11,8 | 16,0 | 18,3 | 23,2 | 29,6 |
| 11 | 3,05 | 4,57 | 5,58 | 8,15 | 10,3 | 12,9 | 17,3 | 19,7 | 24,7 | 31,3 |
| 12 | 3,57 | 5,23 | 6,30 | 9,03 | 11,3 | 14,0 | 18,5 | 21,0 | 26,2 | 32,9 |
| 13 | 4,11 | 5,89 | 7,04 | 9,93 | 12,3 | 15,1 | 19,8 | 22,4 | 27,7 | 34,5 |
| 14 | 4,66 | 6,57 | 7,79 | 10,8 | 13,3 | 16,2 | 21,1 | 23,7 | 29,1 | 36,1 |
| 15 | 5,23 | 7,26 | 8,55 | 11,7 | 14,3 | 17,3 | 22,3 | 25,0 | 30,6 | 37,7 |
| 16 | 5,81 | 7,96 | 9,31 | 12,6 | 15,3 | 18,4 | 23,5 | 26,3 | 32,0 | 39,3 |
| 17 | 6,41 | 8,67 | 10,1 | 13,5 | 16,3 | 19,5 | 24,8 | 27,6 | 33,4 | 40,8 |
| 18 | 7,02 | 9,39 | 10,9 | 14,4 | 17,3 | 20,6 | 26,0 | 28,9 | 34,8 | 42,3 |
| 19 | 7,63 | 10,1 | 11,7 | 15,4 | 18,3 | 21,7 | 27,2 | 30,1 | 36,2 | 43,8 |
| 20 | 8,26 | 10,9 | 12,4 | 16,3 | 19,3 | 22,8 | 28,4 | 31,4 | 37,6 | 45,3 |
| 21 | 8,90 | 11,6 | 13,2 | 17,2 | 20,3 | 23,9 | 29,6 | 32,7 | 38,9 | 46,8 |
| 22 | 9,54 | 12,3 | 14,0 | 18,1 | 21,3 | 24,9 | 30,8 | 33,9 | 40,3 | 48,3 |
| 23 | 10,2 | 13,1 | 14,8 | 19,0 | 22,3 | 26,0 | 32,0 | 35,2 | 41,6 | 49,7 |
| 24 | 10,9 | 13,8 | 15,7 | 19,9 | 23,3 | 27,1 | 33,2 | 36,4 | 43,0 | 51,2 |
| 25 | 11,5 | 14,6 | 16,5 | 20,9 | 24,3 | 28,2 | 34,4 | 37,7 | 44,3 | 52,6 |
| 26 | 12,2 | 15,4 | 17,3 | 21,8 | 25,3 | 29,2 | 35,6 | 38,9 | 45,6 | 54,1 |
| 27 | 12,9 | 16,2 | 18,1 | 22,7 | 26,3 | 30,3 | 36,7 | 40,1 | 47,0 | 55,5 |
| 28 | 13,6 | 16,9 | 18,9 | 23,6 | 27,3 | 31,4 | 37,9 | 41,3 | 48,3 | 56,9 |
| 29 | 14,3 | 17,7 | 19,8 | 24,6 | 28,3 | 32,5 | 39,1 | 42,6 | 49,6 | 58,3 |
| 30 | 15,0 | 18,5 | 20,6 | 25,5 | 29,3 | 33,5 | 40,3 | 43,8 | 50,9 | 59,7 |
| 40 | 22,2 | 26,5 | 29,1 | 34,9 | 39,3 | 44,2 | 51,8 | 55,8 | 63,7 | 73,4 |
| 50 | 29,7 | 34,8 | 37,7 | 44,3 | 49,3 | 54,7 | 63,2 | 67,5 | 76,2 | 86,7 |
| 60 | 37,5 | 43,2 | 46,5 | 53,8 | 59,3 | 65,2 | 74,4 | 79,1 | 88,4 | 99,6 |
| 70 | 45,4 | 51,7 | 55,3 | 63,3 | 69,3 | 75,7 | 85,5 | 90,5 | 100,4 | 112,3 |
| 80 | 53,5 | 60,4 | 64,3 | 72,9 | 79,3 | 86,1 | 96,6 | 101,9 | 112,3 | 124,8 |
| 90 | 61,8 | 69,1 | 73,3 | 82,5 | 89,3 | 96,5 | 107,6 | 113,1 | 124,1 | 137,2 |
| 100 | 70,1 | 77,9 | 82,4 | 92,1 | 99,3 | 106,9 | 118,5 | 124,3 | 135,8 | 149,4 |

Wahrscheinlichkeit $P(\chi^2, f)$, bei vorgegebenem $f$ mindestens den in der Tafel angegebenen Wert von $\chi^2$ zu erreichen. $f$ ist die Anzahl der Freiheitsgrade (der unabhängig bestimmbaren Häufigkeiten). Zur Verwendung der Tafel vgl. 8.3.4 auf S. 76.

Für $f = 5$ ist die Tafel so zu lesen:

$P(\chi^2 = 0,554) = 0,99$ heißt: der Wert $\chi^2 = 0,554$ wird mit 99% Wahrscheinlichkeit
$P(\chi^2 = 1,145) = 0,95$ heißt: der Wert $\chi^2 = 1,145$ wird mit 95% Wahrscheinlichkeit
$P(\chi^2 = 15,1) = 0,01$ heißt: der Wert $\chi^2 = 15,1$ wird mit 1% Wahrscheinlichkeit
erreicht oder überschritten.

Eine Hypothese wird in der Regel abgelehnt, wenn der zugehörige $\chi^2$-Wert eine Wahrscheinlichkeit von weniger als 5% hat, d.h., wenn $P(\chi^2) < 0,05$ ist.
Statistische Daten sind auch dann fragwürdig, wenn der $\chi^2$-Wert eine Wahrscheinlichkeit von mehr als 99% hat (Datenmanipulation).

Beispiele:
$f = 5$ (Würfelversuche), $\chi^2 = 18$, $P(18,5) \approx 0,5\%$
$f = 12$ (13 Spielkarten gleicher Farbe: 2, 3, ..., 10, Bube, ..., As), $\chi^2 = 15$, $P(15,12) \approx 25\%$

Poisson-Verteilg.
Potenzen, Fakult.
$\chi^2$-Verteilg.

## Tafel 18 — Allgemeine Sterbetafel 1970/72 (Bundesgebiet einschl. Berlin West)

| Männliche Bevölkerung | | | | Alter x | Weibliche Bevölkerung | | | |
|---|---|---|---|---|---|---|---|---|
| Lebende des Alters x | Gestorbene im Alter x bis unter x+1 $d_x$ | Sterbewahrscheinlichkeit $q_x$ °/oo | Mittlere Lebenserwartung im Alter x in Jahren $e_x$ | | Lebende des Alters x | Gestorbene im Alter x bis unter x+1 $d_x$ | Sterbewahrscheinlichkeit $q_x$ °/oo | Mittlere Lebenserwartung im Alter x in Jahren $e_x$ |
| je Woche | | | | Wochen | je Woche | | | |
| 100000 | 1787 | 17,87 | 67,4 | 0 | 100000 | 1337 | 13,37 | 73,8 |
| 98213 | 134 | 1,36 | 68,6 | 1 | 98663 | 109 | 1,10 | 74,8 |
| 98079 | 59 | 0,60 | 68,7 | 2 | 98554 | 48 | 0,99 | 74,9 |
| je Monat | | | | Monate | je Monat | | | |
| 100000 | 2021 | 20,21 | 67,4 | 0 | 100000 | 1531 | 15,31 | 73,8 |
| 97979 | 115 | 1,15 | 68,7 | 1 | 98469 | 88 | 0,89 | 74,9 |
| 97884 | 98 | 0,97 | 68,7 | 2 | 98381 | 71 | 0,72 | 74,9 |
| 97769 | 75 | 0,75 | 68,7 | 3 | 98310 | 57 | 0,58 | 74,8 |
| 97585 | 40 | 0,40 | 68,6 | 6 | 98172 | 32 | 0,33 | 74,7 |
| je Jahr | | | | Jahre | je Jahr | | | |
| 100000 | 2600 | 26,00 | 67,4 | 0 | 100000 | 1984 | 19,84 | 73,8 |
| 97400 | 151 | 1,55 | 68,2 | 1 | 98016 | 128 | 1,31 | 74,3 |
| 97249 | 97 | 1,00 | 67,3 | 2 | 97888 | 78 | 0,80 | 73,4 |
| 97152 | 85 | 0,88 | 66,4 | 3 | 97810 | 65 | 0,66 | 72,5 |
| 97067 | 78 | 0,80 | 65,4 | 4 | 97745 | 55 | 0,56 | 71,5 |
| 96989 | 71 | 0,73 | 64,5 | 5 | 97690 | 49 | 0,50 | 70,6 |
| 96918 | 64 | 0,66 | 63,5 | 6 | 97641 | 44 | 0,45 | 69,6 |
| 96854 | 59 | 0,61 | 62,6 | 7 | 97597 | 39 | 0,40 | 69,6 |
| 96795 | 54 | 0,56 | 61,6 | 8 | 97558 | 35 | 0,36 | 67,7 |
| 96741 | 49 | 0,51 | 60,6 | 9 | 97523 | 31 | 0,32 | 66,7 |
| 96692 | 45 | 0,47 | 59,7 | 10 | 97492 | 27 | 0,28 | 65,7 |
| 96647 | 43 | 0,44 | 58,7 | 11 | 97465 | 26 | 0,27 | 64,7 |
| 96604 | 43 | 0,44 | 57,7 | 12 | 97439 | 26 | 0,27 | 63,7 |
| 96561 | 46 | 0,48 | 56,7 | 13 | 97413 | 29 | 0,30 | 62,8 |
| 96515 | 56 | 0,58 | 55,8 | 14 | 97384 | 35 | 0,36 | 61,8 |
| 96459 | 76 | 0,79 | 54,8 | 15 | 97349 | 44 | 0,45 | 60,8 |
| 96338 | 110 | 1,14 | 53,9 | 16 | 97305 | 54 | 0,56 | 59,8 |
| 96273 | 155 | 1,61 | 52,9 | 17 | 97251 | 62 | 0,64 | 58,9 |
| 96118 | 191 | 1,99 | 52,0 | 18 | 97189 | 65 | 0,67 | 57,9 |
| 95927 | 195 | 2,03 | 51,1 | 19 | 97124 | 65 | 0,67 | 56,9 |
| 95732 | 191 | 2,00 | 50,2 | 20 | 97059 | 63 | 0,65 | 55,9 |
| 95541 | 184 | 1,93 | 49,3 | 21 | 96996 | 62 | 0,64 | 55,0 |
| 95357 | 175 | 1,84 | 48,4 | 22 | 96934 | 60 | 0,62 | 54,0 |
| 95182 | 166 | 1,74 | 47,5 | 23 | 96874 | 59 | 0,61 | 53,1 |
| 95016 | 158 | 1,66 | 46,6 | 24 | 96815 | 60 | 0,62 | 52,1 |
| 94858 | 153 | 1,61 | 45,6 | 25 | 96755 | 61 | 0,63 | 51,1 |
| 94705 | 150 | 1,58 | 44,7 | 26 | 96694 | 62 | 0,64 | 50,2 |
| 94555 | 150 | 1,59 | 43,8 | 27 | 96632 | 65 | 0,67 | 49,2 |
| 94405 | 152 | 1,61 | 42,9 | 28 | 96567 | 68 | 0,70 | 48,2 |
| 94253 | 156 | 1,65 | 41,9 | 29 | 96499 | 70 | 0,73 | 47,3 |
| 94097 | 160 | 1,70 | 41,0 | 30 | 96429 | 74 | 0,77 | 46,3 |
| 93937 | 164 | 1,75 | 40,1 | 31 | 96355 | 79 | 0,82 | 45,3 |
| 93773 | 169 | 1,80 | 39,1 | 32 | 96276 | 86 | 0,89 | 44,4 |
| 93604 | 175 | 1,87 | 38,2 | 33 | 96190 | 92 | 0,96 | 43,4 |
| 93429 | 184 | 1,97 | 37,3 | 34 | 96098 | 101 | 1,05 | 42,4 |
| 93245 | 196 | 2,10 | 36,3 | 35 | 95997 | 111 | 1,16 | 41,5 |
| 93049 | 211 | 2,27 | 35,4 | 36 | 95886 | 122 | 1,27 | 40,5 |
| 92838 | 228 | 2,46 | 34,5 | 37 | 95764 | 132 | 1,38 | 39,6 |
| 92610 | 249 | 2,69 | 33,6 | 38 | 95632 | 144 | 1,51 | 38,6 |
| 92361 | 272 | 2,94 | 32,7 | 39 | 95488 | 157 | 1,64 | 37,7 |

# Allgemeine Sterbetafel 1970/72 (Bundesgebiet einschl. Berlin West) — Tafel 18

| Männliche Bevölkerung | | | | Alter $x$ | Weibliche Bevölkerung | | | |
|---|---|---|---|---|---|---|---|---|
| Lebende des Alters $x$ | Gestorbene im Alter $x$ bis unter $x+1$ $d_x$ | Sterbewahrscheinlichkeit $q_x$ ‰ | Mittlere Lebenserwartung im Alter $x$ in Jahren $e_x$ | | Lebende des Alters $x$ | Gestorbene im Alter $x$ bis unter $x+1$ $d_x$ | Sterbewahrscheinlichkeit $q_x$ ‰ | Mittlere Lebenserwartung im Alter $x$ in Jahren $e_x$ |
| 92 089 | 295 | 3,20 | 31,8 | **40** | 95 331 | 170 | 1,78 | 36,8 |
| 91 794 | 319 | 3,47 | 30,9 | 41 | 95 161 | 186 | 1,95 | 35,8 |
| 91 475 | 344 | 3,76 | 30,0 | 42 | 94 975 | 202 | 2,13 | 34,9 |
| 91 131 | 370 | 4,06 | 29,1 | 43 | 94 773 | 222 | 2,34 | 34,0 |
| 90 761 | 398 | 4,39 | 28,2 | 44 | 94 551 | 243 | 2,57 | 33,1 |
| 90 363 | 429 | 4,75 | 27,3 | 45 | 94 308 | 266 | 2,82 | 32,1 |
| 89 934 | 466 | 5,18 | 26,5 | 46 | 94 042 | 292 | 3,11 | 31,2 |
| 89 468 | 510 | 5,70 | 25,6 | 47 | 93 750 | 323 | 3,44 | 30,3 |
| 88 958 | 560 | 6,30 | 24,7 | 48 | 93 427 | 355 | 3,80 | 29,4 |
| 88 398 | 617 | 6,98 | 23,9 | 49 | 93 072 | 389 | 4,18 | 28,5 |
| 87 781 | 677 | 7,71 | 23,1 | **50** | 92 683 | 423 | 4,56 | 27,6 |
| 87 104 | 735 | 8,44 | 22,2 | 51 | 92 260 | 454 | 4,92 | 26,8 |
| 86 369 | 795 | 9,20 | 21,4 | 52 | 91 806 | 483 | 5,26 | 25,9 |
| 85 574 | 857 | 10,02 | 20,6 | 53 | 91 323 | 510 | 5,59 | 25,0 |
| 84 717 | 928 | 10,95 | 19,8 | 54 | 90 813 | 541 | 5,96 | 24,2 |
| 83 789 | 1 010 | 12,06 | 19,0 | 55 | 90 272 | 576 | 6,38 | 23,3 |
| 82 779 | 1 106 | 13,36 | 18,2 | 56 | 89 696 | 618 | 6,89 | 22,5 |
| 81 673 | 1 213 | 14,85 | 17,5 | 57 | 89 078 | 667 | 7,49 | 21,6 |
| 80 460 | 1 330 | 16,53 | 16,7 | 58 | 88 411 | 722 | 8,17 | 20,8 |
| 79 130 | 1 455 | 18,39 | 16,0 | 59 | 87 689 | 786 | 8,96 | 19,9 |
| 77 675 | 1 588 | 20,44 | 15,3 | **60** | 86 903 | 859 | 9,88 | 19,1 |
| 76 087 | 1 730 | 22,74 | 14,6 | 61 | 86 044 | 943 | 10,96 | 18,3 |
| 74 357 | 1 880 | 25,29 | 13,9 | 62 | 85 101 | 1 039 | 12,21 | 17,5 |
| 72 477 | 2 037 | 28,11 | 13,3 | 63 | 84 062 | 1 147 | 13,65 | 16,7 |
| 70 440 | 2 198 | 31,21 | 12,7 | 64 | 82 915 | 1 268 | 15,29 | 15,9 |
| 68 242 | 2 360 | 34,59 | 12,1 | 65 | 81 647 | 1 397 | 17,11 | 15,2 |
| 65 882 | 2 521 | 38,26 | 11,5 | 66 | 80 250 | 1 537 | 19,15 | 14,4 |
| 63 361 | 2 676 | 42,23 | 10,9 | 67 | 78 713 | 1 686 | 21,42 | 13,7 |
| 60 685 | 2 821 | 46,49 | 10,4 | 68 | 77 027 | 1 848 | 23,99 | 13,0 |
| 57 864 | 2 955 | 51,06 | 9,9 | 69 | 75 179 | 2 022 | 26,89 | 12,3 |
| 54 909 | 3 071 | 55,92 | 9,4 | **70** | 73 157 | 2 209 | 30,19 | 11,6 |
| 51 838 | 3 165 | 61,06 | 8,9 | 71 | 70 948 | 2 409 | 33,95 | 11,0 |
| 48 673 | 3 235 | 66,47 | 8,4 | 72 | 68 539 | 2 619 | 38,21 | 10,3 |
| 45 438 | 3 277 | 72,12 | 8,0 | 73 | 65 920 | 2 836 | 43,02 | 9,7 |
| 42 161 | 3 289 | 78,00 | 7,6 | 74 | 63 084 | 3 051 | 48,37 | 9,1 |
| 38 872 | 3 271 | 84,15 | 7,2 | 75 | 60 033 | 3 259 | 54,29 | 8,6 |
| 35 601 | 3 228 | 90,66 | 6,8 | 76 | 56 774 | 3 451 | 60,78 | 8,1 |
| 32 373 | 3 161 | 97,64 | 6,4 | 77 | 53 323 | 3 621 | 67,91 | 7,6 |
| 29 212 | 3 075 | 105,26 | 6,0 | 78 | 49 702 | 3 768 | 75,82 | 7,1 |
| 26 137 | 2 970 | 113,64 | 5,7 | 79 | 45 934 | 3 888 | 84,65 | 6,6 |
| 23 167 | 2 846 | 122,86 | 5,4 | **80** | 42 046 | 3 970 | 94,43 | 6,2 |
| 17 619 | 2 536 | 143,96 | 4,7 | 82 | 34 071 | 3 980 | 116,82 | 5,4 |
| 12 735 | 2 140 | 168,03 | 4,2 | 84 | 26 204 | 3 726 | 142,19 | 4,7 |
| 8 678 | 1 688 | 194,54 | 3,7 | 86 | 18 974 | 3 230 | 170,25 | 4,1 |
| 5 529 | 1 242 | 224,68 | 3,2 | 88 | 12 826 | 2 581 | 201,26 | 3,6 |
| 3 251 | 844 | 259,70 | 2,8 | **90** | 8 016 | 1 877 | 234,20 | 3,2 |
| 1 735 | 520 | 299,81 | 2,4 | 92 | 4 597 | 1 235 | 268,56 | 2,8 |
| 824 | 285 | 345,70 | 2,1 | 94 | 2 400 | 729 | 303,66 | 2,5 |
| 339 | 136 | 397,68 | 1,8 | 96 | 1 134 | 384 | 338,71 | 2,2 |
| 117 | 53 | 455,78 | 1,6 | 98 | 483 | 180 | 372,90 | 2,0 |
| 33 | 17 | 519,62 | 1,4 | **100** | 185 | 75 | 405,44 | 1,9 |

**Sterbetafel Zinseszins, Rente**

## Tafel 19 Deutsche Sterbetafeln v. 1871/80 bis 1960/62 in verkürzter Form

| Alter $x$ | Männliche Lebende des Alters $x$ | | | | Alter $x$ | Männliche Lebende des Alters $x$ | | | |
|---|---|---|---|---|---|---|---|---|---|
| | 1871—80 | 1924—26 | 1949—51 | 1960—62 | | 1871—80 | 1924—26 | 1949—51 | 1960—62 |
| 0 | 100000 | 100000 | 100000 | 100000 | 40 | 48775 | 76313 | 87102 | 91225 |
| 1 | 74727 | 88462 | 93823 | 96467 | 50 | 41228 | 71006 | 82648 | 87249 |
| 2 | 69876 | 87030 | 93433 | 96244 | 60 | 31224 | 60883 | 72852 | 76664 |
| 5 | 64871 | 85855 | 92880 | 95930 | 70 | 17750 | 41906 | 54394 | 54411 |
| 10 | 62089 | 85070 | 92440 | 95619 | 80 | 5035 | 16066 | 25106 | 24012 |
| 20 | 59287 | 83268 | 91446 | 94815 | 90 | 330 | 1599 | 3175 | 2981 |
| 30 | 54454 | 79726 | 89518 | 93173 | 100 | | 20 | 36 | 34 |

## Tafel 20 Zinseszins — Nachschüssige Zeitrente

| | Aufzinsung | | | | Abzinsung | | Endwert der Rente 1 am Ende des $n$. Jahres $s_{\overline{n}|} = \dfrac{r^n - 1}{r - 1}$ | | | |
|---|---|---|---|---|---|---|---|---|---|---|
| Zinssatz $i = p/100$ | Aufzinsungsfaktor $r = 1 + i$ $r^n$ | | | | Abzinsungsfaktor $v = r^{-1}$ $v^n$ | | | | | |
| $n$ | 4% | 5% | 6% | 8% | 4% | 6% | 4% | 5% | 6% | 8% |
| 1 | 1,040 | 1,050 | 1,060 | 1,080 | 0,9615 | 0,9434 | 1 | 1 | 1 | 1 |
| 2 | 082 | 102 | 124 | 166 | 9246 | 8900 | 2,040 | 2,050 | 2,060 | 2,080 |
| 3 | 125 | 158 | 191 | 260 | 8890 | 8396 | 3,122 | 3,152 | 3,184 | 3,246 |
| 4 | 1,170 | 1,216 | 1,263 | 1,360 | 0,8548 | 0,7921 | 4,246 | 4,310 | 4,375 | 4,506 |
| 5 | 217 | 276 | 338 | 469 | 8219 | 7473 | 5,416 | 5,526 | 5,637 | 5,867 |
| 6 | 265 | 340 | 419 | 587 | 7903 | 7050 | 6,633 | 6,802 | 6,975 | 7,336 |
| 7 | 1,316 | 1,407 | 1,504 | 1,714 | 0,7599 | 0,6651 | 7,898 | 8,142 | 8,394 | 8,923 |
| 8 | 369 | 477 | 594 | 851 | 7307 | 6274 | 9,214 | 9,549 | 9,897 | 10,64 |
| 9 | 423 | 551 | 689 | 1,999 | 7026 | 5919 | 10,58 | 11,03 | 11,49 | 12,49 |
| 10 | 1,480 | 1,629 | 1,791 | 2,159 | 0,6756 | 0,5584 | 12,01 | 12,58 | 13,18 | 14,49 |
| 11 | 1,539 | 1,710 | 1,898 | 2,332 | 0,6496 | 0,5268 | 13,49 | 14,21 | 14,97 | 16,65 |
| 12 | 601 | 796 | 2,012 | 518 | 6246 | 4970 | 15,03 | 15,92 | 16,87 | 18,98 |
| 13 | 665 | 886 | 133 | 720 | 6006 | 4688 | 16,63 | 17,71 | 18,88 | 21,50 |
| 14 | 1,732 | 1,980 | 261 | 2,937 | 0,5775 | 0,4423 | 18,29 | 19,60 | 21,02 | 24,21 |
| 15 | 801 | 2,079 | 2,397 | 3,172 | 5553 | 4173 | 20,02 | 21,58 | 23,28 | 27,15 |
| 16 | 873 | 183 | 540 | 426 | 5339 | 3937 | 21,82 | 23,66 | 25,67 | 30,32 |
| 17 | 1,948 | 2,292 | 693 | 700 | 0,5134 | 0,3714 | 23,70 | 25,84 | 28,21 | 33,75 |
| 18 | 2,026 | 407 | 2,854 | 3,996 | 4936 | 3503 | 25,65 | 28,13 | 30,91 | 37,45 |
| 19 | 107 | 527 | 3,026 | 4,316 | 4746 | 3305 | 27,67 | 30,54 | 33,76 | 41,45 |
| 20 | 2,191 | 2,653 | 3,207 | 4,661 | 0,4564 | 0,3118 | 29,78 | 33,07 | 36,79 | 45,76 |
| 21 | 2,279 | 2,786 | 3,400 | 5,034 | 0,4388 | 0,2942 | 31,97 | 35,72 | 39,99 | 50,42 |
| 22 | 370 | 2,925 | 604 | 437 | 4219 | 2775 | 34,25 | 38,51 | 43,39 | 55,46 |
| 23 | 465 | 3,072 | 3,820 | 5,871 | 4057 | 2618 | 36,62 | 41,43 | 47,00 | 60,89 |
| 24 | 2,563 | 3,225 | 4,049 | 6,341 | 0,3901 | 0,2470 | 39,08 | 44,50 | 50,82 | 66,76 |
| 25 | 2,666 | 3,386 | 4,292 | 6,848 | 0,3751 | 0,2330 | 41,65 | 47,73 | 54,86 | 73,11 |
| 50 | 7,107 | 11,47 | 18,42 | 46,90 | 0,1407 | 0,0543 | 152,7 | 209,3 | 290,3 | 573,8 |

Für die vorschüssige Jahresrente gilt: $s'_{\overline{n}|} = r \cdot \dfrac{r^n - 1}{r - 1} = \dfrac{r^{n+1} - 1}{r - 1} - 1 = s_{\overline{n+1}|} - 1$

Also kann man aus Tafel 20 auch den Endwert vorschüssiger Renten $s'_{\overline{n}|}$ bestimmen.

Merke: $s'_{\overline{n}|} = s_{\overline{n+1}|} - 1$. Z.B. bei 4% ist $s'_{15} = 21,82 - 1$

Beispiele: 1. Eine Hypothek von 10000 DM zu 4% soll in 20 Jahren getilgt werden.

$$10000 \cdot 1{,}04^{20} = R \cdot \frac{1{,}04^{20} - 1}{0{,}04} \; ; \quad 21910 = R \cdot 29{,}78; \quad R = 735{,}7 \text{ DM}.$$

2. In welcher Zeit wird ein Darlehen von 50000 DM zu 4% durch jährliche Zahlungen von 4000 DM getilgt? $\quad 50000 \, r^n = 4000 \cdot \dfrac{r^n - 1}{0{,}04} , \; r^n = 2, \, n \approx 17{,}7$ Jahre.

# Physikalische Größen und Konstanten — Tafel 21

## 1. Definition: Physikalische Größe := Zahlenwert · Maßeinheit

### Vorsätze zur Bezeichnung von Vielfachen und Teilen der Einheiten

| $10^{18}$ | $10^{15}$ | $10^{12}$ | $10^9$ | $10^6$ | $10^3$ | $10^2$ | $10^1$ | $10^0$ | $10^{-1}$ | $10^{-2}$ | $10^{-3}$ | $10^{-6}$ | $10^{-9}$ | $10^{-12}$ | $10^{-15}$ | $10^{-18}$ |
|---|---|---|---|---|---|---|---|---|---|---|---|---|---|---|---|---|
| Exa E | Peta P | Tera T | Giga G | Mega M | Kilo k | Hekto h | Deka da | — — | Dezi d | Centi c | Milli m | Mikro µ | Nano n | Piko p | Femto f | Atto a |

Beispiele:  
1 PJ = $10^{15}$ J = 1 Petajoule  
1 GHz = $10^9$ Hz = 1 Gigahertz  
1 MW = $10^6$ W = 1 Megawatt  
1 µm = $10^{-6}$ m  
1 pF = $10^{-12}$ F

| Größe | Formelzeichen[1] | Einheit |
|---|---|---|
| **2. Basisgrößen und Basiseinheiten im Internationalen Einheitensystem (SI)[2]** | | |
| 2.1. Länge | $l$ | 1 m := Länge der Strecke, die Licht im Vakuum während der Dauer von (1/299 792 458) Sekunden durchläuft |
| 2.2. Zeit | $t$ | 1 s := 9 192 631 770-faches der Periodendauer der von Atomen des Nuklids $^{133}$Cs ausgesandten Strahlung beim Übergang zwischen den Hyperfeinstrukturniveaus des Grundzustands |
| 2.3. Masse | $m$ | 1 kg := Masse des internationalen Kilogrammprototyps |
| 2.4. elektrische Stromstärke | $I$ | 1 A := Stärke eines Gleichstromes, der zwischen zwei unendlich langen, parallel im Abstand von 1 m ausgespannten Drähten eine Kraft von $2 \cdot 10^{-7}$ N je Meter hervorrufen würde |
| 2.5. Kelvin-Temperatur | $T$ | 1 K := 1/273,16 der Kelvin-Temperatur des Tripelpunktes des Wassers ($T$ = 273,16 K) |
| 2.6. Lichtstärke | $I (I_V)$ | 1 cd (Candela) := Lichtstärke, mit der 1/60 cm² der Oberfläche eines schwarzen Strahlers bei der Erstarrungstemperatur des Platins senkrecht zu seiner Oberfläche leuchtet |
| **2′. Weitere für die Basisgrößen gebräuchliche Formelzeichen und Einheiten** | | |
| 2.1′. Länge, Weg | $l, s, r$ | 1 Å = 0,1 nm   1 X-Einheit ≈ $10^{-13}$ m<br>1 astronomische Einheit (große Halbachse der Erdbahn) = 149,5 · $10^6$ km<br>1 pc (parsec = Entfernung bei 1″ Parallaxe der astronomischen Einheit) = 30,86 · $10^{12}$ km<br>1 Lichtjahr = 9,46 · $10^{12}$ km ≈ 0,31 pc<br>1 sm (Seemeile) = 1 mittlere Meridianminute = 1852 m |
| 2.2′. Zeit (Zeitspanne) | $t, \tau, T, (\Delta t)$ | 1 mittlerer Sonnentag = 86400 s = 1 d<br>1 Sterntag = 0,99727 d = 86164 s<br>1 tropisches Jahr = 365,2422 d<br>1 h = 60 min = 3600 s (Zeitspanne)<br>1$^h$ 1$^m$ = 1 Uhr 1 Minute (Zeitpunkt) |

[1]) Die Formelzeichen sind in *kursiver* Schrift gesetzt.  
[2]) „Système International d'Unités"; nach „Gesetz über Einheiten im Meßwesen" vom 2.7.1969.

Phys. Größen und Konstanten

# Physikalische Größen und Konstanten

## Tafel 21

| Größe | Formelzeichen | Einheiten |
|---|---|---|
| 2.3'. Masse | $m$ | $1\,t = 10^3\,kg$ |
| 2.4'. Stromstärke | $I$ | 1 A (scheidet in 1 s 1,118 mg Silber bzw. 0,174 cm³ Knallgas ab) |
| 2.5'. Temperatur (Temperaturdifferenz) | $T, \vartheta$ ($\Delta T, \Delta\vartheta$) | $273{,}15\,K = 0\,°C$ ($1\,K = 1\,grd = 1\,°C$) |
| 2.6'. Lichtstärke | | 1 cd (Candela) = 0,981 internationale Kerzen |

### 3. Atomphysikalische Größen und Einheiten

| Größe | Formelzeichen | Einheiten |
|---|---|---|
| 3.1. Stoffmenge | $n$ | 1 mol := Stoffmenge, die aus ebenso vielen Teilchen besteht, wie Atome in 12 g des Nuklids ¹²C enthalten sind |
| 3.2. Masse | $M$ | 1 u (unit) := $\frac{1}{12}$ der Masse eines Atoms des Nuklids ¹²C |
| 3.3. Energie | $W$ | 1 eV (Elektronvolt): = Energie, die ein Elektron bei Durchfallen einer Potentialdifferenz von 1 Volt im Vakuum gewinnt |

### 4. Abgeleitete Größen und Einheiten

#### 4.1. Raum und Zeit

| Größe | Formelzeichen | Einheiten |
|---|---|---|
| Länge | $l$ | Basiseinheit (s. Tafel 21.2); weitere Einheiten s. Tafel 21.2' |
| Fläche | $A$ | 1 m², 1 dm², 1 cm² |
| Volumen | $V$ | 1 m³, 1 dm³, 1 cm³ |
| Winkel $\varphi = \dfrac{\text{Länge des Kreisbogens}}{\text{Kreisradius}}$ | $\alpha, \beta, \gamma, \varphi$ | $1^L = 1$ Rechter $= 90°$<br>1 rad (Radiant) $= 2^L/\pi \approx 57{,}296°$<br>$1° = \pi/180$ rad, $1^g$ (Gon) $= \pi/200$ rad |
| Raumwinkel $\omega = \dfrac{\text{a.d. Kugel ausgeschn. Fläche}}{\text{Quadrat des Kugelradius}} = \dfrac{S}{r^2}$ | $\omega, \Omega$ | 1 sr (Steradiant) ist der Raumwinkel, für den $S/r^2$ den Wert 1 hat<br>$1\,\square° = 1$ Quadratgrad $= \left(\dfrac{\pi}{180}\right)^2$ sr |
| Zeit | $t$ | Basiseinheit (s. Tafel 21.2); weitere Einheiten s. Tafel 21.2' |
| Geschwindigkeit | $v = \dot{s}, c$ | $1\,m/s = 3{,}6\,km/h$ |
| Beschleunigung | $a = \dot{v} = \ddot{s}$ | $1\,m/s^2$ |

#### 4.2. Periodisch veränderliche Größen (Rotation, Schwingung, Welle)

| Größe | Formelzeichen | Einheiten |
|---|---|---|
| Frequenz | $\nu, f$ | $1\,Hz = 1\,s^{-1}$ |
| Periodendauer (Schwingungsdauer) | $T = 1/\nu$ | 1 s |
| Wellenlänge | $\lambda$ | 1 m |
| Wellenzahl | $\sigma = 1/\lambda$ | $1\,m^{-1}$ |
| Ausbreitungsgeschwindigkeit | $v = \nu \cdot \lambda$ | 1 m/s |
| Winkelgeschwindigkeit (Kreisfrequenz) | $\omega = 2\pi\nu = \dot{\varphi}$ | $1\,rad\,s^{-1}$ |
| Winkelbeschleunigung | $\beta = \dot{\omega} = \ddot{\varphi}$ | $1\,rad\,s^{-2}$ |

> $t \mapsto x(t)$: periodische Funktion mit Periode $T$
>
> Effektivwert
> $$x_{\text{eff}} = \tilde{x} = \sqrt{\frac{1}{T}\int_0^T x(t)^2\,dt}$$
>
> linearer Mittelwert
> $$\bar{x} = \frac{1}{T}\int_0^T x(t)\,dt$$

# Physikalische Größen und Konstanten — Tafel 21

| Größen | Formelzeichen | Einheiten |
|---|---|---|
| **4.3. Mechanik** | | |
| Masse | $m$ | Basiseinheit (s. Tafel 21.2) |
| Dichte | $\varrho = m/V$ | $1\ kg/m^3$ ($1\ g/cm^3 = 10^3\ kg/m^3$) |
| Kraft (Gewichtskraft) | $F,\ (G = m \cdot g)$ | $1\ N = 1\ kgm/s^2$ ($= 10^5\ dyn = 0{,}1020\ kp$) |
| Wichte | $\gamma = G/V$ | $1\ N/m^3$ ($1\ p/cm^3 = 9{,}81 \cdot 10^3\ N/m^3$) |
| Druck | $p = F/A$ | $1\ N/m^2 = 1\ Pa$ (Pascal) ($1\ kp/cm^2 = 1\ at = 9{,}81 \cdot 10^4\ N/m^2$) s. a. Tafel 21.5.3 |
| Arbeit, Energie | $W = F \cdot s,\ E$ | $1\ J = 1\ Nm = 1\ Ws$, s. a. Tafel 21.5.1, $\sphericalangle(F,s) = 0$ |
| Leistung | $P = W/t$ | $1\ Nm/s = 1\ W$, s.a. Tafel 21.5.2 |
| Impuls | $I = m \cdot v$ | $1\ kgm/s$ |
| Wirkung | $H = W \cdot t$ | $1\ Js$ |
| Wirkungsgrad | $\eta$ | |
| **4.4. Wärme** | | |
| Temperatur | $T,\ \vartheta$ | Basiseinheit (s. Tafel 21.2) |
| Wärmemenge | $Q$ | $1\ J,\ 1\ cal = 4{,}1868\ J$[1]) |
| Längenausdehnungskoeffizient | $\alpha$ | $1\ K^{-1}$ |
| Volumenausdehnungskoeffizient | $\gamma$ | $1\ K^{-1}$ |
| spezifische Wärmekapazität | $c,\ c_p,\ c_v$ | $1\ J/g \cdot K = 1\ kJ/kg \cdot K$ |
| relative Atommasse | $A_r$ | |
| relative Molekülmasse | $M_r$ | |
| **4.5. Elektrizität, Magnetismus** | | |
| Stromstärke | $I$ | Basiseinheit (s. Tafel 21.2) |
| Ladung | $Q = I \cdot t$ | $1\ As = 1\ C$ (Coulomb) |
| Elektrische Spannung, Potentialdifferenz | $U = W/Q = P/I$ | $1\ V := 1\ W/1\ A$, nicht Basiseinheit (Normalelement hat 1,019 V Spannung) |
| Elektrische Feldstärke | $E = F/Q$ | $1\ V/m$ |
| Elektrische Verschiebungsdichte | $D = Q/A$ | $1\ As/m^2$ |
| Widerstand | $R = U/I$ | $1\ \Omega = 1\ V/A$ (Eine 1,063 m lange Hg-Säule von 1 mm² Querschnitt hat bei 0 °C den Widerstand 1 Ω) |
| Kapazität | $C = Q/U$ | $1\ F$ (Farad) $= 1\ As/V$ |
| Magnetische Induktion (Flußdichte) | $B$ | $1\ \dfrac{Vs}{m^2} = 1\ \dfrac{Wb\ (Weber)}{m^2} = 1\ T$ (Tesla) <br> $1\ G$ (Gauß) $= 10^{-4}\ \dfrac{Vs}{m^2}$ |
| Magnetischer Fluß | $\Phi$ | $1\ Vs = 1\ Wb$ (Weber) <br> $1\ M$ (Maxwell) $= 10^{-8}\ Wb$ |
| Magnetische Feldstärke | $H$ | $1\ A/m$ <br> $1\ Oe$ (Oersted) $= \dfrac{10^3}{4\pi}\ \dfrac{A}{m} = 79{,}6\ \dfrac{A}{m}$ |
| Induktivität | $L$ | $1\ H$ (Henry) $= 1\ Vs/A$ ($= 1\ Hy$) |
| **4.6. Licht, Fotometrie** | | |
| Lichtstärke | $I$ | Basiseinheit (s. Tafel 21.2) |
| Lichtstrom | $\Phi = I \cdot \omega$ | $1\ lm$ (Lumen) $= 1\ cd \cdot sr$ |
| Leuchtdichte | $B = I/f$ | $1\ sb$ (Stilb) $= 1\ cd/cm^2$ |
| Beleuchtungsstärke ($f$ = Fläche in cm², $F$ = Fläche in m²) | $E = \Phi/F$ | $1\ lx$ (Lux) $= 1\ lm/m^2 = 10^{-4}\ ph$ (Phot) |

[1]) Letzte Ziffer fett bedeutet: Die Zahl ist genau und nicht gerundet.

## 4.7. Radioaktivität und Strahlung

Die **Energiedosis** ist die je kg der bestrahlten Materie übertragene Energie. Einheit: 1 Gy (Gray) = 1 J/kg = 1 Nm/kg.    1 rd (radiation absorbed dose) = $10^{-2}$ J/kg.
Die **Ionendosis** ist die in 1 kg (trockener) Luft durch Ionisation erzeugte Ladung eines Vorzeichens. Einheit: 1 C/kg.    1 R (Röntgen) = 258 µC/kg.
Die **Aktivität einer radioaktiven Substanz** ist die Anzahl der Zerfälle (Umwandlungen) in einer Sek. Einheit: 1 Bq (Becquerel) = 1 $s^{-1}$    1 Ci (Curie) = $3{,}7 \cdot 10^{10}$ $s^{-1}$ (1 pCi = 2,1 $min^{-1}$).

## 4.8. Dämpfungsmaße

Zur Kennzeichnung des Verhältnisses zweier Größen $A_1$ und $A_2 > A_1$ gleicher Dimension (Leistungen, Amplituden) macht man den Ansatz $A_1/A_2 = e^{2a}$ oder $A_1/A_2 = 10^{b/10}$. Den damit definierten Zahlen $a$ und $b$ werden die Zeichen N (Neper) bzw. dB (Dezibel) beigegeben, d.h. man definiert als Dämpfungsmaße

   das Neper:     $a$ Neper = $1/2$ ln $(A_1/A_2)$      1 Neper = 8,686 Dezibel
   oder das Dezibel:  $b$ Dezibel = $10 \cdot$ lg $(A_1/A_2)$

## 5. Umrechnung von Einheiten[1])

### 5.1. Arbeit, Energie                                           W, A, E, Q (Wärme)

|  | Joule | kWh | eV | kpm | cal | latm |
|---|---|---|---|---|---|---|
| 1 Joule = 1 Nm = 1 Ws = $10^7$ erg = | 1 | $2{,}778 \cdot 10^{-7}$ | $6{,}242 \cdot 10^{18}$ | 0,1020 | 0,2388 | $9{,}869 \cdot 10^{-3}$ |
| 1 kWh = | $3{,}6 \cdot 10^6$ | 1 | $2{,}247 \cdot 10^{25}$ | $3{,}671 \cdot 10^5$ | $8{,}598 \cdot 10^5$ | $3{,}533 \cdot 10^4$ |
| 1 eV (Elektronenvolt) = | $1{,}602 \cdot 10^{-19}$ | $4{,}450 \cdot 10^{-26}$ | 1 | $1{,}634 \cdot 10^{-20}$ | $3{,}826 \cdot 10^{-20}$ | $1{,}581 \cdot 10^{-21}$ |
| 1 kpm = | 9,80665 | $2{,}724 \cdot 10^{-6}$ | $6{,}121 \cdot 10^{19}$ | 1 | 2,342 | $9{,}678 \cdot 10^{-2}$ |
| 1 cal = | 4,1868 | $1{,}163 \cdot 10^{-6}$ | $2{,}613 \cdot 10^{19}$ | 0,4269 | 1 | $4{,}132 \cdot 10^{-2}$ |
| 1 latm (Literatmosphäre) = | $1{,}013 \cdot 10^2$ | $2{,}815 \cdot 10^{-5}$ | $6{,}325 \cdot 10^{20}$ | 10,33 | 24,20 | 1 |

### 5.2. Leistung                                                 P

|  | W | kpm/s | PS |
|---|---|---|---|
| 1 W = 1 J/s = 1 Nm/s = | 1 | 0,1020 | $1{,}360 \cdot 10^{-3}$ |
| 1 kpm/s = | 9,807 | 1 | $1{,}333 \cdot 10^{-2}$ |
| 1 PS = | $7{,}355 \cdot 10^2$ | 75 | 1 |

**Energieäquivalent der Masse**
1 g $\hat{=}$ $9 \cdot 10^{13}$ J = $25 \cdot 10^6$ kWh
1 kt (Kilotonne) TNT (Trinitrotoluol)
$\hat{=}$ $4{,}2 \cdot 10^{12}$ J $\approx$ $1{,}16 \cdot 10^6$ kWh

### 5.3. Druck                                                    P

|  | Pa | mbar | Torr | atm | at |
|---|---|---|---|---|---|
| 1 Pa = 1 N/m² | 1 | $10^{-2}$ | $7{,}501 \cdot 10^{-3}$ | $9{,}869 \cdot 10^{-6}$ | $10{,}20 \cdot 10^{-6}$ |
| 1 mbar = $10^2$ N/m² | $10^2$ | 1 | 0,7501 | $9{,}869 \cdot 10^{-4}$ | $1{,}020 \cdot 10^{-3}$ |
| 1 Torr = 1 mm Hg | 133,3 | 1,333 | 1 | $1{,}316 \cdot 10^{-3}$ | $1{,}360 \cdot 10^{-3}$ |
| 1 atm (phys. Atm.) | $1{,}013 \cdot 10^5$ | 1013 | 760 | 1 | 1,033 |
| 1 at (techn. Atm.) = 1 kp/cm² = 10 m WS²) | $0{,}9807 \cdot 10^5$ | 980,7 | 735,6 | 0,9678 | 1 |

## 6. Spezielle Zahlenwerte

### 6.1. Akustische Größen

#### 6.1.1. Gleichschwebende Stimmung (Frequenz in Hz)                      $f, \nu$

| Ton | $c_1$ | $cis_1$ | $d_1$ | $dis_1$ | $e_1$ | $f_1$ | $fis_1$ | $g_1$ | $gis_1$ | $a_1$ | $ais_1$ | $h_1$ | $c_2$ | $cis_2$ |
|---|---|---|---|---|---|---|---|---|---|---|---|---|---|---|
| $f$ | 261,6 | 277,2 | 293,7 | 311,1 | 329,6 | 349,2 | 370,0 | 392,0 | 415,3 | 440,0 | 466,2 | 493,9 | 523,3 | 554,4 |

#### 6.1.2. Die **Lautstärke** $\Lambda$ in Phon eines Schallstrahlers der Intensität $J$ in W/m² ist definiert durch $\Lambda := 10 \cdot$ lg $(J/J_0)$, wobei $J_0 = 10^{-12}$ W/m² (Hörschwelle) ist (nach DIN 1332).

---

[1]) Letzte Ziffer fett bedeutet: Die Zahl ist genau und nicht gerundet.    ²) WS := Wassersäule.

Physikalische Größen und Konstanten — Tafel **21**

## 6.2. Mechanische Größen
### 6.2.1. Dichte in g/cm³   $\varrho$

| | | | | | | |
|---|---|---|---|---|---|---|
| Beton | 1,5 ··· 2,4 | Kohlendioxid, fest | 1,5 | **Geschichtete Körper** | | |
| Eis | 0,92 | Kork | 0,2 ··· 0,3 | Erde, Lehm, Sand, trocken | 1,6 | |
| Fette, Öle | 0,9 | Porzellan | 2,3 ··· 2,5 | naß | 2 | |
| Granit | 2,6 ··· 3,0 | Schaumstoff | 0,014 ··· 0,05 | Kohle | 0,8 | |
| Holz, Eiche | 0,7 ··· 1 | Schwerspat | 4,5 | Salz | 1,25 | |
| Fichte | 0,4 ··· 0,6 | Seewasser (15 °C) | 1,02 | Schnee, frisch | 0,1 | |
| Balsa | 0,08 ··· 0,2 | Zement | 2,2 ··· 2,3 | Torf, gepreßt | 0,2 | |
| Kalkstein | 2,6 | | | | | |

### 6.2.2. Geschwindigkeit in m/s   $v, c$

Licht und elektromagnetische Welle
im Vakuum $\qquad 299{,}793 \cdot 10^6$
Schall in Luft bei $t\,°C \qquad 331\sqrt{1 + 0{,}004\,t}$
Erde um die Sonne $\qquad 29{,}6 \cdot 10^3$
Erddrehung am Äquator $\qquad 465$
Mond um die Erde $\qquad 1000$
Mittlere Molekulargeschwindigkeit $\sqrt{\overline{v^2}}$ unter Normalbedingungen:
$\quad$ Wasserstoff 1840
$\quad$ Stickstoff 490
$\quad$ Sauerstoff 460

Fluchtgeschwindigkeit
$\quad$ auf der Erde $\qquad 11{,}2 \cdot 10^3$
$\quad$ auf dem Mond $\qquad 2{,}38 \cdot 10^3$
$\quad$ auf der Sonne $\qquad 618 \cdot 10^3$

### 6.2.3. Beschleunigung in m/s²   $a$

Schwerebeschleunigung
$\quad g = 9{,}806 - 0{,}026 \cos 2\varphi - 3 \cdot 10^{-6} H$
($H$ in m über NN, $\varphi =$ geographische Breite)
Beschleunigung Mond → Erde $\qquad 2{,}72 \cdot 10^{-3}$
$\qquad\qquad\qquad$ Erde → Sonne $\qquad 5{,}92 \cdot 10^{-3}$
auf der Mondoberfläche $\qquad 1{,}62$
auf der Sonnenoberfläche $\qquad 274$
Normwert $g_n$ der
Schwerebeschleunigung $\qquad$ 9,80665[1])

## 6.3. Elektrische Größen
### 6.3.1. Spezifischer Widerstand in $\Omega\,\text{mm}^2/\text{m} = 10^{-6}\,\Omega\text{m}$ bei 20 °C   $\varrho$
(weitere Werte s. Tafel 22.6.5.2)

| | | | |
|---|---|---|---|
| Messing | 0,08 | Glas | $10^{16} \cdots 10^{19}$ |
| Konstantan | 0,50 | Quarzglas | $10^{19} \cdots 10^{22}$ |
| Quecksilber | 0,958 | Glimmer | bis $10^{21}$ |
| Gaskohle | 60 | Siegellack | $10^{19} \cdots 10^{20}$ |
| Graphit | um $10^7$ | Paraffin | $10^{20} \cdots 10^{22}$ |
| Schwefelsäure (30%) | $1{,}5 \cdot 10^4$ | Schwefel | $10^{22}$ |
| Reines Wasser | $2 \cdot 10^{10}$ | Bernstein | $10^{22}$ |
| Plexiglas | bis $10^{19}$ | Trolitul | $10^{22}$ |

### 6.3.2. Hallkonstante in $10^{-10}\,\text{m}^3\,\text{C}^{-1}$   $R_H$

Es gilt $U_H = R_H\,B\,I_{St}\,d^{-1}$; dabei ist $U_H =$ Hallspannung, $I_{St} =$ Steuerstrom, $B =$ magnet. Querfeld, $d =$ Probendicke; $R \gtrless 0$ bedeutet vorwiegend Löcher/Elektronen-leitung.

| Stoff | $R_H$ | Stoff | $R_H$ | Stoff | $R_H$ | Stoff | $R_H$ |
|---|---|---|---|---|---|---|---|
| Bi | $-10^4$ | Ca | $-1{,}78$ | Pt | $-0{,}13$ | Sb | $+200$ |
| Cs | $-7{,}8$ | Ag | $-0{,}90$ | Pb | $+0{,}09$ | In As | um $10^8$ |
| K | $-4{,}2$ | Cu | $-0{,}49$ | As | $+45$ | Ge | $10^9$ |
| Na | $-2{,}1$ | | | | | | |

## 6.4. Optische Konstanten, Wellenlängen

| Fraunhofersche Linien | Frequenz $f$ $10^{12}$ Hz | Wellenlänge $\lambda$ nm | Brechungsverhältnis Kronglas | Brechungsverhältnis Flintglas |
|---|---|---|---|---|
| B rot | 437 | 686,7 | 1,512 | 1,745 |
| D gelb | 509 | 588,9 | 1,515 | 1,755 |
| H violett | 756 | 396,8 | 1,531 | 1,810 |

Elektrische Wellen $\qquad 50\,\text{km} \cdots 10^{-4}\,\text{m}$
Ultrarot bis Ultraviolett $\qquad 10^{-3} \cdots 10^{-9}\,\text{m}$
Röntgenstrahlen $\qquad 5 \cdot 10^{-8} \cdots 5 \cdot 10^{-12}\,\text{m}$
Gammastrahlen $\qquad 10^{-10} \cdots 10^{-13}\,\text{m}$
Energie d. kosm. Strahlung $\qquad 10^9 \cdots 10^{21}\,\text{eV}$

[1]) Letzte Ziffer fett bedeutet: Die Zahl ist genau und nicht gerundet.

## Physikalische Größen und Konstanten

$\sigma$ Zugfestigkeit, $\varrho$ Dichte bei 20 °C, $\alpha$ Ausdehnungskoeffizient zwischen 0 und 100 °C, $t_E$ Schmelzpunkt, $t_S$ Normalsiedepunkt, $Q_V$ spezifische Verbrennungs- bzw. Bildungswärme, $c_p$ spezifische Wärmekapazität bei 20 °C (für Gase bei konstantem Druck), $Q_S$ spezifische Schmelzwärme, $\varrho$ spezifischer Widerstand bei 0 °C, $\gamma$ kubischer Ausdehnungskoeffizient bei 20 °C, $r$ spezifische Verdampfungswärme am Siedepunkt, $\lambda$ Brechungszahl für Na-Licht, $\varrho_N$ Normdichte bei Gasen für 0 °C und 1013 mbar; $\beta$ Spannungskoeffizient zwischen 0 und 100 °C, $t_k$ kritische Temperatur, $p_k$ kritischer Druck

### 6.5.1. Feste Körper

| | | $\sigma$ $10^2 \frac{N}{mm^2}$ | $\varrho$ $\frac{g}{cm^3}$ | $\alpha$ $10^{-6} \cdot \frac{1}{K}$ | $t_E$ °C | $t_S$ °C | $Q_V$ $10^3 \frac{J}{g}$ | $c_p$ $\frac{J}{g \cdot K}$ | $Q_S$ $\frac{J}{g}$ | $\varrho$ $\Omega \cdot \frac{mm^2}{m}$ |
|---|---|---|---|---|---|---|---|---|---|---|
| Aluminium | Al | 0,7···0,8 | 2,70 | 24 | 660 | 2327 | 29,2 | 0,90 | 397 | 0,025 |
| Beryllium | Be | — | 1,85 | 12,3 | 1283 | 2970 | 62,8 | 1,58 | 1390 | 0,03 |
| Blei | Pb | 0,1 | 11,3 | 29 | 327 | 1750 | 1,06 | 0,13 | 23 | 0,19 |
| Chrom | Cr | — | 7,1 | 6,8 | 1900 | 2500 | — | 0,42 | 282 | 0,2 |
| Diamant | C | — | 3,5 | 1,2 | >3600 | — | 33,0 | 0,50 | — | — |
| Eichenholz | | 1 | 0,7 | 5 | — | — | 12 | 2,5 | — | — |
| Eisen, rein | Fe | 1,8···2,5 | 7,9 | 12 | 1535 | 2800 | 4,8 | 0,45 | 277 | 0,087 |
| Flußstahl (1% C) | | 5,5···7,5 | 7,8 | 11 | 1450 | — | — | 0,42 | — | 0,3 |
| Germanium | Ge | — | 5,35 | 6 | 959 | 2830 | — | — | — | $9 \cdot 10^2$ |
| Gußeisen (3% C) | | 1,4···3 | 7,1 | 12 | 1150 | — | — | 0,53 | 126 | — |
| Glas | | — | 2,3···2,9 | 3···8 | (1100) | — | — | 0,8 | — | $5 \cdot 10^{13}$ |
| Gold | Au | 1,4 | 19,3 | 14 | 1063 | 2660 | — | 0,13 | 63 | 0,020 |
| Kupfer | Cu | 4,5 | 8,92 | 17 | 1083 | 2582 | 2,45 | 0,38 | 205 | 0,0155 |
| Magnesium | Mg | 2,0 | 1,74 | 26 | 650 | 1120 | 24,5 | 1,02 | 368 | 0,04 |
| Natrium | Na | — | 0,97 | 71 | 98 | 883 | 9,15 | 1,16 | 113 | 0,043 |
| Platin | Pt | 2,0 | 21,4 | 9 | 1769 | 4010 | — | 0,13 | 111 | 0,098 |
| Schwefel | S | — | 2,1 | 64 | 113 | 445 | 9,06 | 0,73 | 50 | $10^{17}$ |
| Silber | Ag | 1,6 | 10,5 | 20 | 961 | 2165 | 0,11 | 0,24 | 104 | 0,015 |
| Silicium | Si | — | 2,4 | — | 1410 | 2500 | — | 0,70 | 164 | $12 \cdot 10^2$ |
| Tantal | Ta | — | 16,7 | 6,5 | 2980 | 5400 | — | 0,14 | — | 0,12 |
| Titan | Ti | — | 4,5 | 9 | 1812 | >3000 | — | 0,47 | — | 0,42 |
| Uran | U | — | 18,7 | 18 | 1132 | 3820 | — | 0,12 | 83 | 0,19 |
| Wolfram | W | 11···40 | 19,3 | 4,3 | 3360 | 5900 | — | 0,13 | 192 | 0,055 |
| Zink | Zn | 2,0···2,5 | 7,14 | 26 | 419 | 907 | 5,32 | 0,38 | 111 | 0,055 |

### 6.5.2. Gase

| | | $\varrho_N$ $\frac{g}{dm^3}$ | $\beta$ $10^{-5} \frac{1}{K}$ | $t_E$ (Druck 1013 mbar) °C | $t_S$ °C | $Q_V$ $10^3 \frac{J}{g}$ | $c_p$ $\frac{J}{g \cdot K}$ | $\frac{c_p}{c_v}$ (20 °C) | $t_k$ °C | $p_k$ bar |
|---|---|---|---|---|---|---|---|---|---|---|
| Ammoniak | $NH_3$ | 0,771 | 377 | −77,8 | −33,4 | — | 2,16 | 1,30 | +132 | 113 |
| Chlor | $Cl_2$ | 3,22 | 381 | −101 | −35 | — | 0,49 | 1,35 | +144 | 77 |
| Helium | He | 0,1785 | 366 | −272 | −269 | — | 5,23 | 1,69 | −268 | 2,29 |
| Kohlendioxid | $CO_2$ | 1,977 | 373 | −56,6 | −78,5 | — | 0,84 | 1,29 | +31 | 73 |
| Luft (23 g $O_2$ +76 g $N_2$ +1 g A) | | 1,293 | 367 | −213 | −193 | — | 1,01 | 1,40 | −141 | 36 |
| Sauerstoff | $O_2$ | 1,429 | 367 | −219 | −183 | — | 0,92 | 1,40 | −118 | 51 |
| Stickstoff | $N_2$ | 1,251 | 367 | −210 | −196 | — | 1,04 | 1,40 | −147 | 34 |
| Wasserstoff | $H_2$ | 0,0899 | 366 | −259 | −253 | 120 | 14,3 | 1,41 | −240 | 13,0 |
| Deuterium | $D_2$ | 0,1785 | — | −254 | −250 | — | — | — | −235 | 17 |
| Methan | $CH_4$ | 0,717 | 368 | −183 | −164 | 50 | 2,22 | 1,31 | +82 | 47 |
| Äthan | $C_2H_6$ | 1,357 | 375 | −183 | −89 | — | 1,73 | 1,19 | 32 | 50 |
| Propan | $C_3H_8$ | 2,01 | — | −188 | −42 | 47 | 1,60 | 1,13 | +97 | 43 |
| Butan | $C_4H_{10}$ | 2,48 | — | −138 | 0,5 | 47 | 1,66 | — | 152 | 39 |
| Frigen | $CCl_2F_2$ | 17,6 | — | −155 | 30 | — | — | 1,13 | 112 | 41 |

# Physikalische Größen und Konstanten — Tafel 21

## 6.5.3. Flüssigkeiten

| | $\varrho$ $\frac{g}{cm^3}$ | $\gamma$ $\frac{1}{K}$ | $t_E$ (Druck 1013 mbar) °C | $t_S$ °C | $Q_V$ $10^3 \frac{J}{g}$ | $c_p$ $\frac{J}{g \cdot K}$ | $Q_S$ $\frac{J}{g}$ | $r$ $\frac{J}{g}$ | $\lambda$ |
|---|---|---|---|---|---|---|---|---|---|
| Äther $(C_2H_5)_2O$ | 0,71 | 0,0016 | −123 | 35 | 37,3 | 2,31 | 100 | 384 | 1,35 |
| Alkohol $C_2H_5OH$ | 0,79 | 0,0011 | −114 | 78 | 29,8 | 2,43 | 119 | 840 | 1,36 |
| Benzol $C_6H_6$ | 0,88 | 0,0012 | + 5,5 | 80 | 41,8 | 1,72 | 128 | 394 | 1,50 |
| Glycerin $C_3H_5(OH)_3$ | 1,260 | 0,0005 | + 18 | 290,5 | — | 2,39 | 201 | — | 1,46 |
| Heptan, n- $C_7H_{16}$ | 0,684 | 0,0012 | − 90,6 | 98,4 | — | 2,06 | 141 | 318 | — |
| Oktan, n- $C_8H_{18}$ | 0,702 | 0,0014 | − 56,8 | 125,7 | — | 2,18 | 166 | 302 | — |
| Quecksilber Hg | 13,55 | 0,00018 | − 38,9 | 357 | 0,45 | 0,139 | 11,8 | 285 | — |
| Schw.Kohlenstoff $CS_2$ | 1,26 | 0,0012 | −112 | 46,3 | 14,2 | 1,00 | 58 | 352 | 1,63 |
| Wasser $H_2O$ | 0,998 | 0,0002 | 0 | 100 | 142 | 4,18 | 334 | 2256 | 1,33 |
| Schweres Wasser $D_2O$ | 1,105 | — | 3,8 | 101,4 | — | 4,21 | 318 | 2072 | 1,33 |

## 6.6.1. Universelle und atomare Konstanten

Gravitationskonstante $\quad G = 6{,}670 \cdot 10^{-11} \, m^3 \, kg^{-1} \, s^{-2}$

Vakuumlichtgeschwindigkeit $\quad c_0 = 299{,}792458 \cdot 10^6 \, m \, s^{-1}$

allgemeine Gaskonstante $\quad R = 8{,}31441 \, J\,mol^{-1} \, K^{-1}$

Loschmidt (Avogadro)-Konstante $\quad N_A = L = 6{,}0222 \cdot 10^{23} \, mol^{-1}$
(Moleküle je Mol)

Normdruck $\quad p_0 = 101\,325 \, N\,m^{-2}$

Normtemperatur $\quad T_0 = 273{,}15 \, K = 0 \, °C$

Molvolumen idealer Gase $\quad V_0 = 22{,}414 \cdot 10^{-3} \, m^3 \, mol^{-1}$

Boltzmann-Konstante $\quad k = 1{,}380 \cdot 10^{-23} \, J \, K^{-1}$

Elementarladung $\quad e = 1{,}602 \cdot 10^{-19} \, C$

elektrische Feldkonstante $\quad \varepsilon_0 = 8{,}8542 \cdot 10^{-12} \, F\,m^{-1}$

magnetische Feldkonstante $\quad \mu_0 = 12{,}5664 \cdot 10^{-7} \, H\,m^{-1}$

Faraday-Konstante $\quad F = 9{,}6487 \cdot 10^4 \, C\,mol^{-1}$

Planck-Konstante $\quad h = 6{,}6256 \cdot 10^{-34} \, J\,s$

Stefan-Boltzmann-Konstante $\quad \sigma = 5{,}6696 \cdot 10^{-8} \, W\,m^{-2}\,K^{-4}$

## 6.6.2. Elementarteilchen

| | Ruhemasse $m_0$ | rel. Atommasse $m_0/u$ | spez. Ladung $e/m_0$ | Ruheenergie $m_0 c^2$ |
|---|---|---|---|---|
| Elektron | $9{,}1091 \cdot 10^{-31}$ kg | $5{,}486 \cdot 10^{-4}$ | $1{,}7588 \cdot 10^{11}$ C kg$^{-1}$ | 0,511 MeV |
| Proton | $1{,}6725 \cdot 10^{-27}$ kg | 1,0073 | $9{,}5794 \cdot 10^7$ C kg$^{-1}$ | 938,2 MeV |
| Neutron | $1{,}6748 \cdot 10^{-27}$ kg | 1,0087 | 0 | 939,5 MeV |
| atom. Masseneinheit | $1{,}6603 \cdot 10^{-27}$ kg | 1 | 0 | 931,5 MeV |

$1 \, u := (^{12}C):12 \qquad m_p/m_e = 1836{,}1$

## 6.6.3. Wirkungsquerschnitt einiger Elemente für Absorption thermischer Neutronen

($v = 2{,}2 \cdot 10^3$ m/s $\triangleq$ 0,025 eV) in barn ($10^{-24}$ cm$^2$)

| $^1$H | 0,33 | $^{10}$B | 4010 | Cd | 2550 | $^{235}$U | 678 |
|---|---|---|---|---|---|---|---|
| $^2$D | 0,00046 | $^{12}$C | 0,0034 | $^{135}$Xe | $3{,}2 \cdot 10^6$ | $^{238}$U | 2,7 |

## 6.7. Nichtmetrische Maße

| | | |
|---|---|---|
| 1 Engl. Zoll (Inch) | 2,540 cm | |
| 1 Engl. Fuß = 12 Zoll | 0,3048 m | |
| 1 Engl. Yard = 3 Fuß | 0,9144 m | |
| 1 Engl. Meile | 1,524 km | |
| 1 Seemeile (1 sm $\triangleq$ 1° : 60) | 1,852 km | |
| 1 Knoten = 1 Seemeile in der Stunde | | 0,5144 m/s |
| 1 Registertonne | | 2,832 m$^3$ |
| 1 Engl. Unze | | 28,35 g |
| 1 Engl. Pfund = 16 Unzen | | 0,4536 kg |
| 1 Gallone | | 4,546 l |

# Physikalische Größen und Konstante

Tafel 21

## 6.8.1. Mittlerer Luftdruck p und mittlere Temperatur T der Atmosphäre

| Höhe über NN | p in mbar | T in K |
|---|---|---|
| 0 m | 1013 | 288,15 |
| 100 | 1001 | 287,5 |
| 200 | 989 | 286,8 |
| 300 | 978 | 286,2 |
| 400 | 966 | 285,5 |
| 500 | 955 | 284,9 |
| 600 | 943 | 284,2 |
| 800 | 921 | 283,0 |
| 1000 | 899 | 281,7 |
| 1500 | 846 | 278,4 |
| 2000 | 795 | 275,2 |
| 5000 | 540 | 255,7 |
| 10 km | 264 | 223,3 |
| 15 | 120 | 216,7 |
| 20 | 55 | 216,7 |
| 50 | ~0,8 | 270,7 |
| 60 | ~0,2* | 245,5 |
| 100 | ~$10^{-4}$* | |
| 1000 | ~$10^{-11}$* | |

* nach Raketenbeobachtungen

## 6.8.2. Druck p des gesättigten Wasserdampfes

| T in K | p |
|---|---|
| 263,15 | 2,6 mbar |
| 273,15 | 6,1 |
| 278,15 | 8,7 |
| 283,15 | 12,3 |
| 288,15 | 17,1 |
| 293,15 | 23,3 |
| 298,15 | 31,7 |
| 303,15 | 42,4 |
| 313,15 | 73,7 |
| 333,15 | 199,2 |
| 363,15 | 700,9 |
| 371,15 | 943,0 |
| 372,15 | 977,5 |
| 373,15 | 1,013 bar |
| 383,15 | 1,43 |
| 393,15 | 1,98 |
| 423,15 | 4,76 |
| 473,15 | 15,6 |
| 573,15 | 85,9 |
| 647,35 | 221,3 |

## 6.8.3. Emissionsgrad ε von Oberflächen bei der Temperatur T

Definitionsgleichung: $P = \varepsilon \cdot P_s$
$P_s$ = Strahlungsleistung des schwarzen Körpers
$= \sigma \cdot A \cdot T^4$
$T$ = Kelvintemperatur
$\sigma$ = Stefan-Boltzmann-Konstante
$A$ = Fläche des Strahlers

| | T in K | ε |
|---|---|---|
| Silber blank | 500 | 0,02 |
| | 900 | 0,03 |
| Kupfer blank | 300 | 0,03 |
| Aluminium | 500 | 0,04 |
| | 900 | 0,06 |
| Eisen blank | 500 | 0,2 |
| rot verrostet | 300 | 0,7 |
| Aluminiumbronze-Anstrich | 300 | um 0,5 |
| Schamotte | 1500 | 0,6 |
| Beton | 300 | um 0,9 |
| Dachpappe | 300 | um 0,9 |
| Emaille, weiß | 300 | um 0,9 |
| schwarzer Lack, matt | 300 | um 0,97 |

## 6.8.4. Wärmeleitfähigkeit λ in W/m · K bei 20°C

Definitionsgleichung: $Q = \lambda \cdot A \cdot d^{-1} \cdot \Delta\vartheta \cdot t$
($A$ = Fläche, $d$ = Materialdicke, $\Delta\vartheta$ = Temperatur-Differenz, $t$ = Zeit, $Q$ = Wärmemenge)

**Metalle**

| | | | |
|---|---|---|---|
| Silber | 410 | Messing | 110 |
| Kupfer | 390 | Eisen | 80 |
| Aluminium | 230 | Stahl, Guß | 50 |
| Magnesium | 170 | Uran | 25 |
| Natrium | 130 | Chromnickelstahl | 15 |

**andere Werkstoffe**

| | | | |
|---|---|---|---|
| Steinsalz | 5 | Porzellan | 1,5 |
| Granit | 3 | Glas | um 1,1 |
| Sandstein | 2 | Quarzglas | 1,5 |
| Beton | um 1 | Ziegel | 0,7 |
| Sand | 0,3 | Bernstein | 0,13 |
| Paraffin | 0,2 | Schaumstoff, Kork | 0,04 |
| Holz | um 0,2 | | |
| Papier, Trolitul | 0,15 | | |

**Flüssigkeiten**

| | | | |
|---|---|---|---|
| Quecksilber | 8,2 | Alkohol | 0,2 |
| Wasser | 0,6 | | |

**Gase**

| | | | |
|---|---|---|---|
| Wasserstoff | 0,18 | Argon | 0,016 |
| Helium | 0,15 | Kohlendioxid | 0,016 |
| Luft | 0,025 | Krypton | 0,008 |
| Methan | 0,033 | | |

## 6.8.5. Mittlere Heiz(Brenn)-Werte $H_u$ ($H_0$) und Entzündungstemperaturen ϑ einiger Brennstoffe

Brennwert $H_0$ = Heizwert $H_u$ + Kondensationswärme des (bei wasserstoffhaltigen Stoffen) entstehenden Wasserdampfs

| Feste Stoffe | $H_u$ in MJ/kg | ϑ in °C |
|---|---|---|
| Anthrazit | 35 | 350 |
| Steinkohle | 31 | 325 |
| Braunkohle, roh | 9 | 300 |
| -, Briketts | 20 | 300 |
| Koks | 29 | 700 |
| Holz, trocken | 14 | |
| Torf | 16 | |

| Flüssigkeiten | $H_u$ in MJ/kg | ϑ in °C |
|---|---|---|
| Erdöl | 42 | > 21 |
| Heizöle | um 42 | > 60 |
| Äthylalkohol | 27 | |
| Normalbenzin | 43 | |
| Superbenzin | 43 | |
| Benzol | 40 | |
| Methanol | 20 | |

| Gase im Normalzustand | $H_u$ in MJ/m³ | $H_0$ in MJ/m³ |
|---|---|---|
| Wasserstoff | 10,8 | 12,7 |
| Kohlenoxid | 12,6 | 12,6 |
| Methan | 35,6 | 39,8 |
| Äthan | 64,4 | 70,4 |
| Stadtgas | 15···20 | |
| Flüssiggas | 90···130 | |
| Propan | 92,9 | 100,9 |
| Butan | 123 | 133 |
| Azetylen | 56,5 | 58,5 |

Physikalische Größen und Konstanten  Tafel **21**

## 7. Physikalisch-chemische Konstanten

### 7.1. Löslichkeit verschiedener Stoffe in g Stoff je 100 g Wasser bei 293 K

| Kation | Anion $OH^-$ | $Cl^-$ | $SO_4^{2-}$ | $CO_3^{2-}$ | $PO_4^{3-}$ | $S^{2-}$ |
|---|---|---|---|---|---|---|
| $K^+$ | 111 | 34,4 | 11,2 | 111 | 103 | – |
| $Na^+$ | 107 | 35,8 | 44,7 | 21,6 | 14 | 18,6 |
| $Mg^{2+}$ | $8,4 \cdot 10^{-4}$ | 54,3 | 35,6 | $9,4 \cdot 10^{-3}$ | – | Z |
| $Ca^{2+}$ | 0,17 | 74,5 | 0,20 | $1,5 \cdot 10^{-3}$ | 0,02 | 0,015 |
| $Ba^{2+}$ | 3,4 | 35,7 | $2,2 \cdot 10^{-4}$ | $1,7 \cdot 10^{-3}$ | – | Z |
| $Al^{3+}$ | $1,5 \cdot 10^{-4}$ | 45,6 | 36,3 | Z | – | Z |
| $Pb^{2+}$ | $1,4 \cdot 10^{-4}$ | 0,97 | $4,3 \cdot 10^{-3}$ | $1,5 \cdot 10^{-4}$ | $1,3 \cdot 10^{-5}$ | $5 \cdot 10^{-6}$ |
| $Cu^{2+}$ | $6,6 \cdot 10^{-4}$ | 75,8 | 20,9 | – | – | $3,4 \cdot 10^{-5}$ |
| $Ag^+$ | $7,1 \cdot 10^{-4}$ | $1,5 \cdot 10^{-4}$ | 0,74 | $3,2 \cdot 10^{-3}$ | $6,5 \cdot 10^{-4}$ | $1,4 \cdot 10^{-5}$ |
| $Hg^{2+}$ | – | 6,6 | Z | – | – | $1,3 \cdot 10^{-6}$ |
| $Fe^{3+}$ | $4,8 \cdot 10^{-9}$ | 91,9 | 26,6 ($Fe^{2+}$) | $6,7 \cdot 10^{-3}$ | – | $4,4 \cdot 10^{-4}$ ($Fe^{2+}$) |

Z = zersetzt sich beim Lösen, – = keine Angaben bekannt

### 7.2 Löslichkeitsprodukte

| | | | |
|---|---|---|---|
| AgCl | $10^{-10}$ | $Cu(OH)_2$ | $\approx 10^{-20}$ |
| $BaCO_3$ | $\approx 8 \cdot 10^{-9}$ | CuS | $\approx 10^{-40}$ |
| $BaSO_4$ | $10^{-10}$ | $Fe(OH)_3$ | $\approx 10^{-38}$ |
| $Ca(OH)_2$ | $5,5 \cdot 10^{-6}$ | FeS | $\approx 10^{-20}$ |
| $CaCO_3$ | $10^{-8}$ | HgS | $\approx 10^{-54}$ |
| $CaSO_4$ | $6 \cdot 10^{-5}$ | $PbSO_4$ | $10^{-8}$ |
| $Al(OH)_3$ | $1,5 \cdot 10^{-15}$ | PbS | $\approx 10^{-29}$ |

### 7.3. Dichte wässeriger Lösungen
von 20°C in g/cm³

| % | HCl | $HNO_3$ | $H_2SO_4$ | $NH_3$ | NaOH |
|---|---|---|---|---|---|
| 5 | 1,024 | 1,026 | 1,032 | 0,978 | 1,054 |
| 10 | 1,048 | 1,054 | 1,067 | 0,958 | 1,109 |
| 20 | 1,098 | 1,115 | 1,140 | 0,923 | 1,219 |
| 30 | 1,149 | 1,180 | 1,220 | 0,892 | 1,328 |
| 40 | 1,198 | 1,26 | 1,303 | – | 1,430 |

## 9. Astronomische Konstanten
### 9.1. Scheinbarer Halbmesser der Sonne

| 1. Januar | 0,271° | 1. Juli | 0,262° |
|---|---|---|---|
| 1. April | 0,267° | 1. Oktober | 0,267° |

### 9.2. Sonnenstrahlung
Solarkonst.: $1,38 \text{ kW/m}^2 = 1,98 \text{ cal/cm}^2 \text{ min}$

### 9.3. Sterndichten in g/cm³

| | |
|---|---|
| Planeten | 1···6 |
| Sonne | 1,4 |
| Heiße Fixsterne | $10^{-4}···10^1$ |
| Weiße Zwerge | $10^4···10^8$ |
| Neutronensterne | $10^{11}···10^{15}$ |

### 9.4. Entfernungen im Weltraum in pc (Lj)

| | |
|---|---|
| Erde – galaktisches Zentrum | $8,4 \cdot 10^3 (27 \cdot 10^3)$ |
| Durchmesser der Milchstraße | $25 \cdot 10^3 (80 \cdot 10^3)$ |
| Andromedanebel | $0,53 \cdot 10^6 (1,7 \cdot 10^6)$ |
| fernste Galaxien | um $10^9 (3 \cdot 10^9)$ |
| Quasare | bis zu $3 \cdot 10^9 (10^{10})$ |

## 8. Energieskala

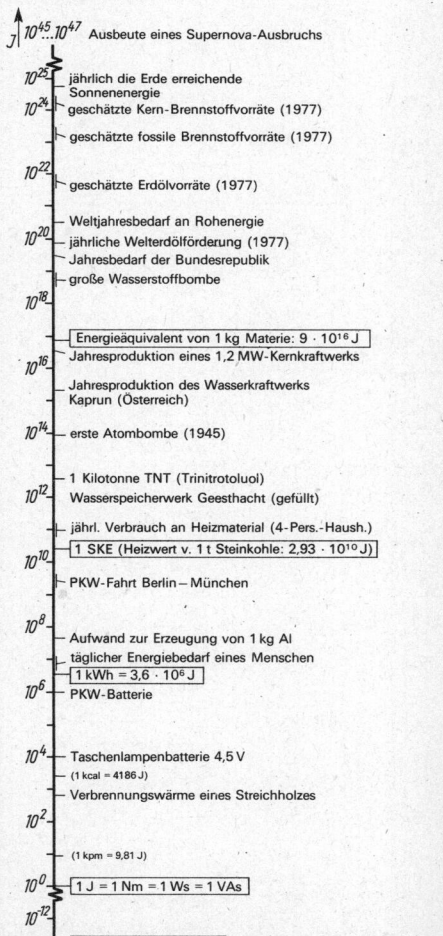

## Tafel 22 — Atomphysikalische Tabellen

### 1. Die Elemente

| Name | Zeichen | Kernladung Z | Relative Atommasse[1] $A_r$ | Massenzahl A der stabilen[2] (Häufigkeit in %) und wichtiger instabiler (Zerfallsart, Halbwertzeit $T_{1/2}$)[3] Nuklide | Name | Zeichen | Kernladung Z | Relative Atommasse[1] $A_r$ | Massenzahl A der stabilen[2] (Häufigkeit in %) und wichtiger instabiler (Zerfallsart, Halbwertzeit $T_{1/2}$)[3] Nuklide |
|---|---|---|---|---|---|---|---|---|---|
| Actinium | Ac | 89 | (227) | *227 ($\beta^-$; 21,8 a)* | Jod | J | 53 | 126,90 | 127 (100) *128 ($\beta^-$; 25 min); 131 ($\beta^-$; 8,0 d)* |
| Aluminium | Al | 13 | 26,98 | 27 (100) | | | | | |
| Americium | Am | 95 | (243) | *243 ($\alpha$; 7,4·10³ a)* | | | | | |
| Antimon | Sb | 51 | 121,75 | 121 (57), 123 (43) | Kalium | K | 19 | 39,10 | 39 (93), 41 (7), 40 (0,012; $\beta^-$; 1,28·10⁹ a) |
| Argon | Ar | 18 | 39,95 | 40 (99,6), 36, 38 | | | | | |
| Arsen | As | 33 | 74,92 | 75 (100) | | | | | |
| Astatium | At | 85 | (210) | *210 (K, $\alpha$; 8,3 h)* | Kobalt | Co | 27 | 58,93 | 59 (100) *60 ($\beta^-$; 5,27 a)* |
| Barium | Ba | 56 | 137,34 | 138 (71), 137, 136, 135, 134, 130, 132 | Kohlenstoff | C | 6 | 12,01115 | 12 (99), 13 (1) *14 ($\beta^-$; 5740 a)* |
| Berkelium | Bk | 97 | (247) | *247 ($\alpha$; 1,4·10³ a)* | | | | | |
| Beryllium | Be | 4 | 9,012 | 9 (100), *10 ($\beta^-$; 10⁶ a)* | Krypton | Kr | 36 | 83,80 | 84 (57), 86, 83, 82, 80, 78 |
| Blei | Pb | 82 | 207,19 | 208 (52), 206, 207, 204 (1; $\alpha$; 1,4·10¹⁷ a), *210 ($\beta^-$; 20,3 a), 212 ($\beta^-$; 10,6 h)* | Kupfer | Cu | 29 | 63,55 | 63 (69), 65 (31) |
| | | | | | Kurtchatovium[4] | Ku | 104 | | *261 ($\alpha$; 65 s)* |
| Bor | B | 5 | 10,81 | 11 (80), 10 (20) | Lanthan | La | 57 | 138,91 | 139 (100), *138 (K, $\beta^-$; 1,3·10¹¹ a)* |
| Brom | Br | 35 | 79,90 | 79 (51), 81 (49) | | | | | |
| Cadmium | Cd | 48 | 112,40 | 114 (29), 7 weitere Isotope | Lawrencium | Lr | 103 | (260) | *260 ($\alpha$; 3 min)* |
| Caesium | Cs | 55 | 132,91 | 133 (100) | Lithium | Li | 3 | 6,941 | 7 (93), 6 (7) |
| Calcium | Ca | 20 | 40,08 | 40 (97), 44, 42, 48, 43, 46 | Lutetium | Lu | 71 | 174,97 | 175 (97), 176 (3; $\beta^-$; 3,3·10¹⁰ a) |
| Californium | Cf | 98 | (251) | *251 ($\alpha$; ~900 a)* | | | | | |
| Cer | Ce | 58 | 140,12 | 140 (88), 142 (11; $\alpha$; 5·10¹⁵ a), 136, 138 | Magnesium | Mg | 12 | 24,31 | 24 (79), 26 (11), 25 (10) |
| | | | | | Mangan | Mn | 25 | 54,94 | 55 (100) |
| Chlor | Cl | 17 | 35,45 | 35 (76), 37 (24) | Mendelevium | Md | 101 | (256) | *256 (K; ~1,3 h) 255 ($\alpha$; ~27 min)* |
| Chrom | Cr | 24 | 52,00 | 52 (84), 53, 50, 54 | | | | | |
| Curium | Cm | 96 | (243,247) | *243 ($\alpha$; 30 a) 247 ($\alpha$; 1,6·10⁷ a)* | Molybdaen | Mo | 42 | 95,94 | 98 (24), 6 weitere Isotope |
| Dysprosium | Dy | 66 | 162,50 | 164 (28), 163, 162, 161, 160, 158, 156 | Natrium | Na | 11 | 22,99 | 23 (100), *24 ($\beta^-$; 15,0 h)* |
| Einsteinium | Es | 99 | (254) | *254 ($\alpha$; 276 d)* | Neodym | Nd | 60 | 144,24 | 142 (27), 144 (24; $\alpha$; 2,1·10¹⁵ a), 5 weitere Isotope |
| Eisen | Fe | 26 | 55,85 | 56 (92), 54, 57, 58 | Neon | Ne | 10 | 20,179 | 20 (90,5), 22 (9,2), 21 (0,3) |
| Erbium | Er | 68 | 167,26 | 166 (33), 168 (27), 167, 170, 164, 162 | | | | | |
| Europium | Eu | 63 | 151,96 | 153 (52), 151 (48) | Neptunium | Np | 93 | (237) | *237 ($\alpha$; 2,14·10⁶ a) 1 ($\beta^-$; 10,6 min)* |
| | | | | | Neutron | n | 0 | (1,0087) | |
| Fermium | Fm | 100 | (253) | *253 (K, $\alpha$; 3,0 d)* | Nickel | Ni | 28 | 58,70 | 58 (68), 60 (26), 62, 61, 64 |
| Fluor | F | 9 | 19,00 | 19 (100) | | | | | |
| Francium | Fr | 87 | (223) | *223 ($\beta^-$; 22 min)* | Niob | Nb | 41 | 92,91 | 93 (100) |
| | | | | | Nobelium | No | 102 | (253) | *259 ($\alpha$; 58 min); 255 ($\alpha$; 3 min)* |
| Gadolinium | Gd | 64 | 157,25 | 158 (25), 6 weitere Isotope | | | | | |
| Gallium | Ga | 31 | 69,72 | 69 (60), 71 (40) | Osmium | Os | 76 | 190,2 | 192 (41), 6 weitere Isotope |
| Germanium | Ge | 32 | 72,59 | 74 (36), 72, 70, 73, 76 | | | | | |
| Gold | Au | 79 | 196,97 | 197 (100), *198 ($\beta^-$; 2,7 d)* | Palladium | Pd | 46 | 106,4 | 106 (27), 108 (27), 105, 110, 104, 102 |
| | | | | | Phosphor | P | 15 | 30,97 | 31 (100), *32 ($\beta^-$; 14,3 d), 33 ($\beta^-$; 25,3 d)* |
| Hafnium | Hf | 72 | 178,49 | 180 (35), 178, 177, 179, 176, 174 | | | | | |
| Helium | He | 2 | 4,0026 | 4 (100), 3 (0,001) | Platin | Pt | 78 | 195,09 | 195 (34), 194, 196, 198, 192 (1; $\alpha$; 6·10¹⁵ a), 190 |
| Holmium | Ho | 67 | 164,93 | 165 (100) | | | | | |
| Indium | In | 49 | 114,82 | 115 (96; $\beta^-$; 6·10¹⁴ a), 113 (4) | Plutonium | Pu | 94 | (239) | *239 ($\alpha$; 24,4·10³ a)* |
| | | | | | Polonium | Po | 84 | (210) | *210 ($\alpha$; 138,4 d)* |
| Iridium | Ir | 77 | 192,2 | 193 (63), 191 (37) | Praseodym | Pr | 59 | 140,91 | 141 (100) |

[1]) der natürlichen Isotopengemische, bezogen auf die Masseneinheit 1 u = 1,6603·10⁻²⁷ kg; in Klammern instabile Isotope.    [2]) In der Reihenfolge ihrer Häufigkeit.
[3]) K = Einfang eines K-Elektrons; Massenzahlen instabiler Nuklide *schräggestellt*.
[4]) Die Namengebung ist noch umstritten.

# Atomphysikalische Tabellen — Tafel 22

| Name | Zeichen | Kernladung $Z$ | Relative Atommasse[1] $A_r$ | Massenzahl $A$ der stabilen[2] (Häufigkeit in %) und wichtiger instabiler (Zerfallsart, Halbwertzeit $T_{1/2}$)[3] Nuklide | Name | Zeichen | Kernladung $Z$ | Relative Atommasse[1] $A_r$ | Massenzahl $A$ der stabilen[2] (Häufigkeit in %) und wichtiger instabiler (Zerfallsart, Halbwertzeit $T_{1/2}$)[3] Nuklide |
|---|---|---|---|---|---|---|---|---|---|
| Promethium | Pm | 61 | (145) | 145 (K; 17,7 a) 147 ($\beta$; 2,62 a) | Terbium | Tb | 65 | 158,93 | 159 (100) |
| Protactinium | Pa | 91 | (231) | 231 ($\alpha$; 32,5·10³ a) | Thallium | Tl | 81 | 204,37 | 205 (70), 203 (30) |
| Quecksilber | Hg | 80 | 200,59 | 202 (30), 6 weitere Isotope | Thorium | Th | 90 | 232,04 | 232 (100; $\alpha$; 1,405·10¹⁰ a), 230 ($\alpha$; 7,7·10⁴ a) |
| | | | | | Thulium | Tm | 69 | 168,93 | 169 (100) |
| | | | | | Titan | Ti | 22 | 47,90 | 48 (74), 46, 47, 49, 50 |
| Radium | Ra | 88 | (226) | 226 ($\alpha$; 1600 a) | | | | | |
| Radon | Rn | 86 | (222) | 220 ($\alpha$; 55,6 s); 222 ($\alpha$; 3,82 d) | Uran | U | 92 | 238,03 | 238 (99,3; $\alpha$; 4,47·10⁹ a), 235 (0,7; $\alpha$; 0,704·10⁹ a) 234 ($\alpha$; 2,44·10⁵ a) |
| Rhenium | Re | 75 | 186,2 | 187 (63; $\beta^-$; 5·10¹⁰ a), 185 (37) | | | | | |
| Rhodium | Rh | 45 | 102,91 | 103 (100) | | | | | |
| Rubidium | Rb | 37 | 85,47 | 85 (72), 87 (28; $\beta^-$; 4,7·10¹⁰ a) | Vanadium | V | 23 | 50,94 | 51 (99, 75), 50 (0,25; K; 4,8·10¹⁴ a) |
| Ruthenium | Ru | 44 | 101,07 | 102 (31), 6 weitere Isotope | | | | | |
| Samarium | Sm | 62 | 150,35 | 152 (27); 147 (15; $\alpha$; 1,1·10¹¹ a); 5 weitere Isotope | Wasserstoff | H | 1 | 1,00797 | 1 (99,985), 2, 3 ($\beta^-$; 12,3 a) |
| | | | | | Wismut (Bismut) | Bi | 83 | 208,98 | 209 (100; $\alpha$; 2·10¹⁷ a) |
| Sauerstoff | O | 8 | 15,9994 | 16 (99,8), 17, 18 | | | | | |
| Scandium | Sc | 21 | 44,96 | 45 (100) | Wolfram | W | 74 | 183,85 | 184 (31), 186 (29), 182, 183, 180 (0,13; $\alpha$; ~10¹⁵ a) |
| Schwefel | S | 16 | 32,06 | 32 (95), 34, 33, 36 | | | | | |
| Selen | Se | 34 | 78,96 | 80 (50), 78, 76, 82, 77, 74 | | | | | |
| Silber | Ag | 47 | 107,868 | 107 (52), 109 (48), 108 ($\beta^-$; 2,4 min), 110 ($\beta^-$; 24,6 s) | Xenon | Xe | 54 | 131,30 | 132 (27), 129 (26), 135 ($\beta^-$; 9,2 h) 7 weitere Isotope |
| Silicium | Si | 14 | 28,086 | 28 (92), 29, 30 | | | | | |
| Stickstoff | N | 7 | 14,007 | 14 (99,6), 15 (0,4) | Ytterbium | Yb | 70 | 173,04 | 174 (32), 6 weitere Isotope |
| Strontium | Sr | 38 | 87,62 | 88 (82), 86, 87, 84, 90 ($\beta^-$; 28,5 a) | Yttrium | Y | 39 | 88,91 | 89 (100), 90 ($\beta^-$; 64,1 h) |
| Tantal | Ta | 73 | 180,95 | 181 (100), 180 (0,01; K, $\beta^+$; 2·10¹³ a) | Zink | Zn | 30 | 65,38 | 64 (49), 66 (28), 68, 67, 70 |
| Technetium | Tc | 43 | (99) | 99 ($\beta^-$; 2,1·10⁵ a) | Zinn | Sn | 50 | 118,69 | 120 (32), 9 weitere Isotope |
| Tellur | Te | 52 | 127,60 | 130 (34), 7 weitere Isotope | Zirconium | Zr | 40 | 91,22 | 90 (51), 94, 92, 91, 96 |

## 2. Wichtige radioaktive Nuklide

| Nuklid | Name | Halbwertzeit $T_{1/2}$ | Art und Energie $E$ (in MeV)[1] der hauptsächlich ausgesandten Strahlung $\alpha$ | $\beta^-$ | $\gamma$ | Anwendungsbereiche |
|---|---|---|---|---|---|---|
| ³₁H | Tritium | 12,3 a | | 0,02 | | Biochemie, Leuchtmassen |
| ¹⁴₆C | Kohlenstoff | 5740 a | | 0,16 | | Geologie (Altersbestimmung), Chemie, Biologie |
| ²²₁₁Na | Natrium | 2,6 a | $\beta^+$: 0,5 | | 1,8; 1,26 | Positronenstrahler |
| ²⁴₁₁Na | Natrium | 15,0 h | | 1,39 | 2,75; 1,37 | Medizin (Stoffwechseluntersuch.) |
| ⁴⁰₁₉K | Kalium | 1,28·10⁹ a | | 1,3 | 1,46 | Geologie (Altersbestimmung) |
| ⁶⁰₂₇Co | Kobalt | 5,27 a | | 0,32 1,5 | 1,33 1,17 | Medizin (Schulpräparat) Dickenmessung, Radiographie |
| ⁹⁰₃₈Sr | Strontium | 28,5 a | | 0,54 | | } Nuklidbatterie f. Wetterstationen |
| ⁹⁰₃₉Y | Yttrium | 64,1 h | | 2,3 | | } u. a., (Schulpräpar.) |
| ¹³¹₅₃J | Jod | 8,1 d | | 0,61 | | Medizin (Schilddrüsenbehandlung) |
| ¹⁴⁷₆₁Pm | Promethium | 2,62 a | | 0,23 | | Leuchtmassen |
| ²¹⁰₈₄Po | Polonium | 138,4 d | 5,30 | | | (Schulpräparat) |
| ²²⁰₈₆Rn | Radon | 55,6 s | 6,29 | | | Luftradioaktivität |
| ²²⁶₈₈Ra | Radium | 1600 a | 4,78 | | 0,18 | Medizin, Neutronenquelle |
| ²³⁵₉₂U | Uran | 0,704·10⁹ a | 4,4 | | 0,186 | Kernreaktor |
| ²³⁸₉₄Pu | Plutonium | 88 a | 5,5 | | | Nuklidbatt. (Herzschrittmacher) |
| ²³⁹₉₄Pu | Plutonium | 2,44·10⁴ a | 5,16 | | | Kernspaltung |
| ²⁴¹₉₅Am | Americium | 4,70·10³ a | 5,49 | | 0,06 | (Schulpräparat) |

[1] bei $\beta$-Strahlern: Maximale Energie

## Tafel 23 — Sternzeit, Deklination der Sonne, Zeitgleichung

| Sternzeit $\Theta_0$ für $0^h$ Weltzeit | | | | | | |
|---|---|---|---|---|---|---|
| am | 1. Januar | 1. Februar | 1. März | 1. April | 1. Mai | 1. Juni |
| $\Theta_0$ | $6^h\,41{,}1^m$ | $8^h\,43{,}3^m$ | $10^h\,33{,}7^m$ | $12^h\,35{,}9^m$ | $14^h\,34{,}2^m$ | $16^h\,36{,}4^m$ |

$\Theta$ : Sternzeit := Stundenwinkel des Frühlingspunktes (24 h $\triangleq$ 360°)

$\Theta_0$: Sternzeit für $0^h$ Weltzeit $\left(\text{Tägliche Zunahme: } \dfrac{24 \cdot 60 \text{ min}}{365{,}2422} = 3{,}9426 \text{ min}\right)$

### Deklination δ und Zeitgleichung ZGl

| Tag | Januar δ (°) | Januar ZGl (min) | Februar δ (°) | Februar ZGl (min) | März δ (°) | März ZGl (min) | April δ (°) | April ZGl (min) | Mai δ (°) | Mai ZGl (min) | Juni δ (°) | Juni ZGl (min) |
|---|---|---|---|---|---|---|---|---|---|---|---|---|
|  | − | − | − | − | ∓ | − | + | ∓ | + | + | + | ± |
| 1 | 23,05 | 3,5 | 17,27 | 13,6 | −7,81 | 12,5 | 4,31 | −4,0 | 14,90 | 2,9 | 21,97 | 2,3 |
| 2 | 22,98 | 3,9 | 16,98 | 13,7 | 7,43 | 12,3 | 4,70 | 3,7 | 15,20 | 3,0 | 22,11 | 2,1 |
| 3 | 22,88 | 4,4 | 16,69 | 13,8 | 7,05 | 12,1 | 5,08 | 3,4 | 15,50 | 3,1 | 22,24 | 2,0 |
| 4 | 22,78 | 4,9 | 16,40 | 13,9 | 6,67 | 11,9 | 5,46 | 3,1 | 15,79 | 3,2 | 22,36 | 1,8 |
| 5 | 22,68 | 5,3 | 16,10 | 14,0 | 6,28 | 11,6 | 5,85 | 2,9 | 16,08 | 3,3 | 22,48 | 1,6 |
| 6 | 22,57 | 5,8 | 15,80 | 14,1 | 5,90 | 11,4 | 6,22 | 2,5 | 16,37 | 3,4 | 22,59 | 1,5 |
| 7 | 22,45 | 6,2 | 15,49 | 14,2 | 5,51 | 11,2 | 6,60 | 2,2 | 16,65 | 3,5 | 22,69 | 1,3 |
| 8 | 22,32 | 6,6 | 15,18 | 14,2 | 5,12 | 10,9 | 6,98 | 2,0 | 16,92 | 3,5 | 22,79 | 1,1 |
| 9 | 22,19 | 7,1 | 14,86 | 14,3 | 4,73 | 10,7 | 7,35 | 1,7 | 17,20 | 3,6 | 22,88 | 0,9 |
| 10 | 22,04 | 7,5 | 14,54 | 14,3 | 4,34 | 10,4 | 7,72 | 1,4 | 17,46 | 3,6 | 22,96 | 0,7 |
| 11 | 21,90 | 7,9 | 14,22 | 14,3 | 3,95 | 10,1 | 8,09 | 1,1 | 17,72 | 3,7 | 23,04 | 0,5 |
| 12 | 21,74 | 8,2 | 13,90 | 14,3 | 3,56 | 9,9 | 8,46 | 0,9 | 17,98 | 3,7 | 23,11 | 0,3 |
| 13 | 21,58 | 8,6 | 13,56 | 14,3 | 3,16 | 9,6 | 8,82 | 0,6 | 18,23 | 3,7 | 23,18 | +0,1 |
| 14 | 21,41 | 9,0 | 13,22 | 14,2 | 2,77 | 9,3 | 9,19 | 0,4 | 18,48 | 3,7 | 23,24 | −0,1 |
| 15 | 21,23 | 9,4 | 12,88 | 14,2 | 2,37 | 9,1 | 9,55 | −0,1 | 18,72 | 3,7 | 23,29 | 0,3 |
| 16 | 21,04 | 9,7 | 12,55 | 14,1 | 1,98 | 8,8 | 9,91 | +0,1 | 18,96 | 3,7 | 23,33 | 0,5 |
| 17 | 20,86 | 10,1 | 12,19 | 14,1 | 1,58 | 8,5 | 10,26 | 0,3 | 19,19 | 3,7 | 23,36 | 0,7 |
| 18 | 20,66 | 10,4 | 11,84 | 14,0 | 1,19 | 8,2 | 10,61 | 0,6 | 19,42 | 3,7 | 23,39 | 1,0 |
| 19 | 20,46 | 10,7 | 11,49 | 13,9 | 0,79 | 7,9 | 10,96 | 0,8 | 19,64 | 3,6 | 23,41 | 1,2 |
| 20 | 20,25 | 11,0 | 11,13 | 13,8 | 0,38 | 7,6 | 11,31 | 1,0 | 19,85 | 3,6 | 23,43 | 1,4 |
| 21 | 20,03 | 11,3 | 10,77 | 13,7 | −0,00 | 7,3 | 11,65 | 1,2 | 20,06 | 3,5 | 23,44 | 1,6 |
| 22 | 19,81 | 11,6 | 10,41 | 13,6 | +0,39 | 7,0 | 11,99 | 1,4 | 20,27 | 3,4 | 23,44 | 1,8 |
| 23 | 19,58 | 11,8 | 10,04 | 13,5 | 0,79 | 6,7 | 12,33 | 1,6 | 20,46 | 3,4 | 23,44 | 2,1 |
| 24 | 19,35 | 12,1 | 9,68 | 13,3 | 1,18 | 6,4 | 12,66 | 1,8 | 20,65 | 3,3 | 23,43 | 2,3 |
| 25 | 19,10 | 12,3 | 9,31 | 13,2 | 1,58 | 6,1 | 12,99 | 2,0 | 20,84 | 3,2 | 23,41 | 2,5 |
| 26 | 18,86 | 12,5 | 8,94 | 13,0 | 1,97 | 5,8 | 13,32 | 2,1 | 21,02 | 3,1 | 23,38 | 2,7 |
| 27 | 18,61 | 12,7 | 8,66 | 12,9 | 2,36 | 5,5 | 13,64 | 2,3 | 21,19 | 3,0 | 23,35 | 2,9 |
| 28 | 18,34 | 12,9 | 8,19 | 12,7 | 2,75 | 5,2 | 13,96 | 2,5 | 21,36 | 2,8 | 23,31 | 3,1 |
| 29 | 18,09 | 13,1 |  |  | 3,14 | 4,9 | 14,28 | 2,6 | 21,53 | 2,7 | 23,26 | 3,3 |
| 30 | 17,82 | 13,3 |  |  | 3,53 | 4,6 | 14,59 | 2,7 | 21,68 | 2,6 | 23,21 | 3,5 |
| 31 | 17,53 | 13,5 |  |  | 3,92 | 4,3 |  |  | 21,83 | 2,4 |  |  |
| Zahl der Tage | 31 | | 59 (60 s) | | 90 (91 s) | | 121 (122 s) | | 151 (152 s) | | 181 (182 s) | |

| Jahr | k (Tage) |
|---|---|
| 1974 | 0 |
| 75 | − 0,24 |
| 76(S) | + 0,52 |
| 77 | + 0,27 |
| 78 | + 0,03 |
| 79 | − 0,21 |
| 80(S) | + 0,55 |
| 81 | + 0,30 |
| 82 | + 0,06 |
| 83 | − 0,18 |
| 84(S) | + 0,59 |
| 85 | + 0,35 |
| 86 | + 0,10 |
| 87 | − 0,14 |

**Sternzeit, Deklination** und **Zeitgleichung** gelten für 1974 und jeweils für $0^h$ Weltzeit (WZ). Um sie für beliebige Zeitpunkte zu ermitteln, muß man korrigieren, und zwar:

1. In anderen Jahren ändert man, da das tropische Jahr 365,2422 Tage hat, den Tag um k (s. Tab.). Beispiel: Dez. 13 wird 1975 zu Dez. 12,76. In Schaltjahren (S) ist im Januar und Februar das Datum um 1 zu vermindern. Beispiel: Jan. 15 wird 1976 zu Januar 14,52.

2.1. **Sternzeit:** Die Sternzeit $\Theta$ zu einem beliebigen Zeitpunkt (Jahr mit Korrektur k, Tag x, Ortszeit t) und an einem Ort der geographischen Länge $\lambda$ ergibt sich aus $\Theta_0$ zu

$$\Theta = \Theta_0 + t + \left(k + x - 1 + \frac{t}{24\,\text{h}} - \frac{\lambda}{360°}\right) \cdot 3{,}94 \text{ min}$$

Beispiel: 1976 Mai 24, $20^h$ Ortszeit in Berlin ($\lambda = 13°$) ergibt
$\Theta = 14^h\,34{,}2^m + 20^h + (0{,}52 + 23 + 0{,}83 − 0{,}04) \cdot 3{,}94 \text{ min} \approx 12^h\,11^m$

2.2. **Deklination, Zeitgleichung:** Für ein Jahr mit Korrektur k, die Ortszeit t und die geographische Länge $\lambda$ interpoliert man für den korrigierten Tag

$$x_k = x + \left(k + \frac{t}{24\,\text{h}} - \frac{\lambda}{360°}\right)$$

Beispiel: 1976 Mai 24, $20^h$ Ortszeit in Berlin ($\lambda = 13°$) ergibt $x_k = 24 + (0{,}52 + 0{,}83 − 0{,}04) = 25{,}31$; die Interpolation für Mai 25,31 ergibt: $\delta = 20{,}89°$, ZGl = 3,17 min.

## Sternzeit, Deklination der Sonne, Zeitgleichung — Tafel 23

**Sternzeit $\Theta_0$ für $0^h$ Weltzeit**

| | 1. Juli | 1. August | 1. September | 1. Oktober | 1. November | 1. Dezember |
|---|---|---|---|---|---|---|
| $\Theta_0$ | $18^h\ 34,7^m$ | $20^h\ 36,9^m$ | $22^h\ 39,1^m$ | $0^h\ 37,4^m$ | $2^h\ 39,6^m$ | $4^h\ 37,9^m$ |

Beispiel: Sternzeit für $0^h$ Weltzeit am 21. März: $\Theta_0 = 10^h\ 33,7^m + 20 \cdot 3,94\ \text{min} = 11^h\ 52,5^m$

**Deklination $\delta$ und Zeitgleichung ZGl**

| | Juli | | August | | September | | Oktober | | November | | Dezember | |
|---|---|---|---|---|---|---|---|---|---|---|---|---|
| Tag | $\delta$ ° | ZGl min | $\delta$ ° | ZGl min | $\delta$ ° | ZGl min | $\delta$ ° | ZGl min | $\delta$ ° | ZGl min | $\delta$ ° | ZGl min |
| | + | − | + | − | ± | ∓ | − | + | − | + | − | ± |
| 1 | 23,15 | 3,7 | 18,17 | 6,3 | 8,50 | −0,1 | 2,95 | 10,2 | 14,24 | 16,4 | 21,71 | 11,1 |
| 2 | 23,08 | 3,9 | 17,92 | 6,2 | 8,14 | +0,1 | 3,34 | 10,5 | 14,56 | 16,4 | 21,87 | 10,7 |
| 3 | 23,01 | 4,1 | 17,66 | 6,2 | 7,77 | 0,5 | 3,73 | 10,8 | 14,87 | 16,4 | 22,01 | 10,3 |
| 4 | 22,93 | 4,3 | 17,40 | 6,1 | 7,41 | 0,9 | 4,11 | 11,2 | 15,19 | 16,4 | 22,16 | 9,9 |
| 5 | 22,84 | 4,5 | 17,14 | 6,0 | 7,04 | 1,2 | 4,50 | 11,5 | 15,49 | 16,4 | 22,29 | 9,5 |
| 6 | 22,75 | 4,6 | 16,87 | 5,9 | 6,67 | 1,5 | 4,89 | 11,8 | 15,80 | 16,4 | 22,42 | 9,1 |
| 7 | 22,65 | 4,8 | 16,59 | 5,8 | 6,30 | 1,9 | 5,27 | 12,1 | 16,10 | 16,3 | 22,54 | 8,7 |
| 8 | 22,54 | 5,0 | 16,31 | 5,6 | 5,92 | 2,2 | 5,65 | 12,3 | 16,40 | 16,3 | 22,65 | 8,2 |
| 9 | 22,43 | 5,1 | 16,03 | 5,5 | 5,55 | 2,6 | 6,03 | 12,6 | 16,69 | 16,2 | 22,76 | 7,8 |
| 10 | 22,31 | 5,3 | 15,74 | 5,4 | 5,17 | 2,9 | 6,41 | 12,9 | 16,97 | 16,1 | 22,86 | 7,4 |
| 11 | 22,19 | 5,4 | 15,45 | 5,2 | 4,79 | 3,3 | 6,79 | 13,1 | 17,25 | 16,0 | 22,95 | 6,9 |
| 12 | 22,05 | 5,5 | 15,15 | 5,1 | 4,41 | 3,6 | 7,17 | 13,4 | 17,53 | 15,9 | 23,03 | 6,4 |
| 13 | 21,92 | 5,6 | 14,86 | 4,9 | 4,03 | 4,0 | 7,55 | 13,6 | 17,80 | 15,8 | 23,11 | 6,0 |
| 14 | 21,77 | 5,8 | 14,55 | 4,7 | 3,64 | 4,3 | 7,92 | 13,9 | 18,07 | 15,7 | 23,18 | 5,5 |
| 15 | 21,62 | 5,9 | 14,24 | 4,5 | 3,26 | 4,7 | 8,29 | 14,1 | 18,33 | 15,5 | 23,24 | 5,0 |
| 16 | 21,47 | 6,0 | 13,93 | 4,3 | 2,88 | 5,0 | 8,66 | 14,3 | 18,59 | 15,4 | 23,29 | 4,5 |
| 17 | 21,30 | 6,0 | 13,60 | 4,1 | 2,49 | 5,4 | 9,03 | 14,5 | 18,84 | 15,1 | 23,33 | 4,0 |
| 18 | 21,13 | 6,1 | 13,29 | 3,9 | 2,10 | 5,7 | 9,38 | 14,7 | 19,08 | 14,9 | 23,37 | 3,5 |
| 19 | 20,96 | 6,2 | 12,97 | 3,7 | 1,72 | 6,1 | 9,76 | 14,9 | 19,32 | 14,7 | 23,40 | 3,0 |
| 20 | 20,78 | 6,3 | 12,65 | 3,4 | 1,33 | 6,4 | 10,12 | 15,1 | 19,55 | 14,4 | 23,42 | 2,6 |
| 21 | 20,59 | 6,3 | 12,32 | 3,2 | 0,94 | 6,8 | 10,48 | 15,3 | 19,78 | 14,2 | 23,43 | 2,1 |
| 22 | 20,40 | 6,4 | 11,99 | 3,0 | 0,55 | 7,1 | 10,84 | 15,4 | 20,00 | 13,9 | 23,44 | 1,6 |
| 23 | 20,20 | 6,4 | 11,65 | 2,7 | +0,16 | 7,5 | 11,19 | 15,6 | 20,22 | 13,6 | 23,44 | 1,1 |
| 24 | 20,00 | 6,4 | 11,31 | 2,4 | −0,23 | 7,8 | 11,54 | 15,7 | 20,43 | 13,4 | 23,43 | 0,6 |
| 25 | 19,79 | 6,5 | 10,97 | 2,2 | 0,62 | 8,2 | 11,89 | 15,8 | 20,63 | 13,1 | 23,41 | +0,1 |
| 26 | 19,57 | 6,5 | 10,61 | 1,9 | 1,01 | 8,5 | 12,24 | 15,9 | 20,82 | 12,8 | 23,39 | −0,4 |
| 27 | 19,35 | 6,5 | 10,28 | 1,6 | 1,40 | 8,9 | 12,57 | 16,0 | 21,01 | 12,5 | 23,35 | 0,9 |
| 28 | 19,12 | 6,5 | 9,93 | 1,3 | 1,79 | 9,2 | 12,91 | 16,1 | 21,20 | 12,1 | 23,31 | 1,4 |
| 29 | 18,89 | 6,4 | 9,57 | 1,0 | 2,18 | 9,5 | 13,25 | 16,2 | 21,38 | 11,8 | 23,26 | 1,9 |
| 30 | 18,66 | 6,4 | 9,22 | 0,7 | 2,56 | 9,9 | 13,58 | 16,3 | 21,55 | 11,4 | 23,20 | 2,4 |
| 31 | 18,42 | 6,3 | 8,86 | 0,4 | | | 13,91 | 16,3 | | | 23,14 | 2,9 |
| Tage | 212 (213 s) | | 243 (244 s) | | 273 (274 s) | | 304 (305s) | | 334 (335s) | | 365 (366s) | |

$\alpha_m$: Rektaszension der mittleren Sonne, $\alpha_m = \Theta_0 \pm 12^h$.
$\alpha$: Rektaszension der wahren Sonne, $\alpha = \Theta_0 \pm 12^h -$ Zeitgleichung.

**Zeitgleichung = Wahre Zeit − Mittlere Zeit**

Ein Stern kulminiert, wenn seine Rektaszension = Sternzeit wird.
Für jeden Stern ist Sternzeit = Rektaszension + Stundenwinkel.

## Die Lage einiger Orte, Sternwarten (S) und Flugplätze (F) — Tafel 24

| Sternwarte | Breite $\varphi$ in ° | Länge $\lambda$ in ° | Sternwarte | Breite $\varphi$ in ° | Länge $\lambda$ in ° | Sternwarte | Breite $\varphi$ in ° | Länge $\lambda$ in ° |
|---|---|---|---|---|---|---|---|---|
| Athen | +37,97 | +23,72 | Hamburg | | | New York (F) | | |
| Berlin-Babelsberg (S) | +52,41 | +13,11 | (Hydrogr. Inst.) | +53,55 | + 9,97 | Idlewild | +40,81 | − 73,96 |
| Berlin-Tegel (F) | +52,56 | +13,30 | Hongkong | +22,30 | +114,17 | Nome (Alaska) (F) | +64,5 | −165,20 |
| Bombay (S) | +18,89 | +72,82 | Kairo (S) | +30,08 | + 31,29 | Paris | +48,84 | + 2,34 |
| Bonn (S) | +50,73 | + 7,10 | Kalkutta (S) | +22,6 | + 88,40 | Rio de Janeiro | −22,90 | − 43,22 |
| Breslau | +51,12 | +17,08 | Kapstadt (S) | −33,93 | + 18,48 | Rom | +41,90 | + 12,48 |
| Buenos Aires | −34,61 | −58,37 | Königsberg | +54,72 | + 20,50 | San Franzisko (S) | +37,79 | −122,43 |
| Dakar (F) | +14,70 | −17,40 | Lissabon (S) | +38,71 | − 9,19 | Santiago | −33,56 | − 70,69 |
| Danzig | +54,36 | +18,65 | Manila | +14,59 | +120,96 | Stockholm | +59,34 | + 18,06 |
| Frankfurt a. M. | +50,12 | + 8,65 | Melbourne (S) | −37,7 | +145,00 | Sydney | −33,86 | +151,21 |
| Gander (Neufundland) (F) | +49,0 | −54,60 | Moskau (S) | +55,76 | + 37,57 | Tokio (S) | +35,67 | +139,54 |
| Greenwich (S) | +51,48 | 0 | Mt. Palomar (S) | +33,36 | −116,86 | Wien | +48,23 | + 16,34 |
| | | | München (S) | +48,15 | + 11,61 | Zürich (F) | +47,38 | + 8,55 |

Sonne, ZGL
Geogr. Koord.
Astron. Konst.

Tafel 25 — Astronomische Konstante

## 1. Planeten 1974

| | Größte Entfernung $a(1+\varepsilon)$ Mittlere Entfernung a von ☉ $10^6$ km | Erde = 1 | Exzentrizität d. Bahn $\varepsilon$ $\varepsilon = e:a$ | Umlaufszeit d (Tage) a (Jahre) | Mittlere Bewegung in 1 Tag ° | Äquatorhalbmesser $10^3$ km | Mittlere Dichte g/cm³ | Bahnneigung gegen die Ekliptik ° | Mittlere Bahngeschw. km/s |
|---|---|---|---|---|---|---|---|---|---|
| Merkur ☿ | 57,9 | 0,3871 | 0,206 | 87,97 d | 4,092 | 2,43 | 5,4 | 7,0 | 47,90 |
| Venus ♀ | 108,2 | 0,7233 | 0,007 | 224,7 d | 1,6021 | 6,06 | 5,23 | 3,4 | 35,03 |
| Erde ♁ | 149,6 | 1 | 0,017 | 365,256 d | 0,9856 | 6,378 | 5,52 | — | 29,80 |
| Mars ♂ | 227,9 | 1,524 | 0,093 | 1,881 a | 0,5240 | 3,397 | 3,93 | 1,8 | 24,14 |
| 1600 Asteroiden | 218···852 | 1,5···5,7 | 0···0,4 | 1,8···14 a | 0,6···0,07 | bis 0,40 | — | bis 35 | — |
| Jupiter ♃ | 778,3 | 5,203 | 0,048 | 11,862 a | 0,08309 | 71,4 | 1,35 | 1,3 | 13,06 |
| Saturn ♄ | 1427 | 9,54 | 0,056 | 29,46 a | 0,03346 | 60,3 | 0,68 | 2,5 | 9,64 |
| Uranus ♅ | 2870 | 19,2 | 0,047 | 84,01 a | 0,01173 | 23,6 | 1,58 | 0,8 | 6,81 |
| Neptun ♆ | 4497 | 30,1 | 0,009 | 164,8 a | 0,00598 | 24,6 | 1,7 | 1,8 | 5,43 |
| Pluto Pl | 5946 | 39,7 | 0,253 | 247,7 a | 0,00398 | ~ 3,2 | (~ 5) | 17,1 | 4,74 |

## 2. Erde ♁

Sterntag 23 h 56 min 4,1 s  
Präzession 0,014°  
Nutation 0,00256°  
Gr. Halbachse 6378 km  
Kleine „ 6357 km  
Kugelradius 6371 km  
lg r 3.8042  
Äquatorgrad 111,3 km  
Meridian: Grad am Pol 111,7 km  
„ am Äqu. 110,6 km  
„ mittlerer 111,1 km  
Abplattung $\dfrac{a-b}{a} = \dfrac{1}{298}$  
Schiefe d. Ekliptik 23,44°  
Masse $m_♁ = 5,977 \cdot 10^{24}$ kg $= 81,3\, m_☾$  
Dichte 5,518 g/cm³

## 3. Sonne ☉

Parallaxe 8,8″ = 0,00244°  
Halbmesser 696,35 · 10³ km  
Dichte 1,41 g/cm³  
Masse $m_☉ = 1,989 \cdot 10^{30}$ kg $= 333 \cdot 10^3\, m_♁$  
Umdrehungszeit 25,1 d  
Helligkeit −26,8$^m$  
Apex $a = 271°$ $\delta = 30°$  
effekt. Temper. T = 5770 K  
Strahlungsleistung (gesamt) $3,9 \cdot 10^{23}$ kW  
Strahlungsleistung Sonne → Erde $1,8 \cdot 10^{14}$ kW  
Lichtstärke $2,2 \cdot 10^{27}$ cd  
Flächenhelligkeit $2,2 \cdot 10^5$ sb  
Beleuchtungsstärke auf d. Erde max. ~ $10^5$ Lx

## 5. Fixsterne 1977

| | Rektaszension h min | Deklination ° |
|---|---|---|
| β Cassiopeiae | 0 7,9 | 59,02 |
| Polarstern (α UMi) | 2 9,2 | 89,16 |
| Algol (β Persei) | 3 6,7 | 40,87 |
| Aldebaran (α Tauri) | 4 34,6 | 16,46 |
| β Orionis (Rigel) | 5 13,4 | − 8,22 |
| Capella (α Aurigae) | 5 15,0 | 45,98 |
| Sirius (α Canis maj.) | 6 44,1 | −16,68 |
| β Geminorum | 7 43,9 | 28,08 |
| α Ursae maj. | 11 2,3 | 61,87 |
| Spica (α Virgin.) | 13 24,0 | −11,04 |
| Arctur (α Bootis) | 14 14,6 | 19,30 |
| Wega (α Lyrae) | 18 36,5 | 38,76 |
| Deneb (α Cygni) | 20 40,6 | 45,20 |

## 4. Mond ☾

Mittl. Abstand 384 400 km  
Exzentrizität d. Bahn 0,055  
Halbmesser 1738 km  
Sider. Umlaufzeit 27,322 d  
Synodische „ 29,531 d  
Neigung der Bahn 5,15°  
Dichte 3,34 g/cm³  
Helligkeit (Vollmond) −12$^m$  
$m_☾ : m_♁$ 1 : 81,3

## 6. Kometen 1977

| | Letzte Beobachtung | Perihel-Distanz (Erde = 1) | Aphel-Distanz | Umlaufszeit (Jahre) |
|---|---|---|---|---|
| Encke | 1977 | 0,34 | 4,09 | 3,3 |
| Tempel 2 | 1977 | 1,39 | 4,69 | 5,3 |
| Faye | 1977 | 1,66 | 5,96 | 7,4 |
| Tuttle 1 | 1967 | 1,02 | 10,4 | 13,6 |
| Olbers | 1956 | 2,00 | 33,5 | 69,6 |
| Halley | 1910 | 0,59 | 35,3 | 76,0 |

Aberration 0,0057°  

Parallaxen:  
α Centauri 0,00021°  
61 Cygni 0,00008°  
Sirius 0,00011°  
Wega 0,00004°

Algol (Bedeckungsveränderlich) Periode 2,8673 d

## 7. Zeit

WZ (UT): Weltzeit (Universal Time) := Zeit des 0. Längengrades (Greenwich)  
$12^h$ wahre/mittlere Ortszeit := Kulminationszeit der wahren/mittleren Sonne  
MEZ: Mitteleuropäische Zeit := Zeit des 15. Längengrades = WZ + $1^h$

## 8. Lage des Schulortes

Angaben vom Katasteramt oder aus der Karte

Breite . . . . . . . . . .  
Länge . . . . . . . . . .  
Höhe über dem Meere . . . .  
Magnet. Deklination . . . . .  
MEZ − Ortszeit = . . . . .

## 9. Sonnensystem, Milchstraße (Galaxis), Universum

Masse der Milchstraße ≈ $1,4 \cdot 10^{11}\, m_☉$  
Abstand Sonnensystem – galaktisches Zentrum 10 kpc  
Rotationsgeschwindigkeit $2,5 \cdot 10^2$ km/s  
Fluchtgeschw. außergalaktischer Nebel (Hubblekonstante) ~50 $\dfrac{\text{km/s}}{\text{Mpc}}$

# Mathematische Formeln und Sätze — Tafel 26

## 1. Logik
### 1.1. Grundbegriffe

| | | Beispiele |
|---|---|---|
| $A, B, C, \ldots$ | Leerstellen für wahre (w) oder falsche (f) Aussagen | |
| $a, b, c, x, y, \ldots$ | Leerstellen für Aussagegegenstände (Aussagevariable) | $3 + 2 < 6$ (w)   $3 + 2 = 4$ (f) |
| $A(x), B(x, y), \ldots$ | Leerstellen für Aussageformen | $3 + 2$ ist grün (Keine Aussage) |

### 1.2. Aussagen, Aussageverknüpfungen und ihre Zeichen

| Name | Zeichen | Sprechweise |
|---|---|---|
| Negation | $\neg$ | nicht (non) |
| Konjunktion | $\wedge$ | und |
| Disjunktion | $\vee$ | oder (nicht ausschließend) |
| Subjunktion | $\Rightarrow$ | wenn …, dann |
| Bijunktion (Äquivalenz) | $\Leftrightarrow$ | genau dann, wenn … |
| | $:\Leftrightarrow$ | definitionsgemäß genau dann, wenn … |
| Antivalenz | $\not\Leftrightarrow$ | entweder … oder |

Wahrheitstafel:

| $A$ | $B$ | $\neg A$ | $A \wedge B$ | $A \vee B$ | $A \Rightarrow B$ | $A \Leftrightarrow B$ | $A \not\Leftrightarrow B$ |
|---|---|---|---|---|---|---|---|
| w | w | f | w | w | w | w | f |
| w | f | f | f | w | f | f | w |
| f | w | w | f | w | w | f | w |
| f | f | w | f | f | w | w | f |

### 1.3. Allgemeingültige Aussageverknüpfungen (vgl. auch 2.3).

| | | |
|---|---|---|
| $(A \wedge B) \wedge C \Leftrightarrow A \wedge (B \wedge C)$ | Assoziativität | $(A \vee B) \vee C \Leftrightarrow A \vee (B \vee C)$ |
| $A \wedge B \Leftrightarrow B \wedge A$ | Kommutativität | $A \vee B \Leftrightarrow B \vee A$ |
| $A \wedge (A \vee B) \Leftrightarrow A$ | Adjunktivität | $A \vee (A \wedge B) \Leftrightarrow A$ |
| $A \wedge (B \vee C) \Leftrightarrow (A \wedge B) \vee (A \wedge C)$ | Distributivität | $A \vee (B \wedge C) \Leftrightarrow (A \vee B) \wedge (A \vee C)$ |
| $A \vee \neg A$ | Komplementarität | $\neg (A \wedge \neg A)$ |
| $\neg (A \wedge B) \Leftrightarrow \neg A \vee \neg B$ | de Morgan-Regeln | $\neg (A \vee B) \Leftrightarrow \neg A \wedge \neg B$ |
| $\neg (\neg A) \Leftrightarrow A$ | | $(A \Rightarrow B) \Leftrightarrow (\neg B \Rightarrow \neg A)$ |
| (Satz von der doppelten Verneinung) | | (Kontraposition) |

### 1.4. Quantoren

| Name | Zeichen | Sprechweise | Verneinungsregeln | Beispiel |
|---|---|---|---|---|
| Allquantor | $\bigwedge\limits_{x}$ | für alle $x$ gilt … | $\neg \bigwedge\limits_{x} A(x) \Leftrightarrow \bigvee\limits_{x} \neg A(x)$ | $\bigwedge\limits_{x} x + 1 = 1 + x$ |
| Existenzquantor | $\bigvee\limits_{x}$ | es gibt mindestens ein $x$, für das gilt … | $\neg \bigvee\limits_{x} A(x) \Leftrightarrow \bigwedge\limits_{x} \neg A(x)$ | $\bigvee\limits_{x} x^2 = 4$ |

## 2. Mengenlehre
### 2.1. Grundbegriffe

| | | Beispiele |
|---|---|---|
| $M, N, T, \ldots$ | Leerstellen für Mengen | |
| $a, b, x, y, \ldots$ | Leerstellen für Elemente der Mengen | |
| $\{x_1, x_2, x_3, \ldots, x_n\}$ | Menge mit den Elementen $x_1, x_2, x_3, \ldots, x_n$ | $\{1; 2; 3\}$ |
| $\{y\}$ | Menge mit dem einen Element $y$ | |
| $\{a_1, a_2\}$ | Menge mit den Elementen $a_1, a_2$ | |
| $\{x \mid A(x)\}$ | Menge aller $x$, für die $A(x)$ zutrifft (Erfüllungsmenge der Aussageform $A(x)$) | $\{x \mid 2x + 3 = 0\}$ |
| $\emptyset$ (auch $\{\ \}$) | leere Menge, Menge ohne Elemente | |
| $x \in M$ | $x$ ist Element von $M$ | $2 \in \mathbb{N}$ |
| $x \notin M$ | $x$ ist nicht Element von $M$ | $2{,}4 \notin \mathbb{N}$ |
| $(x, y)$ | geordnetes Paar; (es ist $(x, y) \neq (y, x)$, falls $x \neq y$!) | $(3; 2) \neq (2; 3)!$ |

## 2.2. Beziehungen zwischen Mengen, Mengenverknüpfungen

| Zeichen | Sprechweise | Definition |
|---|---|---|
| $T \subseteq M$ | $T$ ist Teilmenge von $M$ | $\bigwedge_x (x \in T \Rightarrow x \in M)$ |
| $T \subset M$ | $T$ ist echte Teilmenge von $M$ | $T \subseteq M \wedge T \neq M$ |
| $M \cap N$ | Durchschnitt von $M$ und $N$ | $\{x \mid x \in M \wedge x \in N\}$ |
| $M \cup N$ | Vereinigung von $M$ mit $N$ | $\{x \mid x \in M \vee x \in N\}$ |
| $M \setminus N$ | Komplement von $N$ bezüglich $M$ | $\{x \mid x \in M \wedge x \notin N\}$ |
| $M \triangle N$ | Symmetrische Differenz | $(M \cup N) \setminus (M \cap N)$ |
| $\mathfrak{P}(M)$ | Potenzmenge von $M$ (Menge aller Teilmengen von $M$) | $\{T \mid T \subseteq M\}$ |
| $M \times N$ | Kartesisches Produkt von $M$ und $N$, Produktmenge = Menge aller geordneten Paare $(x, y)$ | $\{(x, y) \mid x \in M \wedge y \in N\}$ |
| $M^2 := M \times M$ | Menge aller geordneten Paare $(x_i, x_k)$ | $\{(x_i, x_k) \mid x_i \in M \wedge x_k \in M\}$ |
| $M^3 := M \times M \times M$ | Menge aller geordneten Tripel $(x_i, x_j, x_k)$ | |

Venn-Diagramme:

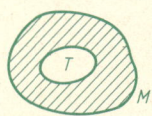

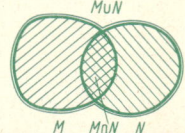

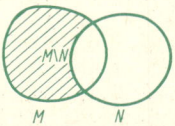

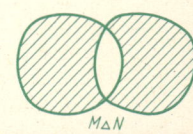

## 2.3. Allgemeingültige Gleichungen der Mengenlehre (vgl. auch 1.3)

| | | |
|---|---|---|
| $(M \cap N) \cap G = M \cap (N \cap G)$ | Assoziativität | $(M \cup N) \cup G = M \cup (N \cup G)$ |
| $M \cap N = N \cap M$ | Kommutativität | $M \cup N = N \cup M$ |
| $M \cap (M \cup N) = M$ | Adjunktivität | $M \cup (M \cap N) = M$ |
| $M \cap (N \cup G) = (M \cap N) \cup (M \cap G)$ | Distributivität | $M \cup (N \cap G) = (M \cup N) \cap (M \cup G)$ |
| $M \cap G \setminus M = \emptyset$ | Komplementarität | $M \cup G \setminus M = G$ (mit $M \subseteq G$) |
| $M \cap M = M$ | Idempotenz | $M \cup M = M$ |
| $M \cap \emptyset = \emptyset$ | — | $M \cup \emptyset = M$ |
| $G \setminus (M \cap N) = G \setminus M \cup G \setminus N$ | de Morgan-Regeln | $G \setminus (M \cup N) = G \setminus M \cap G \setminus N$ |

## 2.4. Zahlenmengen

| | | |
|---|---|---|
| $\mathbb{N}$ | Menge der natürlichen Zahlen | $\mathbb{N} := \{1; 2; 3; \ldots\}$ |
| $\mathbb{N}_0$ | Menge $\mathbb{N}$ einschließlich der Null | $\mathbb{N}_0 := \mathbb{N} \cup \{0\}$ |
| $\mathbb{Z}$ | Menge der ganzen Zahlen | $\mathbb{Z} := \{\cdots -3; -2; -1; 0; +1; +2; +3; \cdots\}$ |
| $\mathbb{Q}$ | Menge der rationalen Zahlen | $\mathbb{Q} := \{x \mid x = \frac{p}{q} \wedge p \in \mathbb{Z} \wedge q \in \mathbb{N}\}$ |
| $\mathbb{R}$ | Menge der reellen Zahlen | $\mathbb{R} := \{x \mid x = \lim_{n \to \infty} x_n \wedge \bigwedge_n x_n \in \mathbb{Q}\}$ |
| $\mathbb{R}^+$ | Menge der positiven reellen Zahlen | $\mathbb{R}^+ := \{x \mid x \in \mathbb{R} \wedge x > 0\}$ |
| $\mathbb{K}\,(\mathbb{C})$ | Menge der komplexen Zahlen | $\mathbb{K} := \{x \mid x = a + ib \wedge (a, b) \in \mathbb{R}^2 \wedge i^2 := -1\}$ |

## 3. Relationen, Funktionen, Verknüpfungen
### 3.1. Relationen

Eine zweistellige ($n$-stellige) Relation $R$ auf einer gegebenen Grundmenge $M$ ist eine Teilmenge $R$ von $M \times M$ (von $M^n$):

$$R \subseteq M \times M \quad (R \subseteq M^n)$$

Man schreibt für $\genfrac{}{}{0pt}{}{2}{n}$-stellige Relationen $\genfrac{}{}{0pt}{}{x\,R\,y}{R(x_1, x_2, \ldots, x_n)}$ und spricht $\genfrac{}{}{0pt}{}{x \text{ steht in Relation } R \text{ zu } y}{x_1, x_2, \ldots, x_n \text{ stehen in der Relation } R}$

**Beispiele**
1. Zweistellige Relation: $\{(x, y) \mid x^2 + y^2 = 1\}$; Dreistellige Relation: $\{(x, y, z) \mid x + y + z = 4\}$
2. Die Relation $<$ (kleiner als) für $(x, y) \in \mathbb{N}^2$ heißt die **Ordnungsrelation** der natürlichen Zahlen:
$$< \; := \{(x, y) \mid (x, y) \in \mathbb{N}^2 \wedge \bigvee_{z \in \mathbb{N}} x + z = y\}.$$

mathematische Formeln und Sätze                                                                                    Tafel **26**

$R$ heißt **Äquivalenzrelation** über der Menge $M$ genau dann, wenn erfüllt ist:

**Reflexivität**         **Symmetrie**                    **Transitivität**

$\bigwedge\limits_{x \in M} x R x$,      $\bigwedge\limits_{(x,y) \in M^2} (x R y \Rightarrow y R x)$,     $\bigwedge\limits_{(x,y,z) \in M^3} (x R y \wedge y R z \Rightarrow x R z)$.

$M$ zerfällt nach $R$ in **Äquivalenzklassen** $K[x] := \{y \mid y R x\}$.

Beispiel: Äquivalenzrelationen sind: Identität $=$, Bijunktion $\Leftrightarrow$, Kongruenz $\cong$, Ähnlichkeit $\sim$.

**Relationen bei Zahlen**

| Zeichen | Sprechweise | Bedeutung | Beispiele |
|---|---|---|---|
| $=$ | gleich | die Zeichen rechts und links von „$=$" bedeuten **dasselbe Objekt** | $3 = 2 + 1$ |
| $:=$ | definitionsgemäß gleich | ein neu definiertes Zeichen wird einem Objekt zugeordnet | $\sqrt{9} := 3$ |
| $\neq$ | nicht gleich (ungleich) | Negation von „$=$" | $3 \neq 1 + 1$ |
| $\approx$ | angenähert gleich | die Zeichen rechts und links von „$\approx$" bedeuten nur unwesentlich verschiedene Zahlen | $3{,}986 \approx 4{,}0$ |
| $\simeq$ | asymptotisch gleich | der Unterschied zweier Zahlen, die durch verschiedene offene Terme beschrieben sind, unterschreitet für $x \to \infty$ jede noch so kleine Schranke | $x^2 \simeq x^2 + \dfrac{1}{x}$ |
| $\gg$ | sehr groß gegen |  | $100 \gg 0{,}001$ |
| $\ll$ | sehr klein gegen |  | $1 \ll 10^4$ |

## 3.2. Funktionen (Abbildungen)

Eine zweistellige Relation $f$ zwischen $x \in V$ und $y \in N$ heißt **Funktion (Abbildung)** von $V$ in $N$, wenn jedem $x$-Wert eindeutig ein $y$-Wert zugeordnet ist:

$\bigwedge\limits_{x \in V} \bigwedge\limits_{(y,z) \in N^2} x f y \wedge x f z \Rightarrow y = z$

Man schreibt auch statt $f: x \mapsto f(x)$ oder einfach $x \mapsto f x$ und statt $(x,y) \in f$: $y = f(x)$

Beispiel:     sin: $\mathbb{R} \to [-1; +1]$         $x \mapsto \sin x$         $y = \sin x$

$V$ heißt **Vorbereich** (Argumentbereich, Originalmenge, Definitionsbereich),

$N$ heißt **Nachbereich** (Wertevorrat, Bildmenge).

Sind $V$ und $N$ Zahlenmengen, so nennt man jedes Original (Urbild) $x \in V$ auch **Argument** (Stelle), jedes Bild $y \in N$ auch **Funktionswert** (an der Stelle $x$, falls $y = f(x)$). $x$ heißt ferner **Abszisse**, $y$ **Ordinate** des Punktes $(x, y)$ des Graphen (der graphischen Darstellung) von $f$.

Eine Funktion $f: V \to N$ heißt **surjektiv**, falls jedes $y \in N$ ein Original $x \in V$ besitzt, d.h.:

$\bigwedge\limits_{y \in N} \bigvee\limits_{x \in V} y = f(x)$

Beispiel: cos: $\mathbb{R} \to [-1; +1]$    $y = \cos x$    ist surjektiv, aber nicht injektiv.

Eine Funktion $f: V \to N$ heißt **injektiv**, falls kein $y \in N$ mehr als ein Original $x \in V$ besitzt, d.h.:

$\bigwedge\limits_{x \in V} \bigwedge\limits_{x' \in V} f(x) = f(x') \Rightarrow x = x'$

Beispiel: $\text{id}^2$: $\mathbb{R}^+ \to \mathbb{R}$      $y = x^2$      ist injektiv, aber nicht surjektiv.

Eine Funktion $f: V \to N$ heißt **bijektiv**, falls sie surjektiv und injektiv ist. In diesem Fall gibt es genau eine **Umkehrfunktion**

$f^{-1}: y \mapsto x$      $x = f^{-1}(y) \Leftrightarrow y = f(x)$

Beispiel: $\text{id}^3$: $\mathbb{R} \to \mathbb{R}$       $y = x^3$       ist bijektiv.

**Funktionsverkettung.** Ist der Nachbereich einer Funktion $f$ zugleich Vorbereich einer Funktion $g: V \xrightarrow{f} N_1 \xrightarrow{g} N_2$ so ist damit eine innere Verknüpfung o (s. 3.3) definiert:

$$(g \circ f)(x) := g(f(x))$$

Für die Funktionsverkettung gilt stets das Assoziativgesetz $h \circ (g \circ f) = (h \circ g) \circ f$

Beispiele

a) Gleichungsschreibweise:    $z = f(x) = 2x + 1$;    $y = g(z) = \sin z$;    $y = \sin(2x + 1)$
b) Funktionsschreibweise:    $f: x \mapsto 2x + 1$;    $g: z \mapsto \sin z$;    $g \circ f: x \mapsto \sin(2x + 1)$

## 3.3. Verknüpfungen

Gegeben sind 2 Mengen $M = \{x, y, z, \ldots\}$ und $O = \{\alpha, \beta, \gamma, \ldots\}$, $O$ heißt **Operatorenbereich** zu $M$.

| Zeichen | Art der Verknüpfung | Operation | Beispiele |
|---|---|---|---|
| $\top$ | innere Verknüpfung | $x \top y = z$; jedem Paar $(x, y) \in M \times M$ wird eindeutig ein $z \in M$ zugeordnet | Zahlenaddition $\quad 3 + 4 = 7$ <br> Zahlenmultiplikation $3 \cdot 4 = 12$ |
| $\bot_1$ | Äußere Verknüpfung 1. Art | $\alpha \bot_1 x = z$; jedem Paar $(\alpha, x) \in O \times M$ wird eindeutig ein $z \in M$ zugeordnet | Produkt Skalar mal Vektor <br> $\alpha \bot_1 \vec{x} = \alpha \vec{x} = \vec{z}$ |
| $\bot_2$ | Äußere Verknüpfung 2. Art | $x \bot_2 y = \alpha$; jedem Paar $(x, y) \in M \times M$ wird eindeutig ein $\alpha \in O$ zugeordnet | Skalarprodukt zweier Vektoren <br> $\vec{x} \cdot \vec{y} = x\, y \cos(\vec{x}, \vec{y}) \in \mathbb{R}$ |

## 4. Algebraische Strukturen
### 4.1. Grundbegriffe

**Gruppe, Ring, Körper**

Sind □ und o Leerstellen für zwei verschiedene innere Verknüpfungen in einer Menge $M$, so wird durch sie der Menge $M$ eine **algebraische Struktur** aufgeprägt, und zwar die Struktur

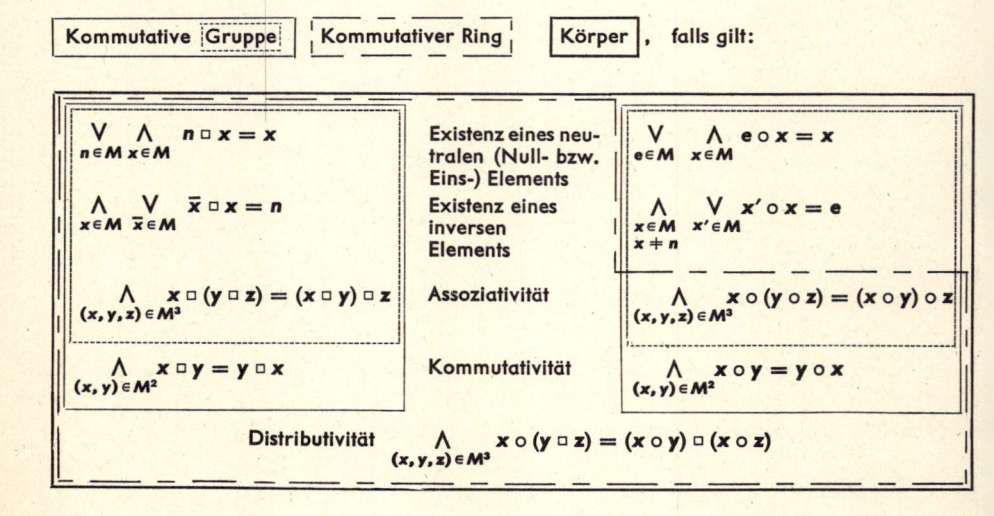

| Kommutative Gruppe | Kommutativer Ring | Körper |, falls gilt:

| Kommutative Gruppe | | Kommutativer Ring / Körper |
|---|---|---|
| $\bigvee\limits_{n \in M} \bigwedge\limits_{x \in M}\; n \square x = x$ | Existenz eines neutralen (Null- bzw. Eins-) Elements | $\bigvee\limits_{e \in M} \bigwedge\limits_{x \in M}\; e \circ x = x$ |
| $\bigwedge\limits_{x \in M} \bigvee\limits_{\bar{x} \in M}\; \bar{x} \square x = n$ | Existenz eines inversen Elements | $\bigwedge\limits_{\substack{x \in M \\ x \ne n}} \bigvee\limits_{x' \in M}\; x' \circ x = e$ |
| $\bigwedge\limits_{(x, y, z) \in M^3}\; x \square (y \square z) = (x \square y) \square z$ | Assoziativität | $\bigwedge\limits_{(x, y, z) \in M^3}\; x \circ (y \circ z) = (x \circ y) \circ z$ |
| $\bigwedge\limits_{(x, y) \in M^2}\; x \square y = y \square x$ | Kommutativität | $\bigwedge\limits_{(x, y) \in M^2}\; x \circ y = y \circ x$ |

Distributivität    $\bigwedge\limits_{(x, y, z) \in M^3}\; x \circ (y \square z) = (x \circ y) \square (x \circ z)$

Beispiele

Ersetzt man □ durch $+$, o durch $\cdot$, so ergeben sich für $M = \mathbb{Q}$ die Grundgesetze des **Körpers der rationalen Zahlen** $(\mathbb{Q}, +, \cdot)$, für $M = \mathbb{Z}$ die des **Ringes der ganzen Zahlen** $(\mathbb{Z}, +, \cdot)$.

Ersetzt man □ durch $\oplus$, so ergeben sich für $M = R_m$ (Restklassenmenge modulo $m$) die Grundgesetze der additiven Restklassengruppe mod $m$ $(R_m, \oplus)$; eine solche (endliche) Gruppe besitzt $m$ Elemente.

# Mathematische Formeln und Sätze    Tafel **26**

## Verbände

Die algebraische Struktur heißt

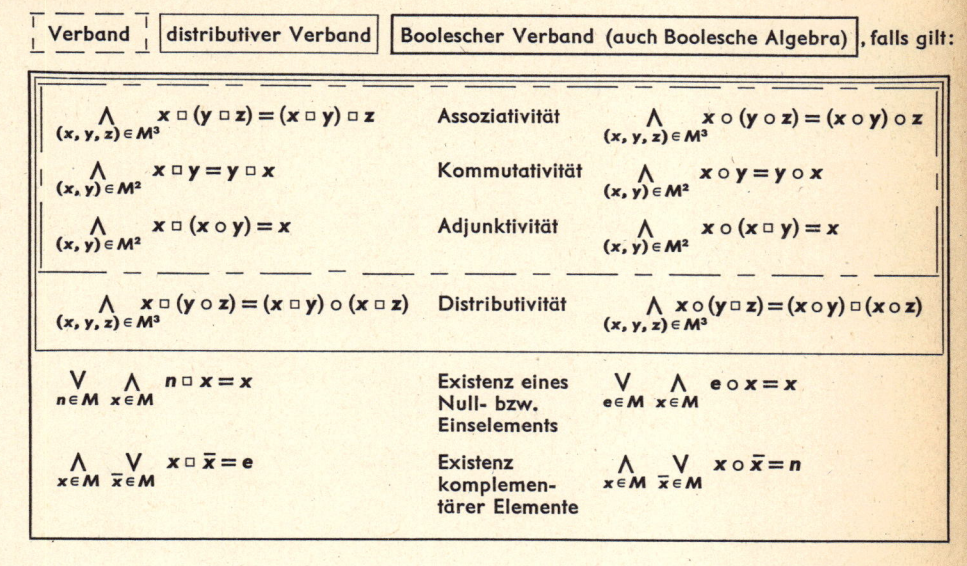

| Verband | distributiver Verband | Boolescher Verband (auch Boolesche Algebra) |, falls gilt:

$$\bigwedge_{(x,y,z)\in M^3} x \square (y \square z) = (x \square y) \square z \qquad \text{Assoziativität} \qquad \bigwedge_{(x,y,z)\in M^3} x \circ (y \circ z) = (x \circ y) \circ z$$

$$\bigwedge_{(x,y)\in M^2} x \square y = y \square x \qquad \text{Kommutativität} \qquad \bigwedge_{(x,y)\in M^2} x \circ y = y \circ x$$

$$\bigwedge_{(x,y)\in M^2} x \square (x \circ y) = x \qquad \text{Adjunktivität} \qquad \bigwedge_{(x,y)\in M^2} x \circ (x \square y) = x$$

$$\bigwedge_{(x,y,z)\in M^3} x \square (y \circ z) = (x \square y) \circ (x \square z) \qquad \text{Distributivität} \qquad \bigwedge_{(x,y,z)\in M^3} x \circ (y \square z) = (x \circ y) \square (x \circ z)$$

$$\bigvee_{n\in M} \bigwedge_{x\in M} n \square x = x \qquad \begin{array}{l}\text{Existenz eines}\\ \text{Null- bzw.}\\ \text{Einselements}\end{array} \qquad \bigvee_{e\in M} \bigwedge_{x\in M} e \circ x = x$$

$$\bigwedge_{x\in M} \bigvee_{\bar{x}\in M} x \square \bar{x} = e \qquad \begin{array}{l}\text{Existenz}\\ \text{komplemen-}\\ \text{tärer Elemente}\end{array} \qquad \bigwedge_{x\in M} \bigvee_{\bar{x}\in M} x \circ \bar{x} = n$$

### Beispiele

1. Ersetzt man $\square$ durch $\cup$, $\circ$ durch $\cap$, so ergeben sich für $M = \mathfrak{P}(N)$ (Potenzmenge einer Menge $N$) die Grundgesetze des Booleschen Mengenverbandes (vgl. 2.3!)

2. Ersetzt man $\square$ durch kgV, $\circ$ durch ggT, so ergeben sich für $M = \mathbb{N}$ die Grundgesetze des distributiven Verbandes ($\mathbb{N}$, kgV, ggT).

3. Ersetzt man $\square$ durch $\vee$, $\circ$ durch $\wedge$, so ergeben sich für $M = \{w, f\}$ die Grundgesetze des Booleschen Aussagenverbandes (vgl. 1.3)

4. Realisiert man $\square$ durch eine Parallelschaltung zweier Schalter bzw. durch ein ODER-Gatter,

$\circ$ durch eine Serienschaltung zweier Schalter bzw. durch ein UND-Gatter,

so ergeben sich für $M = \{\text{EIN, AUS}\}$ die Grundgesetze des distributiven Schalterverbandes.

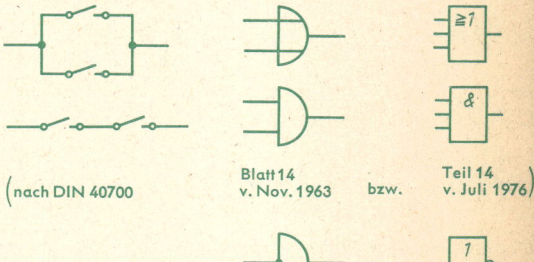

(nach DIN 40700   Blatt 14 v. Nov. 1963   bzw.   Teil 14 v. Juli 1976)

Die Hinzunahme von Negationsschaltern bzw. Negationsgattern ergibt die Grundgesetze der (Booleschen) Schaltalgebra.

## Isomorphismus

Sind $(M, \square)$ und $(N, \circ)$ zwei algebraische Strukturen und ist $f$ eine bijektive Funktion von $M$ auf $N$, dann heißt $f$ ein **Isomorphismus** von $(M, \square)$ auf $(N, \circ)$, wenn die inneren Verknüpfungen so aufeinander bezogen sind, daß gilt:

$$\bigwedge_{x_1, x_2 \in M^2} f(x_1 \square x_2) = f(x_1) \circ f(x_2)$$

Man sagt auch: $f$ ist verträglich mit den algebraischen Strukturen.

Ersetzt man $(M, \square)$ durch $(\mathbb{R}^+, \cdot)$ und $(N, \circ)$ durch $(\mathbb{R}, +)$, dann ist jede Logarithmusfunktion ein Isomorphismus zwischen $(\mathbb{R}^+, \cdot)$ und $(\mathbb{R}, +)$; denn es gilt (mit $b > 0$, $b \neq 1$; $x_1 > 0$, $x_2 > 0$; $m \neq 0$):

$$\log_b (x_1 \cdot x_2) = \log_b x_1 + \log_b x_2 \qquad \log_b x^n = n \cdot \log_b x \qquad \log_b 1 = 0$$

$$\log_b \frac{x_1}{x_2} = \log_b x_1 - \log_b x_2 \qquad \log_b \sqrt[m]{x} = \frac{1}{m} \cdot \log_b x \qquad \log_b b = 1$$

## Mathematische Formeln und Sätze

**Definitionen für Logarithmen**

Dekadischer Logarithmus ($b = 10$)

Natürlicher Logarithmus ($b = e$)

Dyadischer Logarithmus ($b = 2$)

$\log_b x = y \quad :\Leftrightarrow \quad x = b^y$

$\log_{10} x := \lg x = y \quad :\Leftrightarrow \quad x = 10^y$

$\log_e x := \ln x = y \quad :\Leftrightarrow \quad x = e^y \quad (e \approx 2{,}7183)$

$\log_2 x := \text{lb}\, x = y \quad :\Leftrightarrow \quad x = 2^y$

Umrechnungen: $\log_b x = \log_b a \cdot \log_a x$

$$b^y = e^{y \ln b}$$

$\log_b a = \dfrac{1}{\log_a b} \quad (a \neq 0,\ a \neq 1)$

$\ln 10 \approx 2{,}3026 \quad M := \lg e = \dfrac{1}{\ln 10} \approx 0{,}43429$

### 4.2. Körper der reellen Zahlen

$(\mathbb{R}, +, \cdot)$ **ist ein Körper**, der außerdem durch die Ordnungsrelation $\leq$ **archimedisch angeordnet** ist (vgl. 5) und in dem jede **Intervallschachtelung genau eine reelle Zahl** festlegt.

**Hinweis:** Setzt man in die Leerstellen (**Variablen**) der folgenden Aussageformen (**Formeln**) irgendwelche reellen Zahlen ein, so ergibt sich stets eine wahre Aussage, wenn nicht Beschränkungen dieser Grundmenge angegeben sind.

1. $(a + b)^2 = a^2 + 2ab + b^2$ ist Abkürzung für $\bigwedge\limits_{(a,b) \in \mathbb{R}^2} (a + b)^2 = a^2 + 2ab + b^2$

2. $\sqrt[n]{a} \cdot \sqrt[n]{b} = \sqrt[n]{ab}$ mit $a \geq 0,\ b \geq 0,\ n \in \mathbb{N}$ ist Abkürzung für $\bigwedge\limits_{n \in \mathbb{N}} \bigwedge\limits_{(a,b) \in \mathbb{R}_0^{+2}} \sqrt[n]{a} \cdot \sqrt[n]{b} = \sqrt[n]{ab}$

### Termumformungen

$(a \pm b)^2 = a^2 \pm 2ab + b^2 \qquad (a+b)(a-b) = a^2 - b^2 \qquad (a \pm b \pm c)^2 = a^2 + b^2 + c^2 \pm 2ab \pm 2ac \pm 2bc$

$(a \pm b)^3 = a^3 \pm 3a^2 b + 3ab^2 \pm b^3 \qquad a^3 \pm b^3 = (a \pm b)(a^2 \mp ab + b^2)$

$\dfrac{a^n - b^n}{a - b} = a^{n-1} + a^{n-2} b + a^{n-3} b^2 + \cdots + b^{n-1} \qquad (a - b \neq 0)$

### Binomischer Satz

$(a+b)^n = a^n + \binom{n}{1} a^{n-1} b + \binom{n}{2} a^{n-2} b^2 + \cdots + \binom{n}{k} a^{n-k} b^k + \cdots + b^n; \qquad n \in \mathbb{N}$

$\binom{n}{k} := \dfrac{n!}{k!(n-k)!} = \binom{n}{n-k}$

$0! := 1;\ 1! := 1;\ n! := n(n-1)!\ [= 1 \cdot 2 \cdot 3 \cdot \ldots \cdot n]$

$\binom{n}{k} + \binom{n}{k-1} = \binom{n+1}{k}$

$\binom{0}{0} := 1 \qquad \binom{n}{0} := 1 \qquad \binom{n}{n} = 1 \qquad \binom{n}{1} = \binom{n}{n-1} = n$

### Potenzen und Wurzeln (Logarithmen s. S. 45)

$a^p \cdot b^p = (ab)^p \qquad\qquad a^p \cdot a^q = a^{p+q} \qquad\qquad (a^p)^q = a^{pq} = (a^q)^p$

$a^p : b^p = \left(\dfrac{a}{b}\right)^p \ (b \neq 0) \qquad a^p : a^q = a^{p-q} \ (a \neq 0)$

$\sqrt[p]{a} \cdot \sqrt[p]{b} = \sqrt[p]{ab} \ (a \geq 0, b \geq 0) \qquad \sqrt[p]{a} : \sqrt[p]{b} = \sqrt[p]{a:b} \ (a \geq 0), (b > 0) \qquad \sqrt[q]{a^p} = a^{\frac{p}{q}} = \left(\sqrt[q]{a}\right)^p \ \begin{pmatrix} p \in \mathbb{N} \\ q \in \mathbb{N} \end{pmatrix}$

$a^0 := 1 \ (a \neq 0) \qquad\qquad a^{-p} := \dfrac{1}{a^p} \ (a \neq 0) \qquad\qquad a^{\frac{1}{q}} := \sqrt[q]{a} \ (a \geq 0)$

### Quadratische Gleichung

$x^2 + px + q = 0 \qquad x_{1,2} = -\dfrac{p}{2} \pm \sqrt{\dfrac{p^2}{4} - q} \qquad x_1 + x_2 = -p, \qquad x_1 x_2 = +q$

$ax^2 + bx + c = 0 \ (a \neq 0) \qquad x_{1,2} = \dfrac{-b \pm \sqrt{b^2 - 4ac}}{2a} \qquad x_1 + x_2 = -\dfrac{b}{a} \qquad x_1 x_2 = \dfrac{c}{a}$

Mathematische Formeln und Sätze                                                                Tafel **26**

### Endliche Folgen und Reihen

**Folge** $\langle a_n \rangle := a_1, a_2, \ldots, a_n$    $a_k$ heißt $k$-tes Glied;   $s_n$ heißt $n$-te Partialsumme

**Reihe** $s_n := a_1 + a_2 + \ldots + a_n = \sum_{k=1}^{n} a_k$

**Arithmetische Reihe**    $d := a_k - a_{k-1}$    $a_k = a_1 + (k-1)d$    $s_n = \frac{n}{2}[2a_1 + (n-1)d] = \frac{n}{2}(a_1 + a_n)$
(konstante Differenz)    $(k > 1)$

**Geometrische Reihe**    $q := \frac{a_k}{a_{k-1}}$    $a_k = a_1 \cdot q^{k-1}$    $s_n = a_1 \frac{q^n - 1}{q - 1}$
(konstanter Quotient)    $(k > 1)$

**Potenzsummen**    $\sum_{k=1}^{n} k = \frac{n(n+1)}{2}$    $\sum_{k=1}^{n} k^2 = \frac{n(n+1)(2n+1)}{6}$    $\sum_{k=1}^{n} k^3 = \frac{n^2(n+1)^2}{4}$

## 3. Lineare Algebra über $\mathbb{R}$

### 3.1. Matrizen, Determinanten, lineare Gleichungssysteme

**Matrizen**                                              Beispiele

$(m, n)$-**Matrix** mit $m$ Zeilen, $n$ Spalten                $(2; 3)$-Matrix

$$A := (a_{ik}) := \begin{pmatrix} a_{11} & a_{12} & a_{13} & \ldots & a_{1n} \\ a_{21} & a_{22} & a_{23} & \ldots & a_{2n} \\ \vdots & & & & \\ a_{m1} & a_{m2} & a_{m3} & \ldots & a_{mn} \end{pmatrix}$$

$a_{ik}$: Element in der $i$-ten Zeile und $k$-ten Spalte

$$A = \begin{pmatrix} 1 & 2 & 3 \\ 2 & 1 & 0 \end{pmatrix} \quad a_{13} = 3$$

**Sonderfälle:**

$m = 1$: einzeilige Matrix              $n = 1$: einspaltige Matrix        Zeilenmatrix        Spaltenmatrix

$$a' = (a_1, a_2, \ldots, a_n) \qquad a = \begin{pmatrix} a_1 \\ \vdots \\ a_m \end{pmatrix} \qquad (2; -1; 4; 7) \qquad \begin{pmatrix} 2 \\ 5 \\ 3 \end{pmatrix}$$

$m = n$: **Quadratische Matrix von der Ordnung $n$**        $m = n = 2$: $\begin{pmatrix} 4 & 3 \\ 0 & 1 \end{pmatrix}$

**Diagonalmatrix**                       **Einheitsmatrix**

$$D := \begin{pmatrix} a_{11} & 0 & \ldots & 0 \\ 0 & a_{22} & \ldots & 0 \\ \vdots & & & \\ 0 & 0 & \ldots & a_{nn} \end{pmatrix} \qquad E := \begin{pmatrix} 1 & 0 & 0 & \ldots & 0 \\ 0 & 1 & 0 & \ldots & 0 \\ \vdots & & & & \\ 0 & 0 & 0 & \ldots & 1 \end{pmatrix} \qquad D = \begin{pmatrix} 4 & 0 & 0 \\ 0 & 1 & 0 \\ 0 & 0 & 5 \end{pmatrix} \qquad E = \begin{pmatrix} 1 & 0 \\ 0 & 1 \end{pmatrix}$$

**Summe zweier Matrizen**    $A + B := (a_{ik}) + (b_{ik}) := (a_{ik} + b_{ik})$

$$\begin{pmatrix} 1 & 2 & 3 \\ 2 & 1 & 0 \end{pmatrix} + \begin{pmatrix} 2 & 0 & 1 \\ 4 & -1 & 3 \end{pmatrix} = \begin{pmatrix} 3 & 2 & 4 \\ 6 & 0 & 3 \end{pmatrix}$$

**Produkt einer Matrix mit einer Zahl**    $p \cdot (a_{ik}) := (p \cdot a_{ik})$

$$3 \cdot \begin{pmatrix} 13 & -2 & 5 \\ 31 & 0 & 2 \end{pmatrix} = \begin{pmatrix} 39 & -6 & 15 \\ 93 & 0 & 6 \end{pmatrix}$$

**Produkt zweier Matrizen**    $A \cdot B := (a_{ik}) \cdot (b_{ik}) := \left( \sum_{j=1}^{m} a_{ij} b_{jk} \right)$

$$\begin{pmatrix} 1 & 3 & 5 \\ -1 & 2 & 0 \end{pmatrix} \cdot \begin{pmatrix} 1 & -2 \\ 2 & 0 \\ 3 & 1 \end{pmatrix} = \begin{pmatrix} 22 & 3 \\ 3 & 2 \end{pmatrix}$$

Jedes Element $c_{ik}$ von $C = A \cdot B$ entsteht durch **Komposition (inneres Produkt)** der $i$-ten Zeile von $A$ mit der $k$-ten Spalte von $B$, d.h. die Spaltenzahl von $A$ muß gleich der Zeilenzahl von $B$ sein. Im Allgemeinen ist $A \cdot B \neq B \cdot A$.

$$\begin{pmatrix} 1 & -2 \\ 2 & 0 \\ 3 & 1 \end{pmatrix} \cdot \begin{pmatrix} 1 & 3 & 5 \\ -1 & 2 & 0 \end{pmatrix} = \begin{pmatrix} 3 & -1 & 5 \\ 2 & 6 & 10 \\ 2 & 11 & 15 \end{pmatrix}$$

Gilt $A \cdot B = E$, so heißt $B$ **inverse Matrix** zu $A$; $B := A^{-1}$.

$$A = \begin{pmatrix} 1/3 & 1/3 \\ -1/9 & 2/9 \end{pmatrix}; \quad A^{-1} = \begin{pmatrix} 2 & -3 \\ 1 & 3 \end{pmatrix}$$

## Determinanten

$$\det(a_{ik}) := \begin{vmatrix} a_{11} & a_{12} \\ a_{21} & a_{22} \end{vmatrix} := a_{11}a_{22} - a_{21}a_{12}$$
$(i, k = 1, 2)$

$$k \cdot \begin{vmatrix} a_{11} & a_{12} \\ a_{21} & a_{22} \end{vmatrix} := \begin{vmatrix} ka_{11} & ka_{12} \\ ka_{21} & ka_{22} \end{vmatrix} = \begin{vmatrix} ka_{11} & a_{12} \\ ka_{21} & a_{22} \end{vmatrix} \qquad \begin{vmatrix} a_1 & b_1+c_1 \\ a_2 & b_2+c_2 \end{vmatrix} := \begin{vmatrix} a_1 & b_1 \\ a_2 & b_2 \end{vmatrix} + \begin{vmatrix} a_1 & c_1 \\ a_2 & c_2 \end{vmatrix} \qquad \begin{vmatrix} a_{11} & a_{12} \\ ka_{11} & ka_{12} \end{vmatrix} =$$

$$\begin{vmatrix} a_{11} & a_{12} \\ a_{21} & a_{22} \end{vmatrix} = \begin{vmatrix} a_{11} & a_{21} \\ a_{12} & a_{22} \end{vmatrix} = -\begin{vmatrix} a_{12} & a_{11} \\ a_{22} & a_{21} \end{vmatrix} \qquad \begin{vmatrix} a_{11} & a_{12} \\ a_{21} & a_{22} \end{vmatrix} = \begin{vmatrix} a_{11} & a_{12}+k_1 a_{11} \\ a_{21} & a_{22}+k_1 a_{21} \end{vmatrix} = \begin{vmatrix} a_{11}+k_2 a_{21} & a_{12}+k_2 a_{22} \\ a_{21} & a_{22} \end{vmatrix}$$

$$\begin{vmatrix} a_{11} & a_{12} & a_{13} \\ a_{21} & a_{22} & a_{23} \\ a_{31} & a_{32} & a_{33} \end{vmatrix} := a_{11} \begin{vmatrix} a_{22} & a_{23} \\ a_{32} & a_{33} \end{vmatrix} - a_{12} \begin{vmatrix} a_{21} & a_{23} \\ a_{31} & a_{33} \end{vmatrix} + a_{13} \begin{vmatrix} a_{21} & a_{22} \\ a_{31} & a_{32} \end{vmatrix} = \begin{vmatrix} a_{11} & a_{12} & a_{13} \\ a_{21} & a_{22} & a_{23} \\ a_{31} & a_{32} & a_{33} \end{vmatrix} \begin{vmatrix} a_{11} & a_{12} \\ a_{21} & a_{22} \\ a_{31} & a_{32} \end{vmatrix} \qquad \text{(Regel von Sarrus)}$$

Zusammenhang zwischen quadratischen Matrizen und den zugehörigen Determinanten:

$$\det[(a_{ik}) \cdot (b_{ik})] = \det(a_{ik}) \cdot \det(b_{ik})$$
$$\det[p \cdot (a_{ik})] = p^n \det(a_{ik})$$

### Beispiele

$$\begin{vmatrix} 2 & -3 \\ 1 & 3 \end{vmatrix} = 2 \cdot 3 - 1 \cdot (-3) = 9$$

$$2 \cdot \begin{vmatrix} 2 & -3 \\ 1 & 3 \end{vmatrix} = \begin{vmatrix} 4 & -6 \\ 1 & 3 \end{vmatrix} = \begin{vmatrix} 4 & -3 \\ 2 & 3 \end{vmatrix} \qquad \begin{vmatrix} 2 & -3+x \\ 1 & 3+y \end{vmatrix} = \begin{vmatrix} 2 & -3 \\ 1 & 3 \end{vmatrix} + \begin{vmatrix} 2 & x \\ 1 & y \end{vmatrix} \qquad \begin{vmatrix} 2 & -3 \\ 10 & 15 \end{vmatrix} = \begin{vmatrix} 2 & -3 \\ 5 \cdot 2 & 5 \cdot (-3) \end{vmatrix} = 0$$

$$\begin{vmatrix} 2 & -3 \\ 1 & 3 \end{vmatrix} = \begin{vmatrix} 2 & 1 \\ -3 & 3 \end{vmatrix} = -\begin{vmatrix} -3 & 2 \\ 3 & 1 \end{vmatrix} \qquad \begin{vmatrix} 2 & -3 \\ 1 & 3 \end{vmatrix} = \begin{vmatrix} 2 & -3+4 \cdot 2 \\ 1 & 3+4 \cdot 1 \end{vmatrix} = \begin{vmatrix} 2 & 5 \\ 1 & 7 \end{vmatrix}$$

$$\begin{vmatrix} 1 & 2 & -2 \\ 1 & 2 & 1 \\ -1 & 3 & 1 \end{vmatrix} = 1 \cdot \begin{vmatrix} 2 & 1 \\ 3 & 1 \end{vmatrix} - 2 \cdot \begin{vmatrix} 1 & 1 \\ -1 & 1 \end{vmatrix} + (-2) \cdot \begin{vmatrix} 1 & 2 \\ -1 & 3 \end{vmatrix} = 1 \cdot 2 \cdot 1 + 2 \cdot 1 \cdot (-1) + (-2) \cdot 1 \cdot 3 - (-1) \cdot 2 \cdot (-2) - 3 \cdot 1 \cdot 1 - 1 \cdot 1 \cdot 1 = -15$$

## Lineare Gleichungssysteme

Ein System von $m$ linearen Gleichungen mit $n$ Variablen $x_1, x_2, \ldots, x_n$

$$a_{11} x_1 + a_{12} x_2 + \cdots + a_{1n} x_n = b_1$$
$$\wedge\ a_{21} x_1 + a_{22} x_2 + \cdots + a_{2n} x_n = b_2$$
$$\cdots$$
$$\wedge\ a_{m1} x_1 + a_{m2} x_2 + \cdots + a_{mn} x_n = b_m$$

in Vektorschreibweise:

$$x_1 \vec{a}_1 + x_2 \vec{a}_2 + \cdots + x_n \vec{a}_n = \vec{b}$$

mit $\vec{a}_i = \begin{pmatrix} a_{1i} \\ a_{2i} \\ \vdots \\ a_{mi} \end{pmatrix}$; $\vec{b} = \begin{pmatrix} b_1 \\ b_2 \\ \vdots \\ b_m \end{pmatrix}$

in Matrizenschreibweise:

$$A \cdot \vec{x} = \vec{b}$$

mit $\vec{x} = \begin{pmatrix} x_1 \\ x_2 \\ \vdots \\ x_n \end{pmatrix}$, $A = (a_{ik})$

hat genau eine Lösung $(x_1, x_2, \cdots, x_n)$, falls $m = n$ und $\det(a_{ik}) \neq 0$ ist.

**Spezialfall ($m = n = 2$):**

$$a_{11} x_1 + a_{12} x_2 = b_1$$
$$\wedge\ a_{21} x_1 + a_{22} x_2 = b_2$$

$D = \begin{vmatrix} a_{11} & a_{12} \\ a_{21} & a_{22} \end{vmatrix} \neq 0$ mit $D_1 := \begin{vmatrix} b_1 & a_{12} \\ b_2 & a_{22} \end{vmatrix}$, $D_2 := \begin{vmatrix} a_{11} & b_1 \\ a_{21} & b_2 \end{vmatrix}$ hat die Lösung $x_1 = \frac{D_1}{D}$, $x_2 = \frac{D_2}{D}$

In diesem Fall kann das Gleichungssystem $A \cdot \vec{x} = \vec{b}$ zu $\vec{x} = A^{-1} \cdot \vec{b}$ aufgelöst werden.

Mathematische Formeln und Sätze  Tafel **26**

| Beispiele | in Vektorschreibweise: | in Matrizenschreibweise: |
|---|---|---|

$2x_1 - 3x_2 = -18$
$\wedge \; x_1 + 3x_2 = 9$
$\qquad\qquad x_1 \begin{pmatrix} 2 \\ 1 \end{pmatrix} + x_2 \begin{pmatrix} -3 \\ 3 \end{pmatrix} = \begin{pmatrix} -18 \\ 9 \end{pmatrix} \qquad\qquad \begin{pmatrix} 2 & -3 \\ 1 & 3 \end{pmatrix} \begin{pmatrix} x_1 \\ x_2 \end{pmatrix} = \begin{pmatrix} -18 \\ 9 \end{pmatrix}$

$D = \begin{vmatrix} 2 & -3 \\ 1 & 3 \end{vmatrix} = 9 \neq 0; \quad D_1 = \begin{vmatrix} -18 & -3 \\ 9 & 3 \end{vmatrix} = -27; \quad D_2 = \begin{vmatrix} 2 & -18 \\ 1 & 9 \end{vmatrix} = 36$

$x_1 = \dfrac{-27}{9} = -3; \quad x_2 = \dfrac{36}{9} = 4 \qquad (x_1, x_2) = (-3; 4) \qquad \begin{pmatrix} x_1 \\ x_2 \end{pmatrix} = \begin{pmatrix} 1/3 & 1/3 \\ -1/9 & 2/9 \end{pmatrix} \cdot \begin{pmatrix} -18 \\ 9 \end{pmatrix} = \begin{pmatrix} -3 \\ 4 \end{pmatrix}$

### 4.3.2. Vektorräume

Ist $(V; \oplus)$ eine (kommutative) Gruppe und ist $(K; +; \cdot)$ ein Körper, für die es eine äußere Verknüpfung 1. Art $*$ gibt, so heißt $(V; \oplus)$ **Vektorraum** über $(K; +; \cdot)$, falls gilt:

$$\bigwedge_{\vec{a} \in V} 1 * \vec{a} = \vec{a}$$

$$\bigwedge_{(r,s) \in K^2} \bigwedge_{\vec{a} \in V} r * (s * \vec{a}) = (r \cdot s) * \vec{a} \qquad \text{gemischte Assoziativität}$$

$$\bigwedge_{(r,s) \in K^2} \bigwedge_{\vec{a} \in V} (r + s) * \vec{a} = r * \vec{a} \oplus s * \vec{a} \quad \text{Distributivität} \quad \bigwedge_{r \in K} \bigwedge_{(\vec{a}, \vec{b}) \in V^2} r * (\vec{a} \oplus \vec{b}) = r * \vec{a} \oplus r * \vec{b}$$

Bemerkung: Die ausdrückliche Unterscheidung der Verknüpfungszeichen unterbleibt in der Praxis, d.h., man schreibt z.B. $(r + s) \cdot \vec{a} = r \cdot \vec{a} + s \cdot \vec{a}$ für das eine Distributivgesetz, wenn begrifflich alles geklärt ist. $*$ heißt auch s-Multiplikation (Multiplikation mit Skalaren).

Die Elemente $\vec{a}, \vec{b}, \ldots$ aus $V$ heißen **Vektoren**, die Elemente $r, s, \ldots$ aus $K$ **Skalare** (gewöhnlich $K = \mathbb{R}$).

Beispiele

$V^2$ Vektorraum der Ebene  } [+ und $*$ sind geometrisch definiert]
$V^3$ Vektorraum des Raumes  
$M_{m;n}$ Vektorraum der $(m, n)$-Matrizen (vgl. 4.3.1)
$F_d$ Vektorraum der auf $\mathbb{R}$ differenzierbaren Funktionen $\quad [(f \oplus g)(x) := f(x) + g(x); \quad (r \cdot f)(x) := r \cdot (f(x))]$
$F_k$ Vektorraum der konvergenten Folgen.

$s_1 \vec{a}_1 + s_2 \vec{a}_2 + \cdots + s_n \vec{a}_n$ heißt **Linearkombination** der Vektoren $\vec{a}_1, \vec{a}_2, \ldots, \vec{a}_n$.
Die Vektoren $\vec{a}_1, \vec{a}_2, \ldots, \vec{a}_n$ heißen **linear unabhängig** genau dann, wenn

$$\bigwedge_{s_1, \ldots, s_n \in \mathbb{R}} (s_1 \vec{a}_1 + \cdots + s_n \vec{a}_n) = \vec{o} \; \Rightarrow \; s_1 = s_2 = \cdots = s_n = 0;$$

sonst linear abhängig, d.h.: $(\vec{a}_1, \vec{a}_2, \ldots, \vec{a}_n)$ **linear abhängig** genau dann, wenn sich mindestens einer der Vektoren $\vec{a}_i$ als Linearkombination der übrigen darstellen läßt.

Beispiele $\quad 3\vec{a}_1 + 2\vec{a}_2 - 5\vec{a}_3$ ist Linearkombination von $\vec{a}_1, \vec{a}_2, \vec{a}_3$.

$\left(\begin{pmatrix} 1 \\ 2 \end{pmatrix}, \begin{pmatrix} 0 \\ 6 \end{pmatrix}\right)$ linear unabhängig, denn: $s_1 \begin{pmatrix} 1 \\ 2 \end{pmatrix} + s_2 \begin{pmatrix} 0 \\ 6 \end{pmatrix} = \begin{pmatrix} 0 \\ 0 \end{pmatrix} \Rightarrow s_1 = s_2 = 0; \qquad \left(\begin{pmatrix} 0 \\ 2 \end{pmatrix}, \begin{pmatrix} 0 \\ 6 \end{pmatrix}\right)$ linear abhängig, denn: $\begin{pmatrix} 0 \\ 6 \end{pmatrix} = 3 \cdot \begin{pmatrix} 0 \\ 2 \end{pmatrix}.$

Eine geordnete Menge $B$ von $V$, $B = (\vec{b}_1, \ldots, \vec{b}_n)$ heißt **Basis von $V$** genau dann, wenn sich jeder Vektor $\vec{a}$ aus $V$ eindeutig als Linearkombination $\vec{a} = \sum_{i=1}^{n} s_i \vec{b}_i$ darstellen läßt. Gibt es eine Basis $B$ aus genau $n$ Vektoren aus $V$, so heißt die natürliche Zahl $n$ die **Dimension des Vektorraumes $V$**; sie ist die Maximalzahl linear unabhängiger Vektoren in $V$. Ist $B = (\vec{b}_1, \ldots, \vec{b}_n)$ eine Basis eines $n$-dimensionalen Vektorraums $V$, gilt also für jeden Vektor $\vec{x} \in V$:

$\vec{x} = \sum_{i=1}^{n} x_i \vec{b}_i$, so ist die Abbildung $K_B: V \to \mathbb{R}^n, \; \vec{x} \mapsto \begin{pmatrix} x_1 \\ \vdots \\ x_n \end{pmatrix} =: \vec{x}_B$ ein Vektorraumisomorphismus (vgl. 4.3.4).

$K_B$ heißt **Koordinatendarstellung von $V$ bezüglich $B$**, $\vec{x}_B$ der zu $\vec{x}$ gehörige **Koordinatenvektor bezüglich $B$**. (Häufig braucht zwischen $\vec{x}_B$ und $\vec{x}$ nicht unterschieden zu werden.)

## Tafel 26 — Mathematische Formeln und Sätze

Ist $V$ ein Vektorraum mit Basis $B$, $\vec{x}_i \in V$ und $\vec{x}_{i_B} = \begin{pmatrix} x_{i1} \\ \vdots \\ x_{in} \end{pmatrix}$, dann:

$(\vec{x}_1, \ldots, \vec{x}_n)$ linear unabhängig $\Leftrightarrow \begin{vmatrix} x_{11} & \ldots & x_{n1} \\ \vdots & & \vdots \\ x_{1n} & \ldots & x_{nn} \end{vmatrix} \neq 0$.

**Beispiele**

Mit $B = (\vec{b}_1, \vec{b}_2)$ und $\vec{x} = 2\vec{b}_1 - 3\vec{b}_2$ ist $\vec{x}_B = \begin{pmatrix} 2 \\ -3 \end{pmatrix}$.

Für den Vektorraum $M_{3;1}$ der 3zeiligen Spaltenmatrizen ist eine Basis: die sog. **Standardbasis** (auch Basis für $\mathbb{R}^3$). $\left( \begin{pmatrix} 1 \\ 0 \\ 0 \end{pmatrix}, \begin{pmatrix} 0 \\ 1 \\ 0 \end{pmatrix}, \begin{pmatrix} 0 \\ 0 \\ 1 \end{pmatrix} \right)$

Eine äußere Verknüpfung 2. Art $V \times V \to \mathbb{R}$, $(\vec{x}, \vec{y}) \mapsto \vec{x} \cdot \vec{y}$ heißt **Skalarprodukt** (Punktprodukt), wenn gilt:

| | | |
|---|---|---|
| $\bigwedge\limits_{(\vec{x},\vec{y},\vec{z}) \in V \times V \times V}$ | $\vec{x} \cdot (\vec{y} \oplus \vec{z}) = \vec{x} \cdot \vec{y} + \vec{x} \cdot \vec{z}$ | Distributivität |
| $\bigwedge\limits_{(\vec{x},\vec{y}) \in V \times V} \bigwedge\limits_{r \in \mathbb{R}}$ | $(r \ast \vec{x}) \cdot \vec{y} = r \cdot (\vec{x} \cdot \vec{y})$ | gemischte Assoziativität |
| $\bigwedge\limits_{(\vec{x},\vec{y}) \in V \times V}$ | $\vec{x} \cdot \vec{y} = \vec{y} \cdot \vec{x}$ | Kommutativität |
| $\bigwedge\limits_{\vec{x} \in V}$ | $\vec{x} \cdot \vec{x} > 0 \Leftrightarrow \vec{x} \neq \vec{o}$ | Positiv-Definit-Bedingung |

Ein Vektorraum über $\mathbb{R}$ mit Skalarprodukt heißt **euklidischer Vektorraum**.

### 4.3.3. Der dreidimensionale euklidische Vektorraum $V$; Basis $B = (\vec{i}, \vec{j}, \vec{k})$

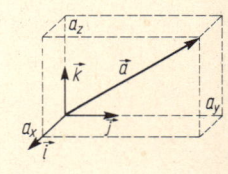

$\vec{a} \in V$, $\vec{b} \in V$ $\quad \vec{a} = a_x \vec{i} + a_y \vec{j} + a_z \vec{k} \quad \vec{b} = b_x \vec{i} + b_y \vec{j} + b_z \vec{k}$

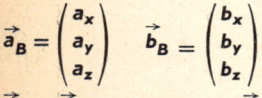

$\vec{a}_B = \begin{pmatrix} a_x \\ a_y \\ a_z \end{pmatrix} \quad \vec{b}_B = \begin{pmatrix} b_x \\ b_y \\ b_z \end{pmatrix} \quad$ (Koordinatendarstellung bezüglich der Basis $B$)

$\vec{a} = r\vec{b}$, $r \neq 0$ bedeutet $\vec{a} \parallel \vec{b}$ $\quad \vec{c} = r\vec{a} + s\vec{b}$ bedeutet $\vec{a}, \vec{b}, \vec{c}$ komplanar (linear abhängig!)

**Skalarprodukt**

$\vec{a} \cdot \vec{a} := \vec{a}^2$, $|\vec{a}| := a := \sqrt{\vec{a}^2}$ heißt **Norm (Betrag)** von $\vec{a}$.

Für $\vec{a} \neq \vec{o}$ ist $\vec{a}^0 := \dfrac{1}{a}\vec{a}$ **Einheitsvektor** in Richtung $\vec{a}$, $|\vec{a}^0| = 1$.

Für $\vec{a} \neq \vec{o}$, $\vec{b} \neq \vec{o}$ gilt $\vec{a} \perp \vec{b} :\Leftrightarrow \vec{a} \cdot \vec{b} = 0$; $\vec{a} \uparrow\uparrow \vec{b} :\Leftrightarrow \vec{a} \cdot \vec{b} = ab$; $\vec{a} \uparrow\downarrow \vec{b} :\Leftrightarrow \vec{a} \cdot \vec{b} = -ab$; $\cos(\vec{a},\vec{b}) = \dfrac{\vec{a} \cdot \vec{b}}{a \cdot b}$.

$B$ heißt **Orthonormalbasis** genau dann, wenn $\vec{i} \cdot \vec{i} = \vec{j} \cdot \vec{j} = \vec{k} \cdot \vec{k} = 1$ und $\vec{i} \cdot \vec{j} = \vec{j} \cdot \vec{k} = \vec{k} \cdot \vec{i} = 0$

Falls $B$ Orthonormalbasis, gilt $\vec{a} \cdot \vec{b} = a_x b_x + a_y b_y + a_z b_z$;

$|\vec{a}| = a = \sqrt{a_x^2 + a_y^2 + a_z^2}$; $\qquad a_x = a \cos(\vec{i}, \vec{a})$; $\qquad a_y = a \cos(\vec{j}, \vec{a})$; $\qquad a_z = a \cos(\vec{k}, \vec{a})$

**Vektorprodukt (Kreuzprodukt)** (falls $V$ orientiert)

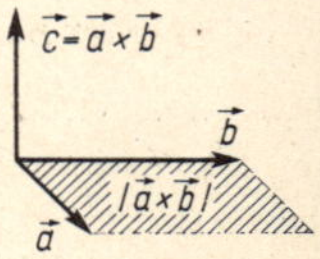

$\vec{c} = \vec{a} \times \vec{b} = -\vec{b} \times \vec{a} := \begin{vmatrix} \vec{i} & \vec{j} & \vec{k} \\ a_x & a_y & a_z \\ b_x & b_y & b_z \end{vmatrix} = \begin{vmatrix} \vec{i} & a_x & b_x \\ \vec{j} & a_y & b_y \\ \vec{k} & a_z & b_z \end{vmatrix} \quad c = |\vec{a} \times \vec{b}| = ab \cdot \sin(\vec{a}, \vec{b})$

$\vec{c} \perp$ Ebene von $\vec{a}, \vec{b}$ (Rechtsschraubung)

$\vec{c} \times (\vec{a} + \vec{b}) = \vec{c} \times \vec{a} + \vec{c} \times \vec{b}$; $\qquad |\vec{a} \times \vec{b}| = ab \Leftrightarrow \vec{a} \perp \vec{b}$; $\qquad |\vec{a} \times \vec{b}| = 0 \Leftrightarrow \vec{a} \parallel \vec{b}$

Für die Einheitsvektoren $\vec{i}, \vec{j}, \vec{k}$, gelten folgende Beziehungen:

$\vec{i} \times \vec{j} = -\vec{j} \times \vec{i} = \vec{k}$;  $\qquad \vec{j} \times \vec{k} = -\vec{k} \times \vec{j} = \vec{i}$;  $\qquad \vec{k} \times \vec{i} = -\vec{i} \times \vec{k} = \vec{j}$;  $\qquad \vec{i} \times \vec{i} = \vec{j} \times \vec{j} = \vec{k} \times \vec{k} = \vec{o}$

**Spatprodukt**

$$(\vec{a} \times \vec{b}) \cdot \vec{c} = (\vec{b} \times \vec{c}) \cdot \vec{a} = (\vec{c} \times \vec{a}) \cdot \vec{b} = \begin{vmatrix} a_x & b_x & c_x \\ a_y & b_y & c_y \\ a_z & b_z & c_z \end{vmatrix}$$

**Entwicklungssatz**

$$(\vec{a} \times \vec{b}) \times \vec{c} = (\vec{a} \cdot \vec{c}) \vec{b} - (\vec{b} \cdot \vec{c}) \vec{a}$$

$$(\vec{a} \times \vec{b}) \cdot (\vec{c} \times \vec{d}) = (\vec{a} \cdot \vec{c})(\vec{b} \cdot \vec{d}) - (\vec{a} \cdot \vec{d})(\vec{b} \cdot \vec{c}) = \begin{vmatrix} (\vec{a} \cdot \vec{c}) & (\vec{a} \cdot \vec{d}) \\ (\vec{b} \cdot \vec{c}) & (\vec{b} \cdot \vec{d}) \end{vmatrix}$$

### 4.3.4. Lineare Abbildungen  (Beispiele vgl. 4.4.3!)

$V, W$ seien Vektorräume über demselben Körper $K$. Eine Abbildung $h : V \to W$ heißt

| linear $\begin{pmatrix}\text{Vektorraum}|\text{homomorphismus,} \\ - \text{endomorphismus, falls } V = W\end{pmatrix}$ | Vektorraum\|isomorphismus, <br> $-$ automorphismus, falls $V = W$ | genau dann, falls gilt: |

$$\bigwedge_{(\vec{x}, \vec{y}) \in V \times V} h(\vec{x} + \vec{y}) = h\vec{x} + h\vec{y} \qquad \text{Verträglichkeit mit der Addition}$$

$$\bigwedge_{\vec{x} \in V} \bigwedge_{r \in K} h(r\vec{x}) = r\, h\vec{x} \qquad \text{Verträglichkeit mit der s-Multiplikation}$$

$h$ ist bijektiv

Die Menge $L(V, W)$ aller linearen Abbildungen $V \to W$ ist bezüglich Abbildungsaddition $((h_1 + h_2) x := h_1 x + h_2 x)$ und $\sim$ s-Multiplikation $((r h) \vec{x} := r (h \vec{x}))$ ein **Vektorraum**.

Der Teilvektorraum $\{\vec{x} \mid \vec{x} \in V \land h\vec{x} = \vec{o}_w\}$ von $V$ heißt **Kern von** $h$ (Kern $h$).

Der Teilvektorraum $\{\vec{x}' \mid \text{es gibt } \vec{x} \in V \land h\vec{x} = \vec{x}'\}$ von $W$ heißt **Bild von** $h$ (Bild $h$).

Hat $V$ eine Basis $B = (\vec{b}_1, \cdots, \vec{b}_n)$, also dim $V = n$, so gilt der

**Dimensionssatz** $\qquad$ **dim $V =$ dim Kern $h$ + dim Bild $h$**;  dim Bild $h := $ Rang $h$.

## 4.4. Analytische Geometrie

### 4.4.1. Affine Geometrie

Eine Menge $\Pi = \{A, B, \ldots, P, Q, \ldots, X, \ldots\}$ (von Punkten) zusammen mit einem Vektorraum $V$ heißt **affiner Raum** $(\Pi, V)$ genau dann, falls gilt:

Es gibt eine surjektive Abbildung $\alpha : \Pi \times \Pi \to V$, $(P, Q) \mapsto \vec{v}$ $\;(\vec{v} := \vec{PQ})$

$$\bigwedge_{(P, Q) \in \Pi \times \Pi} \vec{PQ} = \vec{o} \Leftrightarrow P = Q$$

$$\bigwedge_{(P, Q, R) \in \Pi \times \Pi \times \Pi} \vec{PQ} + \vec{QR} = \vec{PR}$$

Durch Wahl eines festen Punktes $O \in \Pi$ (Ursprung) ist die Abbildung $\alpha_0 : \Pi \to V$, $P \mapsto \vec{OP}$ bijektiv. $\vec{OP} := \vec{p}$ heißt **Ortsvektor** von $P$ bezüglich $O$. Ist $B$ Basis von $V$, so heißt $(O, B)$ **affines Koordinatensystem** von $(\Pi, V)$, $\vec{p}_B$ Koordinatenvektor von $P$ bezüglich $(O, B)$. **dim $(\Pi, V) := $ dim $V$**

## Mathematische Formeln und Sätze

| | Punktmenge $\Pi$ | Vektorraum $V$ | Koordinaten in der Ebene (Dim 2) | Koordinaten im Raum (Dim 3) |
|---|---|---|---|---|
| **Punkte** | $P_1, P_2, X$ | **Ortsvektoren** $\vec{p}_1, \vec{p}_2, \vec{x}$ | (2;1)-Matrizen $\binom{x_1}{y_1}, \binom{x_2}{y_2}, \binom{x}{y}$ | (3;1)-Matrizen $\begin{pmatrix}x_1\\y_1\\z_1\end{pmatrix}, \begin{pmatrix}x_2\\y_2\\z_2\end{pmatrix}, \begin{pmatrix}x\\y\\z\end{pmatrix}$ |
| **Gerade $g$ durch 2 Punkte $P_1, P_2$** $\{X \mid \overrightarrow{OX} = \overrightarrow{OP_1} + \lambda \overrightarrow{P_1P_2}\}$ $P_1 \neq P_2, \lambda \in \mathbb{R}$ | | $\{\vec{x} \mid \vec{x} = \vec{p}_1 + \lambda(\vec{p}_2 - \vec{p}_1)\}$ $\vec{p}_2 - \vec{p}_1 \neq \vec{o}, \lambda \in \mathbb{R}$ | **Parameterform** $\binom{x}{y} = \binom{x_1}{y_1} + \lambda \binom{x_2-x_1}{y_2-y_1}$ **2-Punkteform** $y - y_1 = \frac{y_2-y_1}{x_2-x_1}(x - x_1)$ | $\begin{pmatrix}x\\y\\z\end{pmatrix} = \begin{pmatrix}x_1\\y_1\\z_1\end{pmatrix} + \lambda \begin{pmatrix}x_2-x_1\\y_2-y_1\\z_2-z_1\end{pmatrix}$ $\frac{y-y_1}{x-x_1} = \frac{y_2-y_1}{x_2-x_1}$ $\wedge \frac{z-z_1}{x-x_1} = \frac{z_2-z_1}{x_2-x_1}$ |
| $P_1$ auf $x$-Achse $P_2$ auf $y$-Achse | | $\vec{p}_1 = a\vec{b}_1, a \neq 0$ $\vec{p}_2 = b\vec{b}_2, b \neq 0$ | **Achsenabschnittform** $\frac{x}{a} + \frac{y}{b} = 1$ | $\frac{x}{a} + \frac{y}{b} = 1 \wedge z = 0$ |
| **Gerade $g$ durch Punkt $P_1$, Richtung $\vec{r}$** $\{X \mid \overrightarrow{OX} = \overrightarrow{OP_1} + \lambda \vec{r}\}$ $\lambda \in \mathbb{R}$ | | $\{\vec{x} \mid \vec{x} = \vec{p}_1 + \lambda \vec{r}\}$ Richtungsvektor $\vec{r} \neq \vec{o}$ | **Parameterform** $\binom{x}{y} = \binom{x_1}{y_1} + \lambda \binom{r_x}{r_y}$ **Punkt-Richtung-Form** $y - y_1 = m(x - x_1)$ $\wedge m = \frac{r_y}{r_x}$ speziell $y_1 = n$, $x_1 = 0$ $y = mx + n$ | $\begin{pmatrix}x\\y\\z\end{pmatrix} = \begin{pmatrix}x_1\\y_1\\z_1\end{pmatrix} + \lambda \begin{pmatrix}r_x\\r_y\\r_z\end{pmatrix}$ $y - y_1 = m(x - x_1)$ $\wedge m = \frac{r_y}{r_x}$ $\wedge z - z_1 = \overline{m}(x - x_1)$ $\wedge \overline{m} = \frac{r_z}{r_x}$ |
| **parallele Geraden** $g_1 \parallel g_2$ | | $\vec{r}_1 = \lambda \vec{r}_2, \lambda \in \mathbb{R}\setminus\{0\}$ | $m_1 = m_2$ | $m_1 = m_2 \wedge \overline{m}_1 = \overline{m}_2$ |
| **Teilpunkt $X$ von $\overline{P_1P_2}$** $(X \neq P_2)$ **Teilverhältnis $\tau$** $\tau \cdot \overrightarrow{XP_2} = \overrightarrow{P_1X}$ | | $\vec{x} = \frac{\vec{p}_1 + \tau \vec{p}_2}{1+\tau}, \vec{x} \neq \vec{p}_2$ $\tau > 0, X$ innerer Punkt $\tau < 0, X$ äußerer Punkt | $x = \frac{x_1 + \tau x_2}{1+\tau}, y = \frac{y_1 + \tau y_2}{1+\tau}$ $\tau = \frac{x_1 - x}{x - x_2} = \frac{y_1 - y}{y - y_2}$ | $z = \frac{z_1 + \tau z_2}{1+\tau}$ $\tau = \frac{z_1 - z}{z - z_2}$ |
| **Mittelpunkt $M$ von $\overline{P_1P_2}$** $\tau = 1$ | | $\vec{x}_M = \frac{\vec{p}_1 + \vec{p}_2}{2}$ | $x_M = \frac{x_1 + x_2}{2}$, $y_M = \frac{y_1 + y_2}{2}$ | $z_M = \frac{z_1 + z_2}{2}$ |
| **Ebene durch 3 Punkte $P_1, P_2, P_3$** $\{X \mid \overrightarrow{OX} = \overrightarrow{OP_1} + \lambda \overrightarrow{P_1P_2} + \mu \overrightarrow{P_1P_3}\}$ $P_1, P_2, P_3$ nicht kollinear $\lambda \in \mathbb{R}, \mu \in \mathbb{R}$ | | $\{\vec{x} \mid \vec{x} = \vec{p}_1 + \lambda(\vec{p}_2-\vec{p}_1) + \mu(\vec{p}_3-\vec{p}_1)\}$ $(\vec{p}_2-\vec{p}_1), (\vec{p}_3-\vec{p}_1)$ lin. unabhängig $\lambda, \mu \in \mathbb{R}$ | $y \in \mathbb{R}$ $x \in \mathbb{R}$ | **Parameterform** $\begin{pmatrix}x\\y\\z\end{pmatrix} = \begin{pmatrix}x_1\\y_1\\z_1\end{pmatrix} + \lambda \begin{pmatrix}x_2-x_1\\y_2-y_1\\z_2-z_1\end{pmatrix} + \mu \begin{pmatrix}x_3-x_1\\y_3-y_1\\z_3-z_1\end{pmatrix}$ **Punkt-Richtung-Form** $(x-x_1) \cdot \begin{vmatrix}s_y & r_y\\s_z & r_z\end{vmatrix} + (y-y_1) \cdot \begin{vmatrix}r_x & s_x\\r_z & s_z\end{vmatrix}$ $+ (z-z_1) \cdot \begin{vmatrix}s_x & r_x\\s_y & r_y\end{vmatrix} = 0$ |
| **Ebene durch Punkt $P_1$, Richtungen $\vec{r}, \vec{s}$** $\overrightarrow{P_1P_2} = \vec{r}, \overrightarrow{P_1P_3} = \vec{s}$ | | $\vec{r}, \vec{s}$ lin. unabhängig | | |
| **Schwerpunkt $S$** eines Dreiecks $P_1P_2P_3$ | | $\vec{x}_S = \frac{\vec{p}_1 + \vec{p}_2 + \vec{p}_3}{3}$ | $x_S = \frac{x_1 + x_2 + x_3}{3}$, $y_S = \frac{y_1 + y_2 + y_3}{3}$ | $z_S = \frac{z_1 + z_2 + z_3}{3}$ |

# Mathematische Formeln und Sätze

Tafel **26**

## 4.4.2. Euklidische Geometrie

Ein affiner Raum $(\Pi, V)$ heißt **euklidischer Raum** genau dann, wenn in $V$ ein Skalarprodukt definiert ist (d.h. wenn $V$ euklidischer Vektorraum ist).
Ein **Koordinatensystem** $(O, B)$ heißt **kartesisch** genau dann, wenn $B$ **orthonormal**.

| | Punktmenge $\Pi$ | euklidischer Raum $V$ | Koordinaten in der Ebene (Dim 2) | Koordinaten im Raum (Dim 3) |
|---|---|---|---|---|
| | **Entfernung $e$ zweier Punkte $P_1$, $P_2$** $e = \|\overrightarrow{P_1 P_2}\|$ | $e = \|\vec{p_1} - \vec{p_2}\|$ | $e = \sqrt{(x_1-x_2)^2 + (y_1-y_2)^2}$ | $e = \sqrt{(x_1-x_2)^2 + (y_1-y_2)^2 + (z_1-z_2)^2}$ |
| | **orthogonale Geraden $g_1$, $g_2$** $g_1 \perp g_2$ | $\vec{r_1} \cdot \vec{r_2} = 0$ ($\vec{r_i}$ Richtung von $g_i$) | $m_i := \dfrac{r_{iy}}{r_{ix}} = \tan \alpha_i$ $m_1 \cdot m_2 = -1$ | $\overline{m}_i := \dfrac{r_{iz}}{r_{ix}}$ $m_1 \cdot m_2 + \overline{m}_1 \cdot \overline{m}_2 = -1$ |
| | **Gerade $g$/Ebene $E$ durch Punkt $P_1$, Normale $\vec{n}$** $\{X \mid \overrightarrow{P_1 X} \perp \vec{n}\}$ $\vec{n} \neq \vec{o}$ | $\{\vec{x} \mid \vec{n} \cdot (\vec{x} - \vec{p_1}) = 0\}$ $\vec{n} \neq \vec{o}$ | **Gerade – Normalform** $a(x-x_1) + b(y-y_1) = 0$ wobei $\binom{a}{b} = \vec{n}_B$, $a^2 + b^2 \neq 0$ | **Ebene** $a(x-x_1) + b(y-y_1) + c(z-z_1) = 0$ wobei $\binom{a}{b}{c} = \vec{n}_B$, $a^2 + b^2 + c^2 \neq 0$ |
| | | | **Allgemeine Form** $ax + by + k = 0$ wobei $k := -ax_1 - by_1$ | $ax + by + cz + k = 0$ wobei $k := -ax_1 - by_1 - cz_1$ |
| | **Hesse-Normierung** | $\|\vec{n}\| = 1$ | **Hessesche Normalform** $x \cdot \cos \alpha + y \cdot \sin \alpha + k = 0$ wobei $k = -x_1 \cos \alpha - y_1 \sin \alpha \leq 0$ | $x \cdot \cos \alpha_x + y \cdot \cos \alpha_y + z \cdot \cos \alpha_z + k = 0$ wobei $k \leq 0$ |
| | **Abstand $d$: Punkt $P_0$ — Gerade $g$/Ebene $E$** $d = \|\overrightarrow{P_0 F}\|$ | $d = \vec{n} \cdot \vec{p_0} + k$, $k \leq 0$ | $d = x_0 \cos \alpha + y_0 \sin \alpha + k$, wobei $k \leq 0$ | $d = x_0 \cos \alpha_z + y_0 \cos \alpha_y + z_0 \cos \alpha_z + k$, wobei $k \leq 0$ |
| | **Schnittwinkel $\varphi$ zweier Geraden/Ebenen** $\varphi = \sphericalangle (g_1, g_2)$ $[= \sphericalangle (E_1, E_2)]$ | $\varphi = \sphericalangle (\vec{r_1}, \vec{r_2}) = \sphericalangle (\vec{n_1}, \vec{n_2})$ $\cos \varphi = \dfrac{\vec{n_1} \cdot \vec{n_2}}{\|\vec{n_1}\| \cdot \|\vec{n_2}\|}$ | $\tan \varphi = \dfrac{m_2 - m_1}{1 + m_1 \cdot m_2}$ $\cos \varphi = \dfrac{a_1 a_2 + b_1 b_2}{\sqrt{a_1^2 + b_1^2} \cdot \sqrt{a_2^2 + b_2^2}}$ | $\cos \varphi = \dfrac{a_1 a_2 + b_1 b_2 + c_1 c_2}{\sqrt{a_1^2 + b_1^2 + c_1^2} \cdot \sqrt{a_2^2 + b_2^2 + c_2^2}}$ |
| | **Fläche eines Dreiecks $P_1 P_2 P_3$** $A = \|P_1 P_2 P_3\|$ | $A = \tfrac{1}{2} \|(\vec{p_2} - \vec{p_1}) \times (\vec{p_3} - \vec{p_1})\|$ | $A = \dfrac{1}{2} \left\| \begin{matrix} x_2-x_1 & x_3-x_1 \\ y_2-y_1 & y_3-y_1 \end{matrix} \right\|$ | $= \dfrac{1}{2} \left\| \begin{matrix} x_1 & y_1 & 1 \\ x_2 & y_2 & 1 \\ x_3 & y_3 & 1 \end{matrix} \right\|$ |
| | **Kreis/Kugel um $M$, Radius $r$** $\{X \mid \|\overrightarrow{MX}\| = r\}$ | $\{\vec{x} \mid (\vec{x} - \vec{x_M})^2 = r^2\}$ | $(x - x_M)^2 + (y - y_M)^2 = r^2$ | $(x - x_M)^2 + (y - y_M)^2 + (z - z_M)^2 = r^2$ |
| | **Tangente/Tangentialebene in $P_1$** $\{X \mid \overrightarrow{P_1 X} \perp \overrightarrow{P_1 M}\}$ | $\{\vec{x} \mid (\vec{x} - \vec{x_M}) \cdot (\vec{p_1} - \vec{x_M}) = r^2\}$ | $(x - x_M) \cdot (x_1 - x_M) + (y - y_M) \cdot (y_1 - y_M) = r^2$ | $(x - x_M) \cdot (x_1 - x_M) + (y - y_M) \cdot (y_1 - y_M) + (z - z_M) \cdot (z_1 - z_M) = r^2$ |

## 4.4.3. Geometrische Abbildungen

$f: \Pi \to \Pi$, $X \mapsto X'$ heißt **affine Abbildung** genau dann, wenn für die zugehörigen Ortsvektoren $\vec{x}, \vec{x}'$ gilt: $\vec{x}' = h\vec{x} + \vec{v}$, wobei $h: V \to V$ ein Vektorraumautomorphismus (vgl. 4.3.4) und $\vec{v} \in V$. Bezogen auf ein affines Koordinatensystem $(O, B)$ gilt für die zugehörigen Koordinatenmatrizen: $\vec{x}'_B = H_B \cdot \vec{x}_B + \vec{v}_B \wedge \det H_B \neq 0$; speziell für die Ebene (Dimension 2) gilt:

$$\begin{pmatrix} x' \\ y' \end{pmatrix} = \begin{pmatrix} a & b \\ c & d \end{pmatrix} \cdot \begin{pmatrix} x \\ y \end{pmatrix} + \begin{pmatrix} v_x \\ v_y \end{pmatrix} \quad \text{oder} \quad \begin{array}{l} x' = ax + by + v_x \\ y' = cx + dy + v_y \end{array} \quad \text{mit} \quad \begin{vmatrix} a & b \\ c & d \end{vmatrix} \neq 0$$

### Spezielle affine Abbildungen der Ebene, bezogen auf (O, B) kartesisch

| Name | Matrix $H_B$ | $\vec{v}$ | Invarianten |
|---|---|---|---|
| **Affinität** (allgemein) | $\begin{pmatrix} a & b \\ c & d \end{pmatrix}$ | $\vec{v} \in V$ | Geraden, Inzidenz, Parallelität, Teilverhältnis |
| **Affinität** mit x-Achse als Affinitätsachse | $\begin{pmatrix} 1 & (k-1) \cdot \cot\alpha \\ 0 & k \end{pmatrix}$ | $\vec{o}$ | |
| **Euler-Affinität** mit x-Achse und y-Achse als Affinitätsachsen | $\begin{pmatrix} k_1 & 0 \\ 0 & k_2 \end{pmatrix}$ | $\vec{o}$ | |
| **Affin** (Schief)-**Spiegelung** an x-Achse | $\begin{pmatrix} 1 & -2\cot\alpha \\ 0 & -1 \end{pmatrix}$ | $\vec{o}$ | zusätzlich: Flächeninhalt |
| **Scherung** mit x-Achse als Scherachse | $\begin{pmatrix} 1 & \tan\varphi \\ 0 & 1 \end{pmatrix}$ | $\vec{o}$ | |
| **Ähnlichkeitsabbildung** $\alpha)$ gleichsinnig $\beta)$ ungleichsinnig | $\alpha) \begin{pmatrix} a & b \\ -b & a \end{pmatrix}$ $\beta) \begin{pmatrix} a & b \\ b & -a \end{pmatrix}$ | $\vec{v} \in V$ $\vec{v} \in V$ | zusätzlich: Streckenverhältnis, Winkelgröße (Flächeninhalt nur bei $\det H_B = \pm 1$) |
| **Drehstreckung** um 0, Drehwinkel $\delta$, Streckfaktor $k$ (falls $\delta = 0$, zentrische Streckung) | $\begin{pmatrix} k\cdot\cos\delta & -k\cdot\sin\delta \\ k\cdot\sin\delta & k\cdot\cos\delta \end{pmatrix}$ | $\vec{o}$ | |
| **Kongruenzabbildung** $\alpha)$ gleichsinnig $\beta)$ gegensinnig | $\alpha) \begin{pmatrix} a & b \\ -b & a \end{pmatrix} \wedge \begin{vmatrix} a & b \\ -b & a \end{vmatrix} = 1$ $\beta) \begin{pmatrix} a & b \\ b & -a \end{pmatrix} \wedge \begin{vmatrix} a & b \\ b & -a \end{vmatrix} = -1$ | $\vec{v} \in V$ $\vec{v} \in V$ | zusätzlich: Länge |
| **Drehung** um Zentrum O Drehwinkel $\delta$ | $\begin{pmatrix} \cos\delta & -\sin\delta \\ \sin\delta & \cos\delta \end{pmatrix}$ | $\vec{o}$ | |
| **Spiegelung** an der Nullpunktgeraden $g$ | $\begin{pmatrix} \cos 2\alpha & \sin 2\alpha \\ \sin 2\alpha & -\cos 2\alpha \end{pmatrix}$ | $\vec{o}$ | |
| **Parallelverschiebung** um $\vec{v}$ (Translation $\vec{v}$) | $\begin{pmatrix} 1 & 0 \\ 0 & 1 \end{pmatrix}$ | $\vec{v} \in V$ | |

# Mathematische Formeln und Sätze  Tafel **26**

## 4.4.4. Kegelschnitte

### Achsenparallele Lage

| Gleichung für | Mittelpunkt (0; 0) | | Scheitelpunkt (0; 0) |
|---|---|---|---|
| | Kreis | Ellipse/Hyperbel | Parabel |
| **Kegelschnitt** | $x^2 + y^2 = r^2$ | $\dfrac{x^2}{a^2} \pm \dfrac{y^2}{b^2} = 1$ | $y^2 = 2px$ |
| **Tangente/Polare** | $x_1 x + y_1 y = r^2$ | $\dfrac{x_1 x}{a^2} \pm \dfrac{y_1 y}{b^2} = 1$ | $y_1 y = p(x + x_1)$ |
| **Normale** | $y = \dfrac{y_1}{x_1} \cdot x$ | $y - y_1 = \pm \dfrac{a^2 y_1}{b^2 x_1}(x - x_1)$ | $y - y_1 = -\dfrac{y_1}{p}(x - x_1)$ |
| $y = mx + n$ ist Tangente, wenn | $n^2 = r^2(m^2 + 1)$ | $n^2 = a^2 m^2 \pm b^2$ | $p = 2mn$ |
| $y = mx$ ist konjugiert zu $y = m'x$, wenn | $mm' = -1$ | $mm' = \mp \dfrac{b^2}{a^2}$ | $mm' = 0$ |
| | 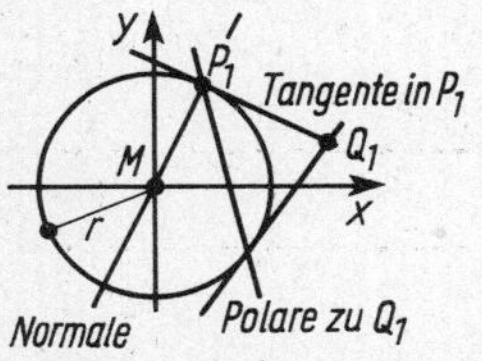 | 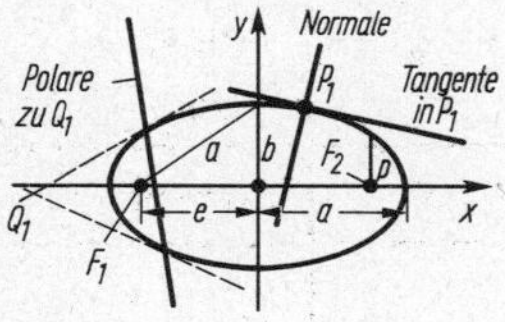 | 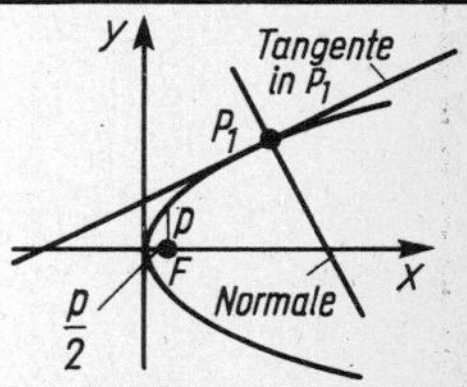 |
| **Hyperbelasymptoten** $y = \pm \dfrac{b}{a} x$ | | | Subtangente $2x_1$ <br> Subnormale $p$ <br> Abschnitt $\dfrac{4}{3} x_1 y_1$ |
| | Scheitelpunkt (0; 0) | | |
| **Exzentrizität** lineare | $e = 0$ | $e^2 = a^2 \mp b^2$ | — |
| numerische | $\varepsilon = 0$ | $\varepsilon = \dfrac{e}{a} < 1; > 1$ | $\varepsilon = 1$ |
| **Parameter 2p** (Sperrung) | $p = r$ | $p = \dfrac{b^2}{a}$ | $p$ |
| Scheitelgleichung | $y^2 = x(2r - x)$ | $y^2 = 2px \mp \dfrac{p}{a} x^2$ <br> $y^2 = px - (1 - \varepsilon^2) x^2$ | $y^2 = 2px$ |
| Polargleichung | $r = \dfrac{p}{1 - \varepsilon \cos \alpha}$ | | |

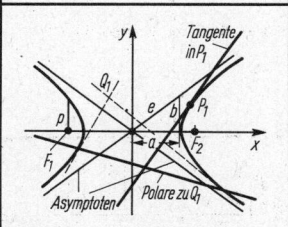

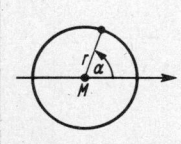

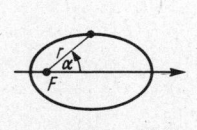

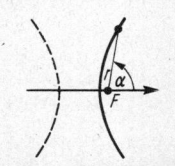

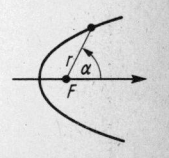

**Tafel 26**      Mathematische Formeln und Sätze

| | |
|---|---|
| **Allgem. Gleichung der Kegelschnitte** | $Ax^2 + 2Bxy + Cy^2 + 2Dx + 2Ey + F = 0$ |
| **Matrixschreibweise** | $X^T \cdot K \cdot X = 0$   mit   $X = \begin{pmatrix} x \\ y \\ 1 \end{pmatrix}$,   $K = \begin{pmatrix} A & B & D \\ B & C & E \\ D & E & F \end{pmatrix}$,   $X^T := (x, y, 1)$ |
| **Tangente und Polare** | $Ax_1x + B(xy_1 + x_1y) + Cy_1y + D(x + x_1) + E(y + y_1) + F = 0$ |
| **Matrixschreibweise** | $X^T \cdot K \cdot X_1 = 0$   mit   $X_1 = \begin{pmatrix} x_1 \\ y_1 \\ 1 \end{pmatrix}$ |
| **Invarianten** | $sp := A + C$,   $\delta := \begin{vmatrix} A & B \\ B & C \end{vmatrix}$,   $\Delta := \begin{vmatrix} A & B & D \\ B & C & E \\ D & E & F \end{vmatrix}$ |

**Vollständige Übersicht**

| | $\Delta \neq 0$ | | $\Delta = 0$ | |
|---|---|---|---|---|
| $\delta > 0$ | Ellipse imaginär | $(A \cdot \Delta < 0)$ $(A \cdot \Delta > 0)$ | Punkt | |
| $\delta < 0$ | Hyperbel | | Geradenpaar, schneidend | |
| $\delta = 0$ | Parabel | | Geradenpaar | $\begin{vmatrix} C & E \\ E & F \end{vmatrix}$ |
| | | | parallel | $< 0$ |
| | | | imaginär | $> 0$ |
| | | | zusammenfallend | $= 0$ |

| | |
|---|---|
| **Mittelpunkt** | $M\left(\dfrac{\begin{vmatrix} B & C \\ D & E \end{vmatrix}}{\delta}, \dfrac{-\begin{vmatrix} A & B \\ D & E \end{vmatrix}}{\delta}\right)$   $(\delta \neq 0)$ |
| **Richtungswinkel $\alpha$ einer Hauptachse** | $\tan 2\alpha = \dfrac{2B}{A - C}$   für   $A \neq C$ |
| **Hauptachsen Ellipse/Hyperbel** | $a = \sqrt{\left|\dfrac{\Delta}{\delta \cdot \lambda_1}\right|}$,   $b = \sqrt{\left|\dfrac{\Delta}{\delta \cdot \lambda_2}\right|}$   $(\delta \neq 0)$   wobei   $\lambda_i \in \{\lambda \mid \lambda^2 - sp \cdot \lambda + \delta = 0\}$ |
| **Parameter Parabel** | $p = \sqrt{-\dfrac{\Delta}{sp^3}}$ |

**Beispiel**

$3x^2 - 4xy + 3y^2 + 2y - 8 = 0$,   $(x\ y\ 1)\begin{pmatrix} 3 & -2 & 0 \\ -2 & 3 & 1 \\ 0 & 1 & -8 \end{pmatrix}\begin{pmatrix} x \\ y \\ 1 \end{pmatrix} = 0$

$sp = 3 + 3 = 6$,   $\delta = \begin{vmatrix} 3 & -2 \\ -2 & 3 \end{vmatrix} = 5$,   $\Delta = \begin{vmatrix} 3 & -2 & 0 \\ -2 & 3 & 1 \\ 0 & 1 & -8 \end{vmatrix} = -43$

$\delta > 0$,   $A \cdot \Delta = 3 \cdot (-43) < 0 \Rightarrow$ Ellipse,   $M(-0,4;\ -0,6)$,

$\tan 2\alpha$ nicht definiert $\Rightarrow \alpha = 45°$,   $a = 2,93$,   $b = 1,31$

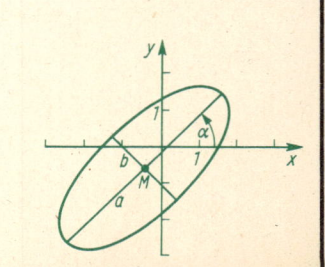

Mathematische Formeln und Sätze  Tafel **26**

### 4.5. Komplexe Zahlen

**Imaginäre Einheit i**   $i^2 := -1$   $i^{4k+n} = i^n$   ($k \in \mathbb{Z}$; $n = 0, 1, 2, 3$)
(In der Elektrotechnik wird die imaginäre Einheit mit j bezeichnet.)

**Komplexe Zahl**   $z = a + ib = r(\cos\varphi + i\sin\varphi)$,   $|z| = r = \sqrt{a^2 + b^2}$,   $\tan\varphi = \dfrac{b}{a}$

$a$: Realteil von z (Re z),      $r$: Betrag von z
$b$: Imaginärteil von z (Im z),   $\varphi$: Argument von z.

$z_1 \pm z_2 := (a_1 \pm a_2) + i(b_1 \pm b_2)$

$z_1 \cdot z_2 = (r_1 \cdot r_2) \cdot (\cos(\varphi_1 + \varphi_2) + i\sin(\varphi_1 + \varphi_2))$

$z_1 : z_2 = (r_1 : r_2) \cdot (\cos(\varphi_1 - \varphi_2) + i\sin(\varphi_1 - \varphi_2))$

**Konjugiert komplexe Zahl**   $\bar{z}\ (= a - ib)$ konjugiert komplex zu $z\ (= a + ib)$.
(Bezeichnung nach DIN 1302: $z^*$ statt $\bar{z}$.)

$\overline{z_1 + z_2} = \bar{z}_1 + \bar{z}_2$,   $\overline{z_1 \cdot z_2} = \bar{z}_1 \cdot \bar{z}_2$,   $z \cdot \bar{z} = a^2 + b^2 = r^2$

$a = \dfrac{1}{2}(z + \bar{z})$      $b = \dfrac{1}{2i}(z + \bar{z})$

**Moivrescher Satz**   $(a + ib)^n = [r(\cos\varphi + i\sin\varphi)]^n = r^n(\cos n\varphi + i\sin n\varphi)$

$\sqrt[q]{a + ib} = \sqrt[q]{r}\left(\cos\dfrac{\varphi + 2k\pi}{q} + i\sin\dfrac{\varphi + 2k\pi}{q}\right)$   ($k \in \mathbb{Z}$)  ($q \in \mathbb{N}$)

**Eulersche Formel**   $e^{ix} = \cos x + i\sin x$

$\cos x = \dfrac{e^{ix} + e^{-ix}}{2}$,   $\sin x = \dfrac{e^{ix} - e^{-ix}}{2i}$,   $e^{x + 2k\pi i} = e^x$

$\cosh x := \dfrac{e^x + e^{-x}}{2}$,   $\sinh x := \dfrac{e^x - e^{-x}}{2}$,   $\ln(a + ib) = \ln r + i\varphi + 2k\pi i$

### 5. Ordnungsstrukturen

**Grundbegriffe**

**Ordnungsrelationen** in einer Menge $M = \{x, y, z, \ldots\}$. Ist $\preceq$ (bzw. $\prec$) Leerstelle für eine zweistellige Relation, so wird dadurch der Menge $M$ eine Ordnungsstruktur aufgeprägt, und zwar die Struktur einer

| Halb(Teil)-Ordnung | Vollständigen Ordnung | Wohlordnung |, wenn gilt:

Ordnung 1. Art $\preceq$        Ordnung 2. Art $\prec$

Transitivität: $\bigwedge\limits_{(x,y,z) \in M^3} x \preceq y \wedge y \preceq z \Rightarrow x \preceq z$

Reflexivität: $\bigwedge\limits_{x \in M} x \preceq x$

Identitivität: $\bigwedge\limits_{(x,y) \in M^2} x \preceq y \wedge y \preceq x \Rightarrow x = y$

Konnexität: $\bigwedge\limits_{(x,y) \in M^2} x \preceq y \vee y \preceq x$

Transitivität: $\bigwedge\limits_{(x,y,z) \in M^3} x \prec y \wedge y \prec z \Rightarrow x \prec z$

Asymmetrie: $\bigwedge\limits_{(x,y) \in M^2} x \prec y \Rightarrow \neg(y \prec x)$

Konnexität: $\bigwedge\limits_{(x,y) \in M^2} x \neq y \Rightarrow x \prec y \vee y \prec x$

Jede nichtleere Teilmenge $T \subseteq M$ hat ein erstes Element

**Beispiele**

1. $(\mathbb{N}; |)$:      Halb(Teil)-Ordnung 1. Art      $(x | y :\Leftrightarrow x$ ist Teiler von $y)$
2. $(\mathfrak{P}(M); \subset)$:   Halb(Teil)-Ordnung 2. Art   $(T \subset S :\Leftrightarrow T$ ist echte Teilmenge von $S)$
3. $(\mathbb{Q}; \leq)$:   vollständige Ordnung 1. Art   $(x \leq y :\Leftrightarrow \bigvee\limits_{z \in \mathbb{Q}_0^+} x + z = y)$      4. $(\mathbb{N}; \leq)$: Wohlordnung 1. Art

Ist $(M; \leqq)$ eine halbgeordnete Menge und $A \subseteq M$, so heißt

$\quad s \in M$ obere **Schranke** von $A$, wenn $\bigwedge\limits_{x \in A} x \leqq s$

$\quad g \in M$ obere **Grenze** von $A$, wenn $\bigwedge\limits_{x \in A} x \leqq g \wedge \bigwedge\limits_{s \in S} g \leqq s, \quad S := \{s \mid s \in M \wedge \bigwedge\limits_{x \in A} x \leqq s\}$

Man schreibt $g = \sup A$

**Anordnung** Gelten in einem Ring $(M; +, \cdot)$ mit der vollständigen Ordnung $<$ die Beziehungen

$$\bigwedge_{(x,y,z) \in M^3} x < y \Rightarrow x + z < y + z \quad \text{und} \quad \bigwedge_{(x,y) \in M^2} 0 < x \wedge 0 < y \Rightarrow 0 < xy,$$

so heißt die Relation **Anordnung**. $(M; +, \cdot; <)$ heißt angeordneter Ring.

$\mathbb{Z}$ ist ein angeordneter Ring mit den Ordnungsrelationen $\quad \leqq$ kleiner-gleich (O. R. 1. Art)
$\mathbb{R}$ ist ein angeordneter Körper $\quad\quad\quad\quad\quad\quad\quad\quad\quad\quad\quad < $ kleiner (O. R. 2. Art)

**Archimedische Anordnung** heißt eine Anordnung, wenn zusätzlich gilt

$$\bigwedge_{(x,y) \in M^2} 0 < x \wedge 0 < y \bigvee_{n \in \mathbb{N}} x < ny \quad (n \cdot y := y + y + \cdots + y; \; n \text{ Summanden})$$

**Intervalle**

| offenes Intervall | halboffenes Intervall | abgeschlossenes Intervall |
|---|---|---|
| $]a, b[ := \{x \mid a < x < b\}$ | $]a, b] := \{x \mid a < x \leqq b\}$ | $[a, b] := \{x \mid a \leqq x \leqq b\}$ |

**Ungleichungen**

| | | |
|---|---|---|
| $a < b \Leftrightarrow a + c < b + c$ | $a < b \wedge c < d \Rightarrow a + c < b + d$ | $a < \dfrac{a+b}{2} < b \quad (a < b)$ |
| $a < b \Leftrightarrow a \cdot c < b \cdot c \quad (c > 0)$ | $a < b \Leftrightarrow a \cdot c > b \cdot c \quad (c < 0)$ | $a < b \Rightarrow a \cdot c = b \cdot c \; (c = 0)$ |
| $a < b \Leftrightarrow \dfrac{1}{a} > \dfrac{1}{b} \quad (ab > 0)$ | $a < b \Leftrightarrow \dfrac{1}{a} < \dfrac{1}{b} \quad (ab < 0)$ | |
| $a < a^2 \quad (a < 0 \vee a > 1)$ | $a > a^2 \quad (0 < a < 1)$ | $a^2 \geqq 0$ |

**Absoluter Betrag**

$|a| := \begin{cases} a & \text{für } (a \geqq 0) \\ -a & \text{für } (a < 0) \end{cases}$   $\quad |a| = |-a|$   $\quad |a| \leqq |b| \Rightarrow -|b| \leqq a \leqq |b|$

$\quad\quad\quad\quad\quad\quad\quad\quad\quad\quad\quad |a \cdot b| = |a| \cdot |b|$

$|a + b| \leqq |a| + |b| \quad$ **(Dreiecksungleichung)** $\quad\quad\quad ||a| - |b|| \leqq |a + b|$

## 6. Topologische Strukturen
### 6.1. Metrik, metrischer Raum

Gegeben: Eine **Menge** $M = \{x, y, z, \ldots\}$ und eine **Abbildung** $d: M \times M \to \mathbb{R}_0^+$.
Es heißt $d$ **Abstandsfunktion** oder **Metrik** in $M$ und $(M, d)$ **metrischer Raum** genau dann, wenn gilt:

$$\bigwedge_{x \in M} d(x,x) = 0 \quad\quad\quad\quad \bigwedge_{x \in M} \bigwedge_{y \in M} d(x,y) = d(y,x)$$

$$\bigwedge_{x \in M} \bigwedge_{y \in M} d(x,y) > 0, \text{ falls } x \neq y \quad\quad \bigwedge_{x \in M} \bigwedge_{y \in M} \bigwedge_{z \in M} d(x,y) + d(y,z) \geqq d(x,z)$$

**ε-Sphäre um $x$** $\quad\quad\quad\quad\quad\quad\quad\quad\quad\quad$ **Umgebung von $x$**

$\quad S_\varepsilon(x) := \{y \mid d(x, y) < \varepsilon \wedge \varepsilon > 0\}$ $\quad\quad U(x) \subset \mathbb{R}$ mit $x \in U(x)$ und für mindestens ein $\varepsilon$
$\quad\quad\quad\quad\quad\quad\quad\quad\quad\quad\quad\quad\quad\quad\quad\quad\quad\quad S_\varepsilon(x) \subseteq U(x)$

**Beispiele**
Metrik in $\mathbb{R}$: $d(x, y) := |x - y|$; Metrik in $\mathbb{R}^2$: $d(x, y) := \sqrt{(x_1 - y_1)^2 + (x_2 - y_2)^2}$ mit $x = (x_1, x_2)$, $y = (y_1, y_2)$.
ε-Sphäre um $x$ in $\mathbb{R}$: offenes Intervall $]x - \varepsilon, x + \varepsilon[$; ε-Sphäre um $x$ in $\mathbb{R}^2$: offene Kreisscheibe um $x$. Jede Obermenge von $]x - \varepsilon, x + \varepsilon[$ ist Umgebung von $x$ bei der üblichen metrischen Topologie über $\mathbb{R}$.

# Mathematische Formeln und Sätze — Tafel 26

## 6.2. Grenzwert, Stetigkeit bei reellen Funktionen einer reellen Variablen

**Grenzwert $g$ einer Funktion $f$ an der Stelle $x_0$:** $g := \lim\limits_{x_0} f := \lim\limits_{x \to x_0} f(x)$ genau dann, wenn

$$\bigwedge_{\varepsilon \in \mathbb{R}^+} \bigvee_{\delta \in \mathbb{R}^+} \bigwedge_{x \neq x_0} |x - x_0| < \delta \Rightarrow |g - f(x)| < \varepsilon$$

oder wenn es zu jeder Umgebung $V$ von $g$ eine Umgebung $U$ von $x_0$ so gibt, daß $f(U) \subseteq V$.

**Grenzwert $g$ einer Folge** $\langle a_n \rangle$ $a_n \to g$ für $n \to \infty$, $g := \lim\limits_{n \to \infty} a_n$ genau dann, wenn

$$\bigwedge_{\varepsilon \in \mathbb{R}^+} \bigvee_{n(\varepsilon) \in \mathbb{N}} \bigwedge_n n > n(\varepsilon) \Rightarrow |g - a_n| < \varepsilon$$

(Vgl. 6.5. Unendliche Reihen, S. 63)

**Grenzwert $s$ einer Reihe** $\sum\limits_{i=1}^{\infty} a_i$ ist der Grenzwert der Folge ihrer Partialsummen.

$s := \sum\limits_{i=1}^{\infty} a_i := \lim\limits_{n \to \infty} s_n$, wobei $s_n := \sum\limits_{i=1}^{n} a_i$ Partialsumme.

### Grenzwertsätze

$$\bigwedge_{x_0} \lim_{x \to x_0} x = x_0 \qquad \bigwedge_{x_0} \lim_{x \to x_0} k = k$$

$$\bigwedge_{f_1, f_2} \bigwedge_{x_0} \left( \bigvee_{g_1} g_1 = \lim_{x_0} f_1 \wedge \bigvee_{g_2} g_2 = \lim_{x_0} f_2 \Rightarrow \bigvee_{g} g = \lim_{x_0} (f_1 \pm f_2) \wedge g = g_1 \pm g_2 \right)$$

$$\bigwedge_{f_1, f_2} \bigwedge_{x_0} \left( \bigvee_{g_1} g_1 = \lim_{x_1} f_1 \wedge \bigvee_{g_2 \neq 0} g_2 = \lim f_2 \Rightarrow \bigvee_{g} g = \lim_{x_0} \frac{f_1}{f_2} \wedge g = \frac{g_1}{g_2} \right)$$

### Stetigkeit

Eine Funktion $f$ heißt an einer Stelle $x_0$ stetig genau dann, wenn $f(x_0)$ existiert, $\lim\limits_{x_0} f$ existiert und $\lim\limits_{x_0} f = f(x_0)$.

Es gilt: $\lim\limits_{x \to x_0} f(x) = f(\lim\limits_{x \to x_0} x)$.

$f$ heißt in $[a, b]$ stetig, falls $f$ an jeder Stelle $x \in [a, b]$ stetig ist.

### Spezielle Grenzwerte

$\lim\limits_{n \to \infty} \dfrac{1}{n} = 0 \qquad\qquad \lim\limits_{n \to \infty} \sqrt[n]{n} = 1 \qquad\qquad \lim\limits_{n \to \infty} \dfrac{x^n}{n!} = 0$

$\lim\limits_{n \to \infty} \left(1 + \dfrac{1}{n}\right)^n = e \qquad \lim\limits_{x \to 0} (1 + x)^{\frac{1}{x}} = e \qquad \lim\limits_{x \to 0} \dfrac{(1 + x)^n - 1}{x} = n$

$\lim\limits_{x \to 0} a^x = 1 \ (a \neq 0) \qquad \lim\limits_{x \to 0} x^x = 1 \ (x > 0) \qquad \lim\limits_{x \to 0} \dfrac{a^x - 1}{x} = \ln a$

$\lim\limits_{x \to \infty} \dfrac{x^a}{e^x} = 0 \ (a > 0) \qquad \lim\limits_{x \to 0} (x^a \cdot \ln x) = 0 \ (a > 0) \qquad \lim\limits_{x \to \infty} \dfrac{\ln x}{x^a} = 0 \ (a > 0)$

$\lim\limits_{x \to 0} \dfrac{\tan x}{x} = 1 \qquad\qquad \lim\limits_{x \to 0} \dfrac{\sin x}{x} = 1 \qquad\qquad \lim\limits_{x \to 0} \dfrac{1 - \cos x}{x^2} = \dfrac{1}{2}$

## 6.3. Differentialrechnung

**Definition:** Eine Funktion $f$ heißt an einer Stelle $x$ differenzierbar genau dann, wenn $\lim\limits_{x} \dfrac{f(x^*) - f(x)}{x^* - x}$ existiert.

$f$ heißt in $[a, b]$ differenzierbar, falls $f$ an jeder Stelle $x \in [a, b]$ differenzierbar ist.

Es gilt: Ist $f$ in $[a, b]$ differenzierbar, so $f$ auch in $[a, b]$ stetig. (Die Umkehrung dieses Satzes gilt nicht.)

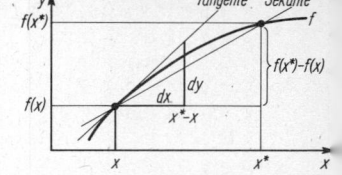

**Definition:** Diejenige Funktion $f'$, die jedem $x$ den Grenzwert $\lim\limits_{x} \dfrac{f(x^*) - f(x)}{x^* - x}$ zuordnet, heißt die **1. Ableitung von** $f$.

Schreibweisen:

$$\lim\limits_{x} \frac{f(x^*) - f(x)}{x^* - x} := f'(x).$$

Ist $y = f(x)$ die Funktionsgleichung von $f$, so schreibt man auch für die 1. Ableitung $f'(x) := \dfrac{dy}{dx} := y'$. Die Ableitung der 1. Ableitung, die 2. Ableitung, wird geschrieben als

$$(f')'(x) := f''(x) := \frac{d^2 y}{dx^2} := y''$$

### Differentiationsregeln

| Name | Termschreibweise | Differentialschreibweise |
|---|---|---|
| Summenregel (Differenzregel) | $(f \pm g)'(x) = f'(x) \pm g'(x)$ | mit $u = f(x)$ und $v = g(x)$ <br> $\dfrac{d(u \pm v)}{dx} = \dfrac{du}{dx} \pm \dfrac{dv}{dx}$ |
| s-Multiplikationsregel ($a \in \mathbb{R}$) | $(af)'(x) = a \cdot f'(x)$ | $\dfrac{d(a \cdot u)}{dx} = a \cdot \dfrac{du}{dx}$ |
| Produktregel | $(f \cdot g)'(x) = f'(x) g(x) + f(x) g'(x)$ | $\dfrac{d(uv)}{dx} = v \dfrac{du}{dx} + u \dfrac{dv}{dx}$ |
| Quotientenregel ($g(x) \neq 0$) | $\left(\dfrac{f}{g}\right)'(x) = \dfrac{f'(x) g(x) - f(x) g'(x)}{g^2(x)}$ | $\dfrac{d\left(\dfrac{u}{v}\right)}{dx} = \dfrac{v \dfrac{du}{dx} - u \dfrac{dv}{dx}}{v^2}$ |
| Kettenregel | $(g \circ f)'(x) = (g' \circ f)(x) \cdot f'(x)$ | mit $y = g(f(x))$ und $z = f(x)$ <br> $\dfrac{dy}{dx} = \dfrac{dy}{dz} \cdot \dfrac{dz}{dx}$ |
| Umkehrfunktion | $(f^{-1})'(x) = \dfrac{1}{f'(f^{-1}(x))}$ | mit $y = f^{-1}(x)$ ($x = f(y)$) <br> $\dfrac{dy}{dx} = \dfrac{1}{\dfrac{dx}{dy}}$ |

### Spezielle Ableitungen

| $f(x)$ | $f'(x)$ | $f(x)$ | $f'(x)$ | $f(x)$ | $f'(x)$ | $f(x)$ | $f'(x)$ |
|---|---|---|---|---|---|---|---|
| $k$ | $0$ | $e^x$ | $e^x$ | $\sin x$ | $\cos x$ | $\arcsin x$ | $\dfrac{1}{\sqrt{1-x^2}}$ |
| $a \cdot x^n$ ($n \in \mathbb{N}$) | $anx^{n-1}$ | $a^x$ | $a^x \cdot \ln a$ | $\cos x$ | $-\sin x$ | $\arccos x$ | $-\dfrac{1}{\sqrt{1-x^2}}$ |
| $a \cdot x^r$ ($r \in \mathbb{R}$) | $arx^{r-1}$ | $\ln x$ | $\dfrac{1}{x}$ | $\tan x$ | $\dfrac{1}{\cos^2 x}$ | $\arctan x$ | $\dfrac{1}{1+x^2}$ |
| $\sqrt{x}$ | $\dfrac{1}{2 \cdot \sqrt{x}}$ | $\lg x$ | $\dfrac{1}{x} \cdot \lg e$ | $\cot x$ | $-\dfrac{1}{\sin^2 x}$ | $\text{arccot}\, x$ | $-\dfrac{1}{1+x^2}$ |

# Mathematische Formeln und Sätze — Tafel 26

## Anwendungen der Differentialrechnung
### Kurvendiskussion

| | |
|---|---|
| $f(x) = 0$ | Nullstelle bei $x$ |
| $f'(x) > 0$ | Kurve steigt bei $x$ |
| $f'(x) < 0$ | Kurve fällt bei $x$ |
| $f'(x) = 0$ und $f''(x) < 0$ | relatives Maximum bei $x$ |
| $f'(x) = 0$ und $f''(x) > 0$ | relatives Minimum bei $x$ |
| $f''(x) < 0$ | Rechtskurve bei $x$ |
| $f''(x) > 0$ | Linkskurve bei $x$ |
| $f''(x) = 0$ und $f'''(x) \neq 0$ | Wendepunkt bei $x$ |

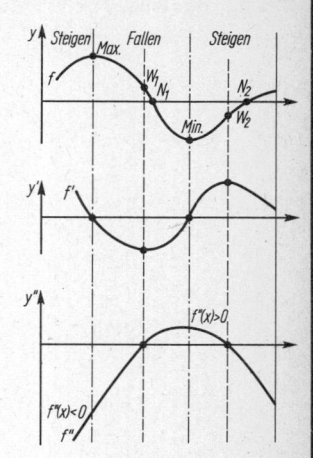

### Regel von de l'Hospital

Ist $\lim\limits_{x_0} \dfrac{f(x)}{g(x)}$ nicht nach den Grenzwertsätzen zu bestimmen, weil entweder

$$\lim_{x_0} \frac{f(x)}{g(x)} = \text{"}\frac{0}{0}\text{"} \quad \text{oder} \quad \lim_{x_0} \frac{f(x)}{g(x)} = \text{"} \pm \frac{\infty}{\infty}\text{"},$$

existiert jedoch der Bruch $\dfrac{f'(x_0)}{g'(x_0)}$, dann ist $\lim\limits_{x_0} \dfrac{f(x)}{g(x)} = \lim\limits_{x_0} \dfrac{f'(x)}{g'(x)}$.

### Differentialgeometrie

Parameterdarstellung einer Kurve: Mit $y = y(t)$ und $x = x(t)$ gilt $\dot y = \dfrac{dy}{dt}$ und $\dot x = \dfrac{dx}{dt}$ und somit

$$y'(x) = \frac{dy}{dx} = \frac{\dot y}{\dot x} \qquad y''(x) = \frac{d^2 y}{dx^2} = \frac{\dot x \ddot y - \dot y \ddot x}{\dot x^3}$$

**Radius des Krümmungskreises** $\qquad \varrho = \dfrac{(1 + y'^2)^{\frac{3}{2}}}{y''}$

**Mittelpunkt des Krümmungskreises** $\qquad x_M = x - \dfrac{y'(1 + y'^2)}{y''} \qquad y_M = y + \dfrac{1 + y'^2}{y''}$

## 6.4. Integralrechnung

**Definition**: Eine Funktion $F$ heißt **Stammfunktion** zu $f$ über $[a, b]$ genau dann, wenn $\bigwedge\limits_{x \in [a,b]} F'(x) = f(x)$.

Es gilt: Ist $F^*$ eine bestimmte Stammfunktion zu $f$, so ist für jede Stammfunktion $F$:

$$F(x) = F^*(x) + k \quad \text{mit } k \in \mathbb{R}. \quad k \text{ heißt \textbf{Integrationskonstante}.}$$

Schreibweisen: Menge aller Stammfunktionen zu $f$ (Unbestimmtes Integral):

$$\{F \mid F'(x) = f(x),\ x \in [a, b]\} := \int f(t)\, dt$$

Term derjenigen Stammfunktion, die bei $a$ eine Nullstelle hat: $F_a(x) := \int_a^x f(t)\, dt$.

**Definition**: Eine Funktion $f$ heißt **über** $[a, b]$ **integrierbar** genau dann, wenn der Grenzwert $\lim\limits_{n \to \infty} \sum\limits_{i=0}^{n} f(\xi_i) \cdot (x_{i+1} - x_i)$ unabhängig davon existiert, wie $[a, b]$ in $n$ Teilintervalle $[x_i, x_{i+1}]$ mit für jedes $i$ $\lim\limits_{n \to \infty}(x_{i+1} - x_i) = 0$ zerlegt und wie $\xi_i \in [x_i, x_{i+1}]$ gewählt wurde.

Schreibweise: **Bestimmtes Integral**: $\int_a^b f(t)\, dt := \lim\limits_{n \to \infty} \sum\limits_{i=0}^{n} f(\xi_i) \cdot (x_{i+1} - x_i)$

**Hauptsatz**: Das bestimmte Integral zu $f$ über $[a, b]$ ist gleich der Differenz der Funktionswerte $F(b)$ und $F(a)$ einer beliebigen Stammfunktion $F$ zu $f$:

$$F(b) - F(a) = \int_a^b f(t)\, dt.$$

## Integrationsregeln

| | | |
|---|---|---|
| Summenregel (Differenzregel) | $\int_a^x (f(t) \pm g(t))\,dt$ | $= \int_a^x f(t)\,dt \pm \int_a^x g(t)\,dt$ |
| s-Multiplikationsregel | $\int_a^x r \cdot f(t)\,dt$ | $= r \cdot \int_a^x f(t)\,dt \quad (r \in \mathbb{R})$ |
| Partielle Integration (Produktregel) | $\int_a^x f(t) \cdot g'(t)\,dt$ | $= f(x) \cdot g(x) - f(a) \cdot g(a) - \int_a^x f'(t) \cdot g(t)\,dt$ |
| Substitutionsregel (Kettenregel) | $\int_a^x f(g(t)) \cdot g'(t)\,dt$ | $= \int_{g(a)}^{g(x)} f(u)\,du \quad (u := g(t))$ |
| Bestimmtes Integral | $\int_a^b f(t)\,dt = -\int_b^a f(t)\,dt$ | $= \int_a^c f(t)\,dt + \int_c^b f(t)\,dt$ |

## Spezielle Integrale (ohne Integrationskonstante)

| $f(x)$ | $\int f(x)\,dx$ | $f(x)$ | $\int f(x)\,dx$ | $f(x)$ | $\int f(x)\,dx$ |
|---|---|---|---|---|---|
| $1$ | $x$ | $\dfrac{1}{1+x^2}$ | $\arctan x$ | $e^x$ | $e^x$ |
| $x^n \quad (n \neq -1)$ | $\dfrac{1}{n+1} \cdot x^{n+1}$ | $\dfrac{1}{\sqrt{1-x^2}}$ | $\arcsin x$ | $a^x$ | $\dfrac{a^x}{\ln a}$ |
| $\dfrac{1}{x}$ | $\ln|x|$ | $\dfrac{1}{a^2-x^2} \quad (x^2 < a^2)\ (a \neq 0)$ | $\dfrac{1}{2a} \cdot \ln\dfrac{x+a}{x-a}$ | $\ln x$ | $x(\ln x - 1)$ |
| $\dfrac{1}{\sqrt{x}}$ | $2\sqrt{x}$ | $\dfrac{1}{x^2-a^2} \quad (a^2 < x^2)$ | $\dfrac{-1}{2a} \cdot \ln\dfrac{x+a}{x-a}$ | $\lg x$ | $\lg e \cdot x(\ln x - 1)$ |
| $\sin x$ | $-\cos x$ | $\sin^2 x$ | $\dfrac{x}{2} - \dfrac{\sin 2x}{4}$ | $\dfrac{1}{\sin x}$ | $\ln\left|\tan\dfrac{x}{2}\right|$ |
| $\cos x$ | $\sin x$ | $\cos^2 x$ | $\dfrac{x}{2} + \dfrac{\sin 2x}{4}$ | $\dfrac{1}{\cos x}$ | $\ln\left|\tan\left(\dfrac{\pi}{4} + \dfrac{x}{2}\right)\right|$ |
| $\tan x$ | $-\ln|\cos x|$ | $\tan^2 x$ | $-x + \tan x$ | $\dfrac{1}{\sin^2 x}$ | $-\cot x$ |
| $\cot x$ | $\ln|\sin x|$ | $\cot^2 x$ | $-x - \cot x$ | $\dfrac{1}{\cos^2 x}$ | $\tan x$ |

## Anwendungen der Integralrechnung

**Ebene Flächen** (Orientierung beachten!)

Inhalt des Ebenenstücks zwischen der Kurve zu $f$ und der $x$-Achse über dem Intervall $[x_1, x_2]$: $A_{x_1}^{x_2} := \int_{x_1}^{x_2} f(x)\,dx$

Inhalt des Ebenenstücks zwischen den Kurven zu $f$ und $g$ über dem Intervall $[x_1, x_2]$: $A = \int_{x_1}^{x_2} (f(x) - g(x))\,dx$

**Bogenlänge in der Ebene**

$L = \int_{x_1}^{x_2} \sqrt{1 + y'^2}\,dx;$ für Parameterdarstellung: $L = \int_{t_1}^{t_2} \sqrt{\dot{x}^2 + \dot{y}^2}\,dt$

**Rotationskörper**

bei Rotation um die $x$-Achse: Volumen $V_x = \pi \int_{x_1}^{x_2} y^2\,dx$, Mantel $M_x = 2\pi \int_{x_1}^{x_2} y\sqrt{1 + y'^2}\,dx$

bei Rotation um die $y$-Achse: Volumen $V_y = \pi \int_{y_1}^{y_2} x^2\,dy = \int_{x_1}^{x_2} x^2 y'\,dx$

Guldins Regel für Drehkörper s. 7.2 auf S. 65

Trapez-, Simpsonregel s. 9.1 auf S. 80

# Mathematische Formeln und Sätze — Tafel 26

## 6.5. Unendliche Reihen

**Mac-Laurinsche Reihe**

$$f(x) = f(0) + \frac{x}{1} f'(0) + \frac{x^2}{1\cdot 2} f''(0) + \frac{x^3}{1\cdot 2\cdot 3} f'''(0) + \cdots + \frac{x^{n-1}}{(n-1)!} f^{(n-1)}(0) + R_n,$$

wobei $R_n = \dfrac{x^n}{n!} f^{(n)}(\vartheta x)\quad 0 < \vartheta < 1$  (n! vgl. S. 70)

**Taylorsche Reihe**

$$f(x_0 + h) = f(x_0) + h f'(x_0) + \frac{h^2}{1\cdot 2} f''(x_0) + \cdots + \frac{h^{n-1}}{(n-1)!} f^{(n-1)}(x_0) + R_n^*,$$

wobei $R_n^* = \dfrac{h^n}{n!} f^{(n)}(x_0 + \vartheta h)\quad 0 < \vartheta < 1$

**Geometrische Reihe**

$$\frac{a}{1-x} = a(1 + x + x^2 + x^3 + \cdots)\qquad (|x| < 1)$$

**Binomische Reihe**

$$(1 \pm x)^n = 1 \pm \frac{n}{1} x + \frac{n(n-1)}{1\cdot 2} x^2 \pm \cdots + (-1)^k \binom{n}{k} x^k + \cdots \qquad (n \in \mathbb{R},\ |x| < 1)$$

Allgemein: $(a+x)^n = a^n \left(1 + \dfrac{x}{a}\right)^n\quad |x| < |a|\qquad \left(\binom{n}{k}\text{ vgl. S. 70}\right)$

**Exponential-, logarithmische, trigonometrische Reihen**

$$e^x = 1 + \frac{x}{1!} + \frac{x^2}{2!} + \frac{x^3}{3!} + \frac{x^4}{4!} + \frac{x^5}{5!} + \frac{x^6}{6!} + \cdots \qquad e = 1 + 1 + \frac{1}{2!} + \frac{1}{3!} + \cdots$$

$$a^x = e^{x \ln a} = 1 + \frac{x \ln a}{1!} + \frac{(x \ln a)^2}{2!} + \frac{(x \ln a)^3}{3!} + \frac{(x \ln a)^4}{4!} + \frac{(x \ln a)^5}{5!} + \cdots \qquad (a > 0)$$

$$\ln(1+x) = \frac{x}{1} - \frac{x^2}{2} + \frac{x^3}{3} - \frac{x^4}{4} + \frac{x^5}{5} - \frac{x^6}{6} \pm \cdots\quad -1 < x \le +1 \qquad \lg x = M \ln x\quad M \approx 0{,}43429$$

$$\frac{1}{2} \ln \frac{1+x}{1-x} = x + \frac{x^3}{3} + \frac{x^5}{5} + \frac{x^7}{7} + \frac{x^9}{9} + \cdots \quad |x| < 1 \qquad \ln 2 = 1 - \frac{1}{2} + \frac{1}{3} - \frac{1}{4} + \cdots$$

$$\sin x = x - \frac{x^3}{3!} + \frac{x^5}{5!} - \frac{x^7}{7!} + \frac{x^9}{9!} - \frac{x^{11}}{11!} \pm \cdots \qquad \cos x = 1 - \frac{x^2}{2!} + \frac{x^4}{4!} - \frac{x^6}{6!} + \frac{x^8}{8!} - \frac{x^{10}}{10!} \pm \cdots$$

$$\arcsin x = x + \frac{x^3}{2\cdot 3} + \frac{1\cdot 3 \cdot x^5}{2\cdot 4\cdot 5} + \frac{1\cdot 3\cdot 5 \cdot x^7}{2\cdot 4\cdot 6\cdot 7} + \frac{1\cdot 3\cdot 5\cdot 7 \cdot x^9}{2\cdot 4\cdot 6\cdot 8\cdot 9} + \frac{1\cdot 3\cdot 5\cdot 7\cdot 9 \cdot x^{11}}{2\cdot 4\cdot 6\cdot 8\cdot 10\cdot 11} + \cdots \quad |x| < 1$$

$$\arctan x = x - \frac{x^3}{3} + \frac{x^5}{5} - \frac{x^7}{7} + \frac{x^9}{9} - \frac{x^{11}}{11} \pm \cdots \qquad |x| \le 1$$

$$\arctan 1 = \frac{\pi}{4} = 1 - \frac{1}{3} + \frac{1}{5} - \frac{1}{7} + \frac{1}{9} - \frac{1}{11} \pm \cdots \qquad \text{(Leibniz)}$$

$$\frac{\pi}{4} = 4\left(\frac{1}{5} - \frac{1}{3\cdot 5^3} + \frac{1}{5\cdot 5^5} - \cdots\right) - \left(\frac{1}{239} - \frac{1}{3\cdot 239^3} + \frac{1}{5\cdot 239^5} - \cdots\right)$$

# 7. Geometrie
## 7.1. Ebene Geometrie

Flächeninhalt A    Umfang u

### Rechtwinkliges Dreieck

$a^2 + b^2 = c^2$      $h^2 = p\,q$
(Satz des Pythagoras)  (Höhensatz)
$a^2 = c\,p,\ b^2 = c\,q$
(Kathetensatz)

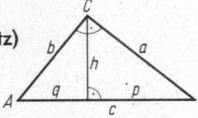

### Gleichseitiges Dreieck

$A = \dfrac{a^2}{4}\sqrt{3}$      $h = \dfrac{a}{2}\sqrt{3}$

$r = \dfrac{a}{3}\sqrt{3}$      $\varrho = \dfrac{a}{6}\sqrt{3}$

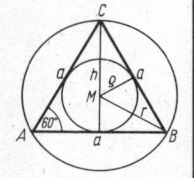

### Dreieck (allgemein)

$A = \dfrac{g\,h}{2} = \sqrt{s(s-a)(s-b)(s-c)}$
$\phantom{A} = \varrho\,s$

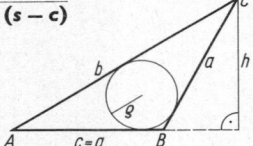

$s := \dfrac{a+b+c}{2} = \dfrac{u}{2}$

### Quadrat

$A = a^2$      $d = a\sqrt{2}$

$r = \dfrac{a}{2}\sqrt{2}$      $\varrho = \dfrac{a}{2}$

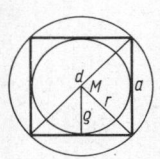

### Parallelogramm

$A = g\,h = g \cdot d \cdot \sin\alpha$
$h = d \cdot \sin\alpha$

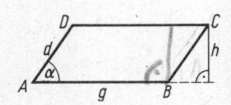

### Trapez

$A = \dfrac{a+c}{2} \cdot h = m\,h$

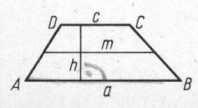

$m = \dfrac{a+c}{2}$

### Harmonische Teilung

Die Strecke $\overline{AB}$ wird genau dann durch die Punkte $P$ und $Q$ harmonisch geteilt, wenn für die Streckenlängen $AP$, $PB$ usw. gilt:

$AP : PB = AQ : QB = k$

$\dfrac{1}{AB} = \dfrac{1}{2}\left(\dfrac{1}{AP} + \dfrac{1}{AQ}\right)$

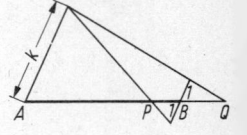

### Stetige Teilung

Die Strecke $\overline{AB}$ der Länge $r$ wird genau dann durch $T$ stetig geteilt, wenn für die Teilstreckenlängen $s$ und $(r-s)$ gilt:

$r : s = s : (r-s)$

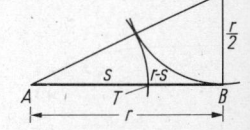

$s = \dfrac{r}{2}(\sqrt{5} - 1)$

### Kreis

$A = \pi r^2$      $u = 2\pi r$

Bogen

$b = 2\pi r\,\dfrac{\alpha°}{360°} = \alpha\,r$

mit $\quad \alpha = \dfrac{2\pi}{360°}\,\alpha°$

($\alpha$: Bogenmaß, Radiant)

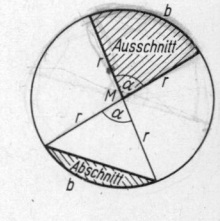

Ausschnitt

$A = \pi r^2\,\dfrac{\alpha°}{360°} = \dfrac{\alpha\,r^2}{2}$      $\left(\dfrac{2\pi}{360} \approx 0{,}01745\right)$

Abschnitt

$A = \left(\dfrac{\pi\alpha°}{180°} - \sin\alpha°\right)\dfrac{r^2}{2} = (\alpha - \sin\alpha)\dfrac{r^2}{2}$

### Ellipse

$A = \pi\,a\,b$

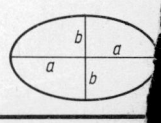

$u \approx \pi(a+b) \approx \pi\sqrt{2(a^2+b^2)}$

# Mathematische Formeln und Sätze — Tafel 26

## 7.2. Stereometrie

Volumen V    Oberfläche A    Länge der Raumdiagonale e    Mantelfläche M

**Quader**
$V = a\,b\,c$
$A = 2(ab + ac + bc)$
$e = \sqrt{a^2 + b^2 + c^2}$

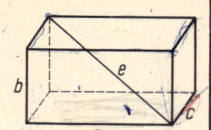

**Würfel**
$V = a^3$
$A = 6\,a^2$
$e = a\sqrt{3}$

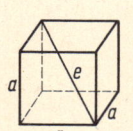

**Prisma**
$V = G\,h$

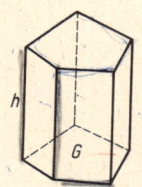

**Zylinder**
$V = \pi r^2 h$
$M = 2\pi r h$

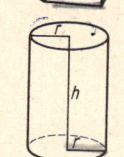

**Pyramide**
$V = \dfrac{1}{3} G\,h$

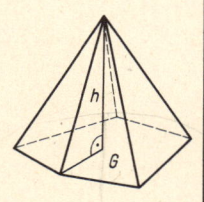

**Kegel**
$V = \dfrac{\pi}{3} r^2 h$
$M = \pi r s$

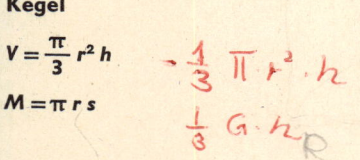

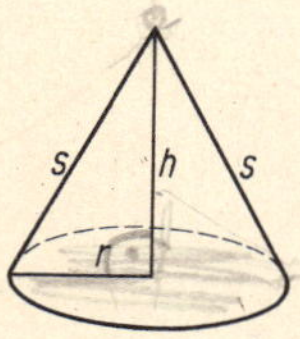

**Pyramidenstumpf**
$V = \dfrac{h}{3}\left(G_1 + \sqrt{G_1 G_2} + G_2\right)$

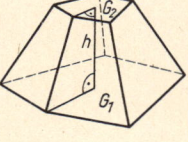

**Kegelstumpf**
$V = \dfrac{\pi h}{3}\left(r_1^2 + r_1 r_2 + r_2^2\right)$
$M = \pi s (r_1 + r_2)$

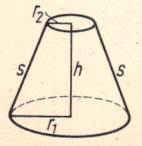

**Kugel**
$V = \dfrac{4}{3} \pi r^3$
$A = 4\pi r^2$

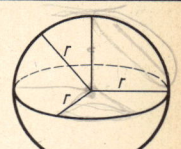

**Kugelabschnitt**
$V = \dfrac{\pi}{3} h^2 (3r - h)$
$A = 2\pi r h$ (Kappe)

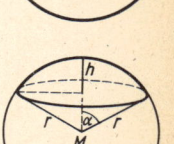

**Kugelausschnitt**
$V = \dfrac{2\pi}{3} r^2 h$

**Kugelschicht**
$V = \dfrac{\pi h}{6}\left(3\varrho_1^2 + 3\varrho_2^2 + h^2\right)$
$A = 2\pi r h$ (Zone)

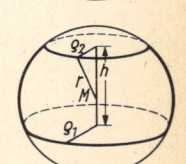

**Drehparaboloid**
$V = \dfrac{\pi}{2} r^2 h$

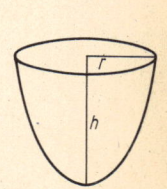

**Ellipsoid**
$V = \dfrac{4\pi}{3} a\,b\,c$

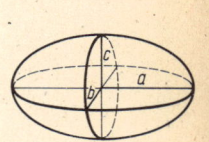

**Torus**
$V = 2\pi^2 r \varrho^2$
$A = 4\pi^2 r \varrho$

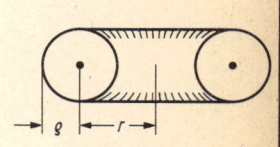

**Guldins Regel für Drehkörper**
Volumen = erzeugende Fläche mal Weg des Schwerpunkts der Fläche

Mantelfläche = Länge der erzeugenden Linie mal Weg des Schwerpunkts dieser Linie

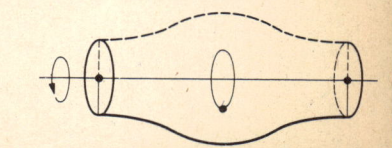

## 7.3. Ebene Trigonometrie

### Beziehungen zwischen den Winkelfunktionen

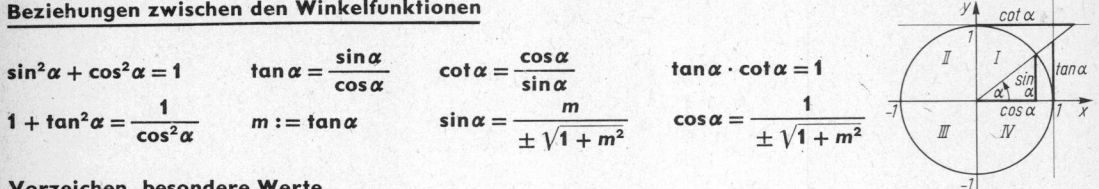

$\sin^2\alpha + \cos^2\alpha = 1 \qquad \tan\alpha = \dfrac{\sin\alpha}{\cos\alpha} \qquad \cot\alpha = \dfrac{\cos\alpha}{\sin\alpha} \qquad \tan\alpha \cdot \cot\alpha = 1$

$1 + \tan^2\alpha = \dfrac{1}{\cos^2\alpha} \qquad m := \tan\alpha \qquad \sin\alpha = \dfrac{m}{\pm\sqrt{1+m^2}} \qquad \cos\alpha = \dfrac{1}{\pm\sqrt{1+m^2}}$

### Vorzeichen, besondere Werte

| Quadrant | I | II | III | IV |
|---|---|---|---|---|
| sin | + | + | − | − |
| cos | + | − | − | + |
| tan | + | − | + | − |
| cot | + | − | + | − |

|  | 0 | $\dfrac{\pi}{6}$ | $\dfrac{\pi}{4}$ | $\dfrac{\pi}{3}$ | $\dfrac{\pi}{2}$ |
|---|---|---|---|---|---|
|  | 0° | 30° | 45° | 60° | 90° |
| sin | 0 | $\dfrac{1}{2}$ | $\dfrac{1}{2}\sqrt{2}$ | $\dfrac{1}{2}\sqrt{3}$ | 1 |
| cos | 1 | $\dfrac{1}{2}\sqrt{3}$ | $\dfrac{1}{2}\sqrt{2}$ | $\dfrac{1}{2}$ | 0 |
| tan | 0 | $\dfrac{1}{3}\sqrt{3}$ | 1 | $\sqrt{3}$ | − |
| cot | − | $\sqrt{3}$ | 1 | $\dfrac{1}{3}\sqrt{3}$ | 0 |

|  | $R \pm \alpha$ | $2R \pm \alpha$ | $(-\alpha)$ |
|---|---|---|---|
| sin | $+\cos\alpha$ | $\mp\sin\alpha$ | $-\sin\alpha$ |
| cos | $\mp\sin\alpha$ | $-\cos\alpha$ | $+\cos\alpha$ |
| tan | $\mp\cot\alpha$ | $\pm\tan\alpha$ | $-\tan\alpha$ |
| cot | $\mp\tan\alpha$ | $\pm\cot\alpha$ | $-\cot\alpha$ |

### Additionssätze

$\sin(\alpha \pm \beta) = \sin\alpha\cos\beta \pm \cos\alpha\sin\beta \qquad \sin 2\alpha = 2\sin\alpha\cos\alpha = \dfrac{2\tan\alpha}{1+\tan^2\alpha} \qquad \sin 3\alpha = 3\sin\alpha - 4\sin^3\alpha$

$\cos(\alpha \pm \beta) = \cos\alpha\cos\beta \mp \sin\alpha\sin\beta \qquad \cos 2\alpha = \cos^2\alpha - \sin^2\alpha = 1 - 2\sin^2\alpha \qquad \cos 3\alpha = 4\cos^3\alpha - 3\cos\alpha$

$= 2\cos^2\alpha - 1 = \dfrac{1-\tan^2\alpha}{1+\tan^2\alpha}$

$\tan(\alpha \pm \beta) = \dfrac{\tan\alpha \pm \tan\beta}{1 \mp \tan\alpha\tan\beta} \qquad \tan 2\alpha = \dfrac{2\tan\alpha}{1-\tan^2\alpha} \qquad \tan 3\alpha = \dfrac{3\tan\alpha - \tan^3\alpha}{1 - 3\tan^2\alpha}$

$\sin\alpha \pm \sin\beta = 2\sin\dfrac{\alpha \pm \beta}{2}\cos\dfrac{\alpha \mp \beta}{2} \qquad 1 + \cos\alpha = 2\cos^2\dfrac{\alpha}{2} \qquad 1 - \cos\alpha = 2\sin^2\dfrac{\alpha}{2}$

$\cos\alpha + \cos\beta = 2\cos\dfrac{\alpha+\beta}{2}\cos\dfrac{\alpha-\beta}{2} \qquad \cos\alpha - \cos\beta = -2\sin\dfrac{\alpha+\beta}{2}\sin\dfrac{\alpha-\beta}{2}$

### Dreiecksberechnung (vgl. auch 7.1)

**Sinussatz**

$\dfrac{a}{\sin\alpha} = \dfrac{b}{\sin\beta} = \dfrac{c}{\sin\gamma} = 2r$

(r: Umkreisradius)

**Kosinussatz**

$a^2 = b^2 + c^2 - 2bc\cos\alpha$
$b^2 = c^2 + a^2 - 2ca\cos\beta$
$c^2 = a^2 + b^2 - 2ab\cos\gamma$

**Tangenssatz**

$\dfrac{\tan\dfrac{\alpha-\beta}{2}}{\tan\dfrac{\alpha+\beta}{2}} = \dfrac{a-b}{a+b}$

**Halbwinkelsatz**

$\tan\dfrac{\alpha}{2} = \sqrt{\dfrac{(s-b)(s-c)}{s(s-a)}} = \dfrac{\varrho}{s-a} \qquad \varrho = \sqrt{\dfrac{(s-a)(s-b)(s-c)}{s}}$

**Dreiecksfläche**

$A = \dfrac{1}{2}ab\sin\gamma = \varrho s = \dfrac{abc}{4r}$

# Mathematische Formeln und Sätze

## 7.4. Sphärische Trigonometrie

### Rechtwinkliges Dreieck ($\gamma = 90°$)

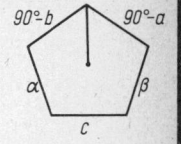

**Nepersche Regel** Der Kosinus eines Stückes ist gleich
a) dem Produkt der Kotangenten der benachbarten Stücke,
b) dem Produkt der Sinus der gegenüberliegenden Stücke,
wenn man die Katheten **a, b** durch $90° - a$, $90° - b$ ersetzt.

$\gamma = 90°$ $\quad \cos c = \cos a \cos b = \cot\alpha \cot\beta \quad\quad \cos\alpha = \cos a \sin\beta = \tan b \cot c \quad\quad \sin\alpha = \sin a : \sin c;$
$\quad\quad\quad \tan\alpha = \tan a : \sin b$

### Allgemeines Dreieck

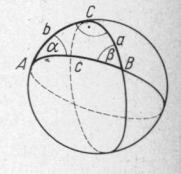

| | |
|---|---|
| **Sinussatz** | $\sin a : \sin b = \sin\alpha : \sin\beta$ |
| **Seitenkosinussatz** | $\cos a = \cos b \cos c + \sin b \sin c \cos\alpha$ |
| **Winkelkosinussatz** | $\cos\alpha = -\cos\beta \cos\gamma + \sin\beta \sin\gamma \cos a$ |
| **Kugelzweieck** | $A = \dfrac{\alpha°}{180°} \cdot 2\pi r^2 = 2\alpha r^2$ |
| **Kugeldreieck** | $A = (\alpha° + \beta° + \gamma° - 180°) \dfrac{\pi r^2}{180°} = (\alpha + \beta + \gamma - \pi) r^2$ |
| **Halbwinkelsätze** | $s := \dfrac{a+b+c}{2} \quad\quad \tan\dfrac{\alpha}{2} = \sqrt{\dfrac{\sin(s-b)\ \sin(s-c)}{\sin s\ \sin(s-a)}}$ |
| | $\sigma := \dfrac{\alpha+\beta+\gamma}{2} \quad\quad \tan\dfrac{a}{2} = \sqrt{-\dfrac{\cos\sigma\ \cos(\sigma-\alpha)}{\cos(\sigma-\beta)\ \cos(\sigma-\gamma)}}$ |

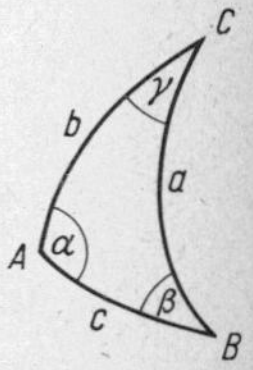

## 8. Statistik, Kombinatorik, Stochastik
## 8.1. Beschreibende Statistik

### 8.1.1. Meßreihen (Stichproben) bzgl. eines Merkmals

Gegeben: $n$ Meßwerte $x_1, x_2, \ldots, x_i, \ldots, x_n$

**Bearbeitung ohne Klasseneinteilung**

Ordnen: $x_{(1)} \leq x_{(2)} \leq \cdots \leq x_{(j)} \leq \cdots \leq x_{(n)}$

**Empirische (kumulative) Verteilungsfunktion $F$**

$$F(x) := \begin{cases} 0 & x < x_{(1)} \\ \dfrac{j}{n} & \text{für } x_{(j)} \leq x < x_{(j+1)} \\ 1 & x \geq x_{(n)} \end{cases}$$

**Mittelwerte**

**Median (Zentralwert)**
$$x_M := \begin{cases} x_{\left(\frac{n}{2}+\frac{1}{2}\right)} & \text{falls } n \text{ ungerade} \\ \dfrac{1}{2}\left(x_{\left(\frac{n}{2}\right)} + x_{\left(\frac{n}{2}+1\right)}\right) & \text{falls } n \text{ gerade} \end{cases}$$

**Arithmetisches Mittel** $\quad \bar{x} := \dfrac{1}{n}(x_1 + x_2 + \cdots + x_n) \quad\quad$ **Quadratisches Mittel** $\quad x_Q := \sqrt{\dfrac{1}{n}\left(x_1^2 + x_2^2 + \cdots + x_n^2\right)}$

**Geometrisches Mittel** $\quad x_G := \sqrt[n]{x_1 \cdot x_2 \cdots x_n} \quad\quad$ **Harmonisches Mittel** $\quad x_H := \dfrac{n}{\dfrac{1}{x_1} + \dfrac{1}{x_2} + \cdots + \dfrac{1}{x_n}}$

**Streuungsmaße**

**Empirische Varianz** $\quad s^2 := \dfrac{1}{n}\sum_{i=1}^{n}(\bar{x} - x_i)^2 = \dfrac{1}{n}\sum_{i=1}^{n} x_i^2 - \bar{x}^2$

**Empirische Standardabweichung** $\quad s := \sqrt{\dfrac{1}{n}\sum_{i=1}^{n}(\bar{x} - x_i)^2}$

## Tafel 26 — Mathematische Formeln und Sätze

Beispiel: Körpergewicht (in kg) von $n = 11$ Personen:

| $i$ | 1 | 2 | 3 | 4 | 5 | 6 | 7 | 8 | 9 | 10 | 11 |
|---|---|---|---|---|---|---|---|---|---|---|---|
| $x_i$ | 72 | 69 | 83 | 76 | 79 | 69 | 68 | 72 | 73 | 74 | 65 |

| $j$ | 1 | 2 | 3 | 4 | 5 | 6 | 7 | 8 | 9 | 10 | 11 |
|---|---|---|---|---|---|---|---|---|---|---|---|
| $x_{(j)}$ | 65 | 68 | 69 | 69 | 72 | 72 | 73 | 74 | 76 | 79 | 83 |

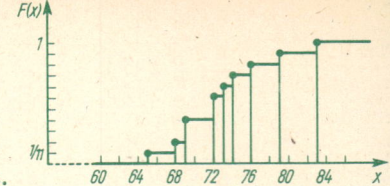

$x_M = x_{(6)} = 72$; $\quad \bar{x} = 72{,}7$; $\quad x_Q = 72{,}9$; $\quad x_G = 72{,}6$; $\quad x_H = 72{,}4$.

Ist $\bar{x}_S := 72$ geschätzt, so ist $\bar{x} = \bar{x}_S + \dfrac{1}{n}\sum_{i=1}^{n}(\bar{x}_S - x_i) = 72 + \dfrac{1}{11}\cdot 8 = 72{,}7$ (Kopfrechnen!)

$s^2 = 26{,}8$; $\quad s = 5{,}2$.

### Bearbeitung mit Klasseneinteilung

Der Bereich, in den die Meßwerte fallen, wird in $k$ Klassen $K_1, K_2, \ldots, K_k$ eingeteilt; $X_i$ sei die Klassenmitte von $K_i$, $n_i$ sei die Anzahl der Meßwerte, die in $K_i$ zu liegen kommen; $n_1 + n_2 + \cdots + n_k = n$.

Ordnung: $X_1 < X_2 < \ldots < X_k$.

**Empirische Verteilungsfunktion $f$**
$$f(x) := \begin{cases} \dfrac{n_i}{n} & \text{falls } x \in K_i \\ 0 & \text{sonst} \end{cases}$$

**Empirische (kumulative) Verteilungsfunktion $F$**
$$F(x) := \begin{cases} 0 & x < X_1 \\ \sum_{i=1}^{j} \dfrac{n_i}{n} & \text{für } X_j \leq x < X_{j+1} \\ 1 & x \geq X_k \end{cases}$$

### Mittelwerte

**Arithmetisches Mittel** $\quad \bar{X} := \dfrac{1}{n}(n_1 X_1 + n_2 X_2 + \cdots + n_k X_k)$

**Geometrisches Mittel** $\quad X_G := \sqrt[n]{X_1^{n_1} \cdot X_2^{n_2} \cdot \ldots \cdot X_k^{n_k}}$ $\qquad$ **Harmonisches Mittel** $\quad X_H := \dfrac{n}{\dfrac{n_1}{X_1} + \dfrac{n_2}{X_2} + \cdots + \dfrac{n_k}{X_k}}$

### Streuungsmaße

**Empirische Varianz** $\quad s^2 := \dfrac{1}{n}\sum_{i=1}^{k} n_i(\bar{X} - X_i)^2 = \dfrac{1}{n}\sum_{i=1}^{k} n_i X_i^2 - \bar{X}^2$

**Empirische Standardabweichung** $\quad s := \sqrt{\dfrac{1}{n}\sum_{i=1}^{k} n_i(\bar{X} - X_i)^2}$

**Beispiel**

$K_1 := [64{,}5; 69{,}5[$; $\quad K_2 := [69{,}5; 74{,}5[$; $\quad K_3 := [74{,}5; 79{,}5[$; $\quad K_4 := [79{,}5; 84{,}5[$

| $i$ | 1 | 2 | 3 | 4 |
|---|---|---|---|---|
| $X_i$ | 67 | 72 | 77 | 82 |
| $n_i$ | 4 | 4 | 2 | 1 |

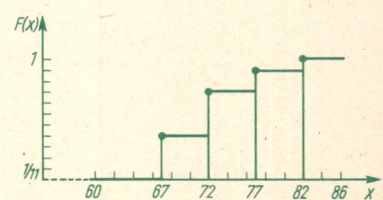

$\bar{X} = 72{,}0$; $\quad X_G = 71{,}8$; $\quad X_H = 71{,}7$.

Ist $\bar{X}_S := 72$ geschätzt, so ist $\bar{X} = \bar{X}_S + \dfrac{1}{n}\sum_{i=1}^{k} n_i(\bar{X}_S - X_i) = 72 + \dfrac{1}{11}\cdot 0 = 72$ (Kopfrechnen!)

$s^2 = 22{,}7$; $\quad s = 4{,}8$.

# Mathematische Formeln und Sätze　　　　　　　　　　　　　　Tafel **26**

## 8.1.2. Meßreihen (Stichproben) bzgl. **zweier** Merkmale

Gegeben: $n$ Meßwertepaare $(x_1, y_1), (x_2, y_2), \ldots, (x_n, y_n)$.

**Arithmetische Mittel**

$$\bar{x} = \frac{1}{n} \sum_{i=1}^{n} x_i, \qquad \bar{y} = \frac{1}{n} \sum_{i=1}^{n} y_i$$

**Regressionsgerade von $y$ auf $x$** heißt die Gerade mit der Gleichung

$$y - \bar{y} = m(x - \bar{x})$$

oder $\quad y = mx + a \quad$ mit $\quad a = \bar{y} - m\bar{x}$,

für die $\sum_{i=1}^{n}(y_i - (mx_i + a))^2$ ein **Minimum** wird. Es ist

$$m = \frac{\sum_1^n (x_i - \bar{x})(y_i - \bar{y})}{\sum_1^n (x_i - x)^2} = \frac{\sum_1^n x_i y_i - n\bar{x}\bar{y}}{\sum_1^n x_i^2 - n\bar{x}^2}.$$

$m$ heißt der **Regressionskoeffizient** der Variablen $y$ bezüglich der Variablen $x$.

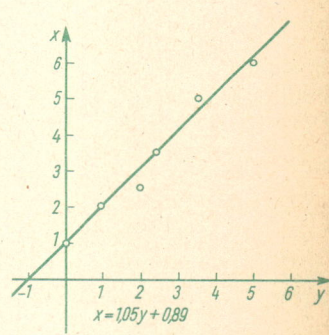

**Regressionsgerade von $x$ auf $y$** heißt entsprechend die Gerade mit der Gleichung

$$x = m^* y + a^* \quad \text{mit} \quad a^* = \bar{x} - m^* \bar{y}$$

und $\quad m^* = \dfrac{\sum_1^n (x_i - \bar{x})(y_i - \bar{y})}{\sum_1^n (y_i - y)^2} = \dfrac{\sum_1^n x_i y_i - n\bar{x}\bar{y}}{\sum_1^n y_i^2 - n\bar{y}^2}$

### Korrelationen

#### Maßkorrelation

$$r = \frac{\sum_1^n (x_i - \bar{x})(y_i - \bar{y})}{\sqrt{\sum_1^n (x_i - x^2) \sum_1^n (y_i - \bar{y})^2}} \quad \text{mit} \quad -1 \leq r \leq +1.$$

$r$ heißt der **Maßkorrelationskoeffizient** zwischen den Variablen $y$ und $x$.

**Rangkorrelation:** $N$ Merkmalspaaren $A_i, B_i$ werden Paare von Rangzahlen $(k_i, l_i)$ mit $k_i, l_i \in \{1, 2, 3, \ldots N\}$ zugeordnet $(k_i \neq k_j, l_i \neq l_j \text{ für } i \neq j)$.

$$R = 1 - \frac{6 \sum_1^N (k_i - l_i)^2}{N \cdot (N^2 - 1)} \quad \text{mit} \quad -1 \leq R \leq +1.$$

$R$ heißt der **Rangkorrelationskoeffizient**.

### Beispiele

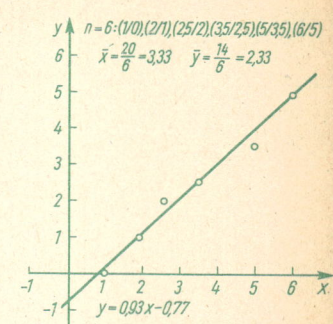

$n = 6: (1/0), (2/1), (2.5/2), (3.5/2.5), (5/3.5), (6/5)$
$\bar{x} = \frac{20}{6} = 3{,}33 \qquad \bar{y} = \frac{14}{6} = 2{,}33$

$y = 0{,}93 x - 0{,}77$

*Regressionsgerade von $y$ auf $x$*

$x = 1{,}05 y + 0{,}89$

*Regressionsgerade von $x$ auf $y$*

Größe $x$ und Gewicht $y$ einer Stichprobe von $n = 70$ Erwachsenen

| | | Größe $x$ in cm | | | | | | | |
|---|---|---|---|---|---|---|---|---|---|
| von | | 152,5 | 157,5 | 162,5 | 167,5 | 172,5 | 177,5 | 182,5 | 187,5 |
| bis unter | | 157,5 | 162,5 | 167,5 | 172,5 | 177,5 | 182,5 | 187,5 | 192,5 |
| 47,5 | 52,5 | 1 | | 3 | | | | | |
| 52,5 | 57,5 | | 2 | 4 | 1 | | | | |
| 57,5 | 62,5 | | | 3 | 4 | 2 | | | |
| 62,5 | 67,5 | | 1 | 2 | 2 | 4 | 2 | 1 | |
| 67,5 | 72,5 | | | 1 | 3 | 3 | 3 | 1 | |
| 72,5 | 77,5 | | | 1 | 1 | 2 | 3 | 3 | 1 |
| 77,5 | 82,5 | | | | | 2 | 2 | 2 | 2 |
| 82,5 | 87,5 | | | | | | 1 | 3 | 2 |
| 87,5 | 92,5 | | | | | | | | 2 |

(Gewicht $y$ in kg)

$r = 0{,}79$

### Beispiel

1. $\begin{array}{c|cccccc} k & 1,2,3,4,5,6 \\ \hline l & 2,1,5,4,3,6 \end{array}$  $R = 0{,}71$

2. $\begin{array}{c|cccccc} k & 1,2,3,4,5,6 \\ \hline l & 6,5,4,3,2,1 \end{array}$  $R = -1$ („gegenläufige Anordnung")

3. $\begin{array}{c|cccccc} k & 1,2,3,4,5,6 \\ \hline l & 1,2,3,4,5,6 \end{array}$  $R = +1$ („gleichläufige Anordnung")

69

## 8.2. Kombinatorik

**Permutationen ohne Wiederholung**: Anzahl aller möglichen Anordnungen von $n$ verschiedenen Elementen =
$$P_n = n! := 1 \cdot 2 \cdot 3 \cdot \ldots \cdot n; \quad 0! := 1; \quad 1! := 1$$
Für große $n$ gilt $\quad n! \approx n^n \cdot e^{-n} \cdot \sqrt{2\pi n} \quad$ (Stirlingsche Formel).

**Beispiel**: Aus einer Urne mit $n = 3$ Kugeln $a, b, c$ werden **alle ohne Zurücklegen** gezogen; die **Anordnung** (Reihenfolge) wird beachtet. Es gibt $3! = 6$ Ergebnisse: $(a\,b\,c)$, $(a\,c\,b)$, $(b\,a\,c)$, $(b\,c\,a)$, $(c\,a\,b)$, $(c\,b\,a)$.
$10! = 3628800; \quad 10^{10} \cdot e^{-10} \cdot \sqrt{2\pi \cdot 10} \approx 3598696. \qquad 30! \approx 2{,}6525 \cdot 10^{32}; \quad 30^{30} \cdot e^{-30} \cdot \sqrt{2\pi \cdot 30} \approx 2{,}6452 \cdot 10^{32}.$

**Permutationen mit Wiederholung**: Anzahl aller möglichen Anordnungen von $n$ Elementen, von denen je $n_1$, $n_2, \ldots, n_k$ ($n_1 + n_2 + \cdots + n_k = n$) untereinander **gleich** sind = Anzahl aller Möglichkeiten, $n$ Elemente auf $k$ Kästen $K_1, K_2, \ldots, K_k$ so zu verteilen, daß $n_i$ Elemente in Kasten $K_i$ zu liegen kommen

$$P_{n,k} = \frac{n!}{n_1! \, n_2! \ldots n_k!}$$

**Beispiel**: Aus einer Urne mit $n_1 = 2$ roten und $n_2 = 3$ blauen Kugeln $r_1, r_2, b_1, b_2, b_3$ ($n = n_1 + n_2 = 5$) werden alle **ohne Zurücklegen** gezogen; die **wesentliche Anordnung** wird beachtet (d. h. $(r_1\,r_2\,b_1\,b_2\,b_3)$ wird von $(r_2\,r_1\,b_3\,b_1\,b_2)$ nicht unterschieden). Es gibt $\frac{5!}{2!\,3!} = 10$ Ergebnisse: $(r_1\,r_2\,b_1\,b_2\,b_3)$, $(r_1\,b_1\,r_2\,b_2\,b_3)$, $(r_1\,b_1\,b_2\,r_2\,b_3)$, $(r_1\,b_1\,b_2\,b_3\,r_2)$, $(b_1\,r_1\,b_2\,r_2\,b_3)$, $(b_1\,b_2\,r_1\,b_3\,r_2)$, $(b_1\,b_2\,b_3\,r_1\,r_2)$, $(b_1\,r_1\,b_2\,b_3\,r_2)$, $(b_1\,r_1\,r_2\,b_2\,b_3)$, $(b_1\,b_2\,r_1\,r_2\,b_3)$.

**Variationen ohne Wiederholung**: Anzahl aller möglichen Anordnungen von $k$ verschiedenen Elementen, die aus $n$ verschiedenen Elementen gewählt werden = Anzahl aller geordneten Stichproben vom Umfang $k$ aus $n$ Elementen

$$V_{n,k} = n \cdot (n-1) \cdot \ldots \cdot (n-k+1) = \frac{n!}{(n-k)!}$$

**Beispiel**: Aus einer Urne mit $n = 3$ Kugeln $a, b, c$ werden $k = 2$ **ohne Zurücklegen** gezogen; die **Anordnung** (Reihenfolge) wird beachtet. Es gibt $\frac{3!}{(3-2)!} = 6$ Ergebnisse: $(a\,b)$, $(b\,a)$, $(a\,c)$, $(c\,a)$, $(b\,c)$, $(c\,b)$.

**Variationen mit Wiederholung**: Anzahl aller $k$-Tupel aus $n$ verschiedenen Elementen
$$\bar{V}_{n,k} = n^k$$

**Beispiel**: Wie vorstehend, jedoch **mit Zurücklegen**; die **Anordnung** (Reihenfolge) wird beachtet. Es gibt $3^2 = 9$ Ergebnisse: $(a\,a)$, $(a\,b)$, $(a\,c)$, $(b\,a)$, $(b\,b)$, $(b\,c)$, $(c\,a)$, $(c\,b)$, $(c\,c)$.

**Kombinationen ohne Wiederholung**: Anzahl der $k$-elementigen Teilmengen einer $n$-elementigen Menge

$$K_{n,k} = \binom{n}{k} := \frac{n \cdot (n-1) \cdot \ldots \cdot (n-k+1)}{k!}$$

**Beispiel**: Aus einer Urne mit $n = 3$ Kugeln $a, b, c$ werden $k = 2$ **ohne Zurücklegen** gezogen. Es gibt $\binom{3}{2} = \frac{3 \cdot 2}{1 \cdot 2} = 3$ Ergebnisse: $\{a, b\}$, $\{a, c\}$, $\{b, c\}$.

**Kombination mit Wiederholung**: Anzahl der Kombinationen von $k$ Elementen aus $n$ Elementen, wobei auch jedes Element 2, 3, …, $k$-fach mit sich selbst kombiniert werden darf = Anzahl aller Möglichkeiten, $k$ ununterscheidbare Elemente auf $n$ Kästchen zu verteilen

$$\bar{K}_{n,k} = \frac{(n+k-1) \cdot (n+k-2) \cdot \ldots \cdot (n+1) \cdot n}{k!} = \binom{n+k-1}{k}$$

**Beispiel**: Wie vorstehend, jedoch **mit Zurücklegen**. Es gibt $\binom{4}{2} = \frac{4 \cdot 3}{1 \cdot 2} = 6$ Ergebnisse: $a\,a$, $a\,b$, $a\,c$, $b\,b$, $b\,c$, $c\,c$.

## 8.3. Stochastik

### 8.3.1. Wahrscheinlichkeit

Bei einem **Zufallsexperiment** $Z$ habe jeder **Versuch** $V$ die möglichen **Ergebnisse** $\omega_1, \omega_2, \ldots, \omega_N$. Die Menge $\Omega := \{\omega_1, \omega_2, \ldots, \omega_N\}$ heißt **Ergebnisraum** von $Z$ genau dann, wenn jedem Versuchsausgang höchstens ein $\omega_i$ zugeordnet wird. $|\Omega| = N :=$ Anzahl aller möglichen Ergebnisse von $Z$.

**Beispiel**: $Z$: Ziehen einer Karte aus einem Skatspiel. $\quad V$: einmalige Durchführung einer solchen Ziehung.
$\Omega$: $\{$Kreuz As, Kreuz König, …, Karo Sieben$\}$. $\quad |\Omega| = 32$.

**Mathematische Formeln und Sätze**            Tafel **26**

Jedes Ergebnis $\omega_i$ hat eine Reihe von **Merkmalen** $a, b, c, \ldots$. Man faßt Ergebnisse mit gemeinsamen Merkmalen zu Teilmengen $A, B, C, \ldots$ von $\Omega$ zusammen. Jede solche Teilmenge heißt ein **Ereignis**, die Menge aller Ereignisse $\mathfrak{P}\Omega$ heißt **Ereignisraum** von $Z$. Die einelementigen Teilmengen $\{\omega_i\}$ von $\Omega$ heißen **Elementarereignisse**. Man sagt: Das Ereignis $A$ ist eingetreten, falls das Versuchsergebnis $\omega_i \in A$.

Beispiele: Merkmale: $a$ HERZ AS, $b$ KÖNIG, $c$ HERZ, $d$ PIK.
           Zugehörige Ereignisse:
           $A = \{\text{Herz As}\} \subset \Omega$ (Elementarereignis),        $C = \{k \mid k \text{ mit Merkmal HERZ}\} \subset \Omega$,
           $B = \{\text{Kreuz König, Pik König, Herz König, Karo König}\} \subset \Omega$,    $D = \{k \mid k \text{ ist PIK}\} \subset \Omega$.

Das Ziehen einer Karte liefert Pik König: Die Ereignisse $B$ und $D$ sind eingetreten (Pik König $\in B$, Pik König $\in D$), die Ereignisse $A$ und $C$ sind nicht eingetreten (Pik König $\notin A$, Pik König $\notin C$).

Für die **Ereignisalgebra** $(\mathfrak{P}\Omega, \cap, \cup)$ [vgl. 4.1 Boolesche Algebra] gelten folgende Sprechweisen: $\Omega$ sicheres Ereignis. $\emptyset$ unmögliches Ereignis. $A \cap B$ Ereignis „$A$ und $B$". $A \cup B$ Ereignis „$A$ oder $B$". $\bar{A}$ Gegenereignis zu $A$. $A \cap B = \emptyset :\Leftrightarrow A, B$ unvereinbar. $A \subset B :\Leftrightarrow A$ hat $B$ zur Folge.

Beispiele: $\Omega$: Das Ziehen einer Karte bringt **sicher** ein Ereignis.
           $\emptyset$: Das Ziehen einer Karte bringt **unmöglich** ein Ergebnis mit dem Merkmal „KARO und PIK".
           $B \cap C = \{\text{Herz König}\}$.          $B \cup C = \{k \mid k \text{ ist KÖNIG oder } k \text{ ist HERZ}\}$.
           $\bar{B} = \{k \mid k \text{ ist kein KÖNIG}\}$.        $C \cap D = \emptyset$ (HERZ und PIK unvereinbar).
           $A \subset C$ (wenn Herz As, dann überhaupt ein HERZ gezogen).

Es werden $n$ Versuche eines Zufallsexperiments durchgeführt (es wird eine Stichprobe vom Umfang $n$ gezogen); dabei tritt ein Ereignis $A$ genau $gA$ mal auf ($gA :=$ Anzahl der für das Ereignis $A$ günstigen Ausfälle).

$hA := \dfrac{gA}{n}$ heißt **relative Häufigkeit von $A$**. (Ist $n$ groß, so ist $hA$ eine gute **Näherung für die Wahrscheinlichkeit $pA$**).

| Beispiele: | $n$ | 10 | 50 | 100 | 500 | 1000 | 5000 |
|---|---|---|---|---|---|---|---|
| | $gB$ | 1 | 9 | 13 | 63 | 127 | 626 |
| | $hB$ | 0,100 | 0,180 | 0,130 | 0,126 | 0,127 | 0,125 |

$pB = \dfrac{4}{32} = \dfrac{1}{8} = 0{,}125\bar{0}$

Wenn $\Omega$ endlich, alle $\omega_i$ gleichwahrscheinlich (Laplace-Voraussetzung) und $|A|$ die Anzahl der möglichen Ergebnisse, die zum Ereignis $A$ gehören, dann heißt $pA := \dfrac{|A|}{|\Omega|}$ die **Wahrscheinlichkeit des Ereignisses $A$**.

Beispiele: $pA = \dfrac{|A|}{|\Omega|} = \dfrac{1}{32}$,     $pB = \dfrac{|B|}{|\Omega|} = \dfrac{4}{32} = \dfrac{1}{8}$,     $pC = \dfrac{|C|}{|\Omega|} = \dfrac{8}{32} = \dfrac{1}{4}$,     $pD = \dfrac{|D|}{|\Omega|} = \dfrac{8}{32} = \dfrac{1}{4}$.

$(\Omega, \mathcal{E}, p)$ heißt **Wahrscheinlichkeitsraum**, $p$ **Wahrscheinlichkeitsfunktion** genau dann, wenn
       $\Omega$ Ergebnisraum, $(\mathcal{E}, \cap, \cup)$ Ereignisalgebra (z.B. $\mathcal{E} = \mathfrak{P}\Omega$),
       $p: \mathcal{E} \to \mathbb{R}, E \mapsto pE$ Funktion mit folgenden Eigenschaften ist:

$\displaystyle\bigwedge_{A \in \mathcal{E}} : pA \geq 0$ (Nichtnegativität)     $p\Omega = 1$ (Normierung)

$\displaystyle\bigwedge_{A \in \mathcal{E}} \bigwedge_{B \in \mathcal{E}} : A \cap B = \emptyset \Rightarrow p(A \cup B) = pA + pB$ (Additivität)

Eigenschaften der Wahrscheinlichkeitsfunktion $p$:

$p\bar{A} = 1 - pA$     $p\emptyset = 0$     $p(A \cup B) = pA + pB - p(A \cap B)$

$$p\left(\bigcup_{i=1}^{n} A_i\right) = \sum_{i=1}^{n} pA_i - \sum_{\substack{i,j=1 \\ i<j}}^{n} p(A_i \cap A_j) + \sum_{\substack{i,j,k=1 \\ i<j<k}}^{n} p(A_i \cap A_j \cap A_k) - \ldots + (-1)^n\, p\left(\bigcap_{i=1}^{n} A_i\right)$$

Beispiele: $p\bar{B} = 1 - pB = 1 - \dfrac{4}{32} = \dfrac{28}{32}$;   $p(C \cap D) = 0$;   $p(B \cup C) = pB + pC - p(B \cap C) = \dfrac{4}{32} + \dfrac{8}{32} - \dfrac{1}{32} = \dfrac{11}{32}$

Interessieren nur die Ergebnisse eines Zufallsexperiments, die zu einem Ereignis $B$ mit $pB > 0$ gehören, achtet man also bei einem (anderen) Ereignis $A$ auf die Bedingung, daß auch $B$ eingetreten ist, so heißt $p_B A$ die durch $B$ **bedingte Wahrscheinlichkeit von $A$.**

$$p_B A := \frac{p(A \cap B)}{pB} \qquad \text{(andere Schreibweise: } p(A/B)\text{)}$$

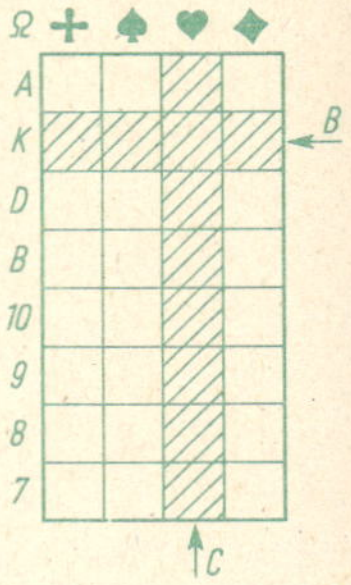

Beispiel: Wahrscheinlichkeit, einen KÖNIG zu ziehen unter der Bedingung, daß HERZ gezogen wird:
$$p_C B = \frac{p(B \cap C)}{pC} = \frac{1/32}{8/32} = \frac{1}{8} \quad (= p(B/C))$$

**Multiplikationssatz**

$$p_B A \cdot pB = p(A \cap B) = p_A B \cdot pA$$

Beispiel: $p_C B \cdot pC = \frac{1}{8} \cdot \frac{8}{32} = \frac{1}{32} = p(C \cap B) = \frac{1}{4} \cdot \frac{4}{32} = p_B C \cdot pB$.

$A$ und $B$ **stochastisch unabhängig**: $\Leftrightarrow p_B A = pA \Leftrightarrow p_A B = pB \Leftrightarrow p(A \cap B) = pA \cdot pB$

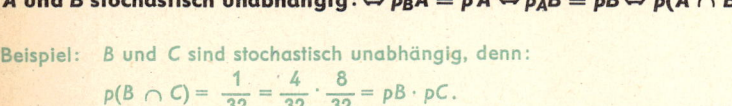

Beispiel: $B$ und $C$ sind stochastisch unabhängig, denn:
$$p(B \cap C) = \frac{1}{32} = \frac{4}{32} \cdot \frac{8}{32} = pB \cdot pC.$$

**Formel von Bayes** Gegeben eine Klasseneinteilung $A_1, \ldots, A_n$ von $\Omega$ mit $pA_i > 0$ für alle $i$, dann

$$p_B A_i = \frac{p_{A_i} B \cdot pA_i}{p_{A_1} B \cdot pA_1 + p_{A_2} B \cdot pA_2 + \ldots + p_{A_n} B \cdot pA_n}$$

Beispiel: $B, \bar{B}$ ist eine Klasseneinteilung von $\Omega$;
$$pB = \frac{4}{32}, \quad p\bar{B} = \frac{28}{32}: \qquad p_C B = \frac{p_B C \cdot pB}{p_B C \cdot pB + p_{\bar{B}} C \cdot p\bar{B}} = \frac{1/4 \cdot 4/32}{1/4 \cdot 4/32 + 7/28 \cdot 28/32} = \frac{1}{8}$$

### 8.3.2. Zufallsvariable

Jede Funktion

$$X: \Omega \to \mathbb{R}, \; \omega \mapsto X\omega$$

heißt **Zufallsvariable über $\Omega$**. Jeder Wert $x$ von $X$ definiert ein Ereignis $A = \{\omega \mid X\omega = x\}$.

Beispiel: Die Skatregeln ordnen jeder Karte einen festen Wert zu; dies definiert eine Zufallsvariable $X$ gemäß der Tabelle:

| $\omega_i$ | Kreuz As | Kreuz König | ... | Karo Sieben |
|---|---|---|---|---|
| $X\omega_i$ | 11 | 4 | ... | 0 |

$A = \{\omega_i \mid X_i = 11\}$
$= \{\text{Kreuz As, Pik As, Herz As, Karo As}\}$

Die Funktion

$$W: \mathbb{R} \to [0,1], \; x \mapsto Wx \quad \text{mit} \quad Wx := p\{\omega/X\omega = x\}$$

heißt **Wahrscheinlichkeitsfunktion von $X$.**
$X$ heißt **nach $W$ verteilt** (und $W$ auch **Verteilung von $X$**). Kurzschreibweise: $p(X = x) := p\{\omega \mid X\omega = x\}$.

Beispiel: $W 11 = p\{\omega_i \mid X\omega_i = 11\} = p(X = 11) = \frac{4}{32}$

$W 4 = p(X = 4) = \frac{4}{32}$

. . . . . . . . . . . . . . . .

$W 1 = p(X = 1) = 0$

$W 0 = p(X = 0) = \frac{12}{32}$

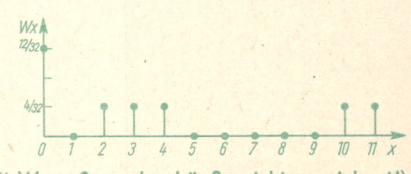

(Punkte mit $Wx = 0$ werden häufig nicht gezeichnet!)

Die Funktion

$$F: \mathbb{R} \to [0,1], \quad x \mapsto Fx, \quad Fx := p\{\omega \mid X\omega \leq x\} = \sum_{x^* \leq x} Wx^*$$

heißt **(kumulative) Verteilungsfunktion von $X$**. Kurzschreibweise: $p(X \leq x) := p\{\omega \mid X\omega \leq x\}$.

# Mathematische Formeln und Sätze   Tafel 26

Beispiel:  $F0 = W0 = 12/32$
$F1 = W0 + W1 = 12/32 + 0/32 = 12/32$
$F2 = W0 + W1 + W2 = 12/32 + 0/32 + 4/32 = 16/32$
$F3 = 02/32$
. . . . . . .
$F11 = 1$

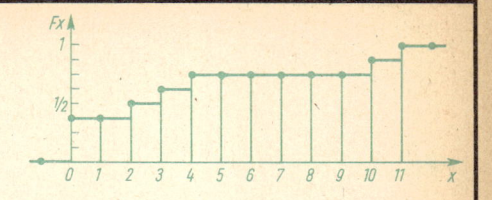

Jede Funktion
$$f: \mathbb{R} \to [0,1], \quad x \mapsto fx, \quad fx := \frac{p\{\omega \mid a_i < X\omega \leq a_{i+1}\}}{a_{i+1} - a_i} \quad \text{für } x \in ]a_i, a_{i+1}]$$
heißt **Dichtefunktion von $X$**, falls $\{]a_i, a_{i+1}]\}$ eine Zerlegung von $\mathbb{R}$.
Kurzschreibweise: $p(a_i < X \leq a_{i+1}) := p\{\omega \mid a_i < X\omega \leq a_{i+1}\}$.

Beispiel: $\left\{\left]\dfrac{k}{2}, \dfrac{k+2}{2}\right]\right\}$, $k \in \mathbb{Z}$ ist eine Zerlegung von $\mathbb{R}$.

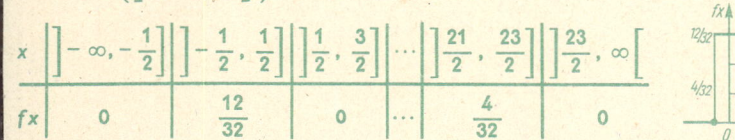

| $x$ | $]-\infty, -\tfrac{1}{2}]$ | $]-\tfrac{1}{2}, \tfrac{1}{2}]$ | $]\tfrac{1}{2}, \tfrac{3}{2}]$ | $\cdots$ | $]\tfrac{21}{2}, \tfrac{23}{2}]$ | $]\tfrac{23}{2}, \infty[$ |
|---|---|---|---|---|---|---|
| $fx$ | 0 | $\tfrac{12}{32}$ | 0 | $\cdots$ | $\tfrac{4}{32}$ | 0 |

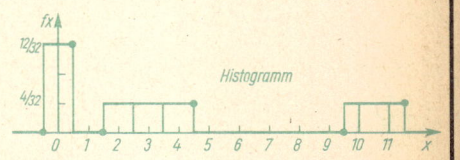

$x_1, x_2, \ldots, x_n$ seien sämtliche Werte von $X$ mit den Wahrscheinlichkeiten $Wx_i = p(X = x_i)$.

**Erwartungswert von $X$**
$$\mu := EX := \sum_{i=1}^{n} x_i \cdot Wx_i \quad (\mu: \Omega \to \mathbb{R}, \omega \mapsto \mu \text{ ist eine konstante Zufallsvariable}).$$

Beispiel:

| $x_i = i$ | 0 | 1 | 2 | $\cdots$ | 11 |
|---|---|---|---|---|---|
| $Wx_i$ | 12/32 | 0 | 4/32 | $\cdots$ | 4/32 |

somit: $EX = \sum_{i=0}^{11} i \cdot Wi = 0 \cdot \dfrac{12}{32} + 1 \cdot 0 + 2 \cdot \dfrac{4}{32} + \ldots + 11 \cdot \dfrac{4}{32} = \dfrac{15}{4} = 3{,}750$  (mittlerer Wert einer Skatkarte)

**Varianz(wert) von $X$** (Streuung)
$$\sigma^2 := \operatorname{Var} X := E(X - \mu)^2 = EX^2 - (EX)^2$$

**Standardabweichung von $X$** (mittlere quadratische Abweichung)
$$\sigma := \sqrt{\operatorname{Var} X}$$

Beispiel: $\sigma^2 = \sum_{i=0}^{11} \left(i - \dfrac{15}{4}\right)^2 \cdot Wi = \dfrac{275}{16} \approx 17{,}19; \quad \sigma \approx \sqrt{17{,}19} \approx 4{,}15$

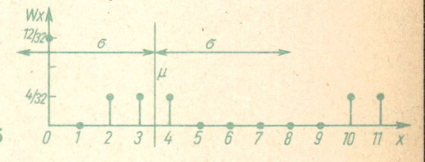

Für jede reelle Zahl $a$ und jede konstante Zufallsvariable $B: \Omega \to \mathbb{R}, \omega \mapsto b$ gilt
$$E(aX + B) = aEX + b, \quad \operatorname{Var}(aX + B) = a^2 \operatorname{Var} X.$$

Ungleichung von Tschebyschew: Für $\varepsilon \in \mathbb{R}^+$ gilt $p(|X - \mu|) \leq \dfrac{\operatorname{Var} X}{\varepsilon^2}$.

Beispiel: Für $\varepsilon = 2\sigma$ ist $p(|X - \mu| \geq 2\sigma) \leq \dfrac{\sigma^2}{(2\sigma)^2} = \dfrac{1}{4}$.

**Zu $X$ gehörige standardisierte Zufallsvariable:**
$$X^* := \dfrac{X - \mu}{\sigma}$$

mit Erwartungswert $\mu$ von $X$, $\mu^* = 0$ von $X^*$ und mit Standardabweichung $\sigma$ von $X$, $\sigma^* = 1$ von $X^*$.

Beispiel

| $\omega_i$ | Kreuz As | Kreuz König | Kreuz Dame | $\cdots$ | Karo Sieben |
|---|---|---|---|---|---|
| $X^* \omega_i$ | 1,749 | 0,060 | $-0{,}181$ | $\cdots$ | $-0{,}905$ |

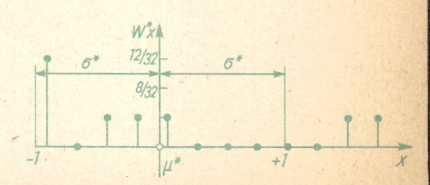

## 8.3.3. Spezielle Verteilungen

### Hypergeometrische Verteilung von X (2 Merkmale)

$$Wx = p(X=x) = \frac{\binom{M}{x} \cdot \binom{N-M}{n-x}}{\binom{N}{n}} := H(N, M; n, x) \quad \text{für } x \in \{0, 1, \ldots, n\} =: \mathbb{N}_0$$

Erwartungswert: $\mu_H = n \cdot \frac{M}{N}$, Varianzwert: $\sigma_H^2 = \frac{N-n}{N-1} \cdot n \cdot \frac{M}{N} \cdot \frac{N-M}{N}$.

(Für $n \ll \text{MIN}(M, N-M)$ wird die Hypergeometrische Verteilung durch die einfacher zu berechnende Binomialverteilung approximiert.)

Beispiel: Gegeben: Urne mit $N = 10$ Kugeln; davon $M = 4$ Kugeln mit dem 1. Merkmal „weiß" und $N - M = 6$ mit dem 2. Merkmal „nichtweiß".
Man zieht $n = 5$ Kugeln **ohne Zurücklegen**. Jedes Ergebnis $\omega$ ist also eine Teilmenge des Umfangs 5. Es sei $X\omega = x$, falls beim Ergebnis $\omega$ $x$ Kugeln mit Merkmal „weiß" vorhanden sind. Die Wahrscheinlichkeit, unter 5 gezogenen Kugeln $x = 3$ weiße zu erhalten, ist:

$$H(10, 4; 5, 3) = \frac{\binom{4}{3} \cdot \binom{6}{2}}{\binom{10}{5}} = \frac{5}{21} = 0{,}2381 \quad \mu_H = 5 \cdot \frac{4}{10} = 2 \quad \sigma_H^2 = \frac{5}{9} \cdot 5 \cdot \frac{4}{10} \cdot \frac{6}{10} = \frac{2}{3}$$

Verallgemeinerung auf $k$ Merkmale:

$$H(N, M_1, M_2, \ldots, M_k; n, x_1, x_2, \ldots, x_k) := \frac{\binom{M_1}{x_1} \cdot \binom{M_2}{x_2} \cdot \ldots \cdot \binom{M_k}{x_k}}{\binom{N}{n}}; \quad \sum_{i=1}^{k} M_i = N; \quad \sum_{i=1}^{k} x_i = n$$

Beispiel: Gegeben: Urne mit $N = 10$ Kugeln; davon $M_1 = 5$ mit dem Merkmal „weiß", $M_2 = 3$ mit dem 2. Merkmal „rot", $M_3 = 2$ mit dem 3. Merkmal „blau" ($k = 3$).
Man zieht $n = 5$ Kugeln **ohne Zurücklegen**. (Teilmenge des Umfangs 5). Die Wahrscheinlichkeit, dabei $x_1 = 2$ weiße, $x_2 = 2$ rote und $x_3 = 1$ blaue zu ziehen, ist:

$$H(10, 5, 3, 2; 5, 2, 2, 1) = \frac{\binom{5}{2} \cdot \binom{3}{2} \cdot \binom{2}{1}}{\binom{10}{5}} = \frac{60}{252} = 0{,}2381$$

### Binomialverteilung von X (Bernoulliverteilung)

$$Wx = p(X=x) = \binom{n}{x} \cdot p^x \cdot (1-p)^{n-x} = \binom{n}{x} \cdot p^x \cdot q^{n-x} := B(n, p; x) \quad \text{für } x \in \mathbb{N}_0, \quad (q := 1-p)$$

Erwartungswert: $\mu_B = n \cdot p$, Varianzwert: $\sigma_B^2 = n \cdot p \cdot q$.

(Für $p \ll 1 \ll n$ (seltene Ereignisse) wird die Binomialverteilung durch die Poissonverteilung approximiert.)

Beispiel: Urne und Zufallsvariable wie oben bei zwei Merkmalen „weiß"/„nichtweiß".
Man zieht $n = 5$ Kugeln, jedoch **mit Zurücklegen** (Stichprobe des Umfangs 5). Die Wahrscheinlichkeit, **eine** weiße Kugel zu ziehen, ist $p = \frac{M}{N} = \frac{4}{10}$ (somit Bernoullikette der Länge 5 mit $p = 0{,}4$). Die Wahrscheinlichkeit, unter 5 gezogenen Kugeln $x = 3$ weiße zu erhalten, ist:

$$B\left(5, \frac{4}{10}; 3\right) = \binom{5}{3} \cdot \left(\frac{4}{10}\right)^3 \cdot \left(\frac{6}{10}\right)^3 = \frac{144}{625} \approx 0{,}2304 \quad \mu_B = 5 \cdot \frac{4}{10} = 2 \quad \sigma_B^2 = 5 \cdot \frac{4}{10} \cdot \frac{6}{10} = \frac{6}{5}$$

### Poissonverteilung von X mit Parameter $\mu$

$$Wx = p(X=x) = \frac{\mu^x \cdot e^{-\mu}}{x!} := P(\mu; x) \quad \text{für } x \in \mathbb{N}_0$$

Erwartungswert: $\mu_p = \mu$, Varianzwert: $\sigma_p^2 = \mu$.

# Mathematische Formeln und Sätze — Tafel 26

Zur Approximation der Binomialverteilung setze man $\mu = n \cdot p$ und beachte $p \ll 1 \ll n$ (seltene Ereignisse), dann ist

$$P(\mu; x) = P(n \cdot p; x) = \frac{(np)^x \cdot e^{-np}}{x!}.$$

Beispiel: $P(2; 3) = \frac{2^3 \cdot e^{-2}}{3!} \approx 0{,}1804$

Vergleich von $B(n, p; x)$ mit $P(np; x)$ für $n \cdot p = 2$, $x = 3$

| n | 5 | 10 | 25 | 50 | 500 |
|---|---|---|---|---|---|
| p | 0,4 | 0,2 | 0,08 | 0,04 | 0,004 |
| $B(n, p; 3)$ | 0,2304 | 0,2013 | 0,1881 | 0,1842 | 0,1808 |

$\to 0{,}1804 (= P(2; 3))$

**Normalverteilung von X (Gaußverteilung)** mit den Parametern $\mu$ und $\sigma$

$$W_x = p(X = x) = \frac{1}{\sqrt{2\pi} \cdot \sigma} \cdot e^{-\frac{1}{2}\left(\frac{x-\mu}{\sigma}\right)^2} := G(\mu, \sigma; x) \quad \text{für } x \in \mathbb{R}$$

Erwartungswert: $\mu_G = \mu$, Varianzwert: $\sigma_G^2 = \sigma^2$.

Zur Approximation der Binomialverteilung setze man $\mu = n \cdot p$, $\sigma = \sqrt{n \cdot p \cdot q}$ und beachte $\frac{1}{\sqrt{2 \cdot npq}} \ll 1 \ll n$, dann ist

$$G(\mu, \sigma; x) = G(np, \sqrt{npq}; x) = \frac{1}{\sqrt{2\pi npq}} \cdot e^{-\frac{(x-np)^2}{2npq}}$$

Beispiel: $G\left(2, \sqrt{\frac{6}{5}}; 3\right) = \frac{1}{\sqrt{2\pi \cdot 6/5}} \cdot e^{-\frac{(3-2)^2}{2 \cdot 6/5}} \approx 0{,}2401$

Vergleich von $B(n, p; x)$ mit $G(np, \sqrt{npq}; x)$ für $p = \frac{4}{10}$, $q = \frac{6}{10}$

| n | 1 | 5 | 10 | 50 | 100 | 200 |
|---|---|---|---|---|---|---|
| x | 1 | 3 | 5 | 23 | 44 | 86 |
| B | 0,4000 | 0,2304 | 0,2007 | 0,07781 | 0,05763 | 0,03922 |
| G | 0,5368 | 0,2401 | 0,1698 | 0,07592 | 0,05368 | 0,03796 |
| Δ % | + 34 | + 4,2 | − 15 | − 2,4 | − 6,8 | − 3,2 |

Ist X normalverteilt, so auch die standardisierte Zufallsvariable X* mit

$$G(0, 1; z) = \frac{1}{\sqrt{2\pi}} \cdot e^{-\frac{1}{2}z^2} := \varphi z \quad (\mu^* = 0, \sigma^* = 1)$$

$\varphi$ ist für jede normalverteilte Zufallsvariable X brauchbar, denn

$$G(\mu, \sigma; x) = \frac{1}{\sigma} \cdot \varphi z \quad \text{mit} \quad z = \frac{x - \mu}{\sigma}.$$

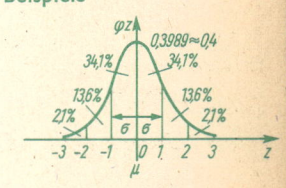

**Standardisierte (kumulative) Normalverteilung**

$$\Phi z := \int_{-\infty}^{z} \varphi t \, dt = \frac{1}{\sqrt{2\pi}} \int_{-\infty}^{z} e^{-\frac{1}{2}t^2} \, dt$$

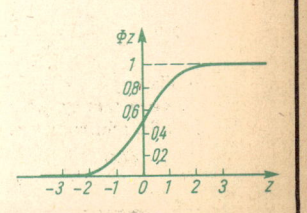

$\Phi$ ist für jede normalverteilte Zufallsvariable X mit Erwartungswert $\mu$ und Standardabweichung $\sigma$ brauchbar, denn

$$\Phi(\mu, \sigma; x) := \int_{-\infty}^{x} G(\mu, \sigma; t) \, dt = \Phi\left(\frac{x - \mu}{\sigma}\right).$$

### 8.3.4. Testen einer Hypothese

#### Signifikanztest

Jede Aussage über Wahrscheinlichkeiten von Ereignissen $A, B, \ldots$ (wie: $pA = a$ oder: $pA < b \wedge pB = c$) heißt **Hypothese**. Soll eine Hypothese statistisch überprüft werden, ob sie eventuell abgelehnt werden muß, wird sie **Nullhypothese** $H_0$ genannt, ihre **Alternative** $H_1$.

    **Fehler 1. Art** := $H_0$ wird abgelehnt, obwohl $H_0$ zutrifft.
    **Fehler 2. Art** := $H_0$ wird nicht abgelehnt, obwohl $H_0$ falsch ist.

Jede obere Schranke $\alpha$ für das **Risiko 1. Art**, d.h., die Wahrscheinlichkeit, den Fehler 1. Art zu begehen, heißt **Signifikanzniveau**.
Jedes statistische Entscheidungsverfahren, das entweder zur Ablehnung oder Nichtablehnung von $H_0$ führt, heißt ein **Test**.

#### Testverfahren

(1) Annahme: $H_0$ sei wahr.
(2) Vorgabe eines Signifikanzniveaus $\alpha \in [0; 1]$.
(3) Konstruktion eines Ereignisses $A$ (:= **Ablehnungsbereich**) so, daß $pA \leq \alpha$, falls $H_0$ wahr.
(4) Durchführung des entsprechenden Zufallsexperiments.
(5) Entscheidung: $H_0$ **wird abgelehnt** $\Leftrightarrow$ $A$ **tritt ein** $\Leftrightarrow$ das Ergebnis des Zufallsexperiments gehört zum Ablehnungsbereich.

**Beispiel:** Gegeben: Urne mit 120 schwarzen oder weißen Kugeln. Die **Vermutung** „Es sind höchstens 30 weiße Kugeln in der Urne" soll durch eine Stichprobe (mit Zurücklegen) vom Umfang 20 überprüft werden.
$\omega_i$ := Ergebnis „Stichprobe enthält $i$ weiße Kugeln", Ergebnisraum $\Omega = \{\omega_0, \omega_1, \omega_2, \ldots, \omega_{20}\}$.
Zu untersuchende Zufallsvariable (:= **Testgröße**) $X: \omega_i \mapsto i$ mit der zugehörigen Wahrscheinlichkeitsverteilung $B(20; p; i)$.
Nullhypothese: $H_0: p \leq \dfrac{30}{120}$,    Alternative, $H_1: p > \dfrac{30}{120}$,    Signifikanzniveau: $\alpha := 0{,}05$ (5 %).
Ablehnungsbereich $A = \{\omega_j, \omega_{j+1}, \ldots, \omega_{20}\}$ so, daß $pA \leq 0{,}05$ und $j$ minimal.
Bestimmung von $j$: $pA = \sum_{i=j}^{20} B\left(20; \dfrac{1}{4}; i\right) = 1 - \sum_{i=0}^{j-1} B\left(20; \dfrac{1}{4}; i\right) \leq 0{,}05 \Rightarrow \sum_{i=0}^{j-1} B\left(20; \dfrac{1}{4}; i\right) \geq 0{,}95$

Die Tafel kumulative Bernoulli (Binomial)-Verteilung liefert $j - 1 = 8$, also $j = 9$. Somit ist $A = \{\omega_9, \omega_{10}, \ldots, \omega_{20}\}$. $H_0$ wird abgelehnt, falls die Stichprobe mehr als 8 weiße Kugeln enthält. Risiko 1. Art: 0,0409.
**Anmerkung:** Enthält die Stichprobe weniger als 9 weiße Kugeln, so wird nach dem Verfahren $H_0$ auf dem 5%-Signifikanzniveau nur nicht abgelehnt, jedoch nicht unbedingt angenommen.

#### $\chi^2$-Test

**Gegeben:** 1. Eine **experimentell ermittelte** (beobachtete) **Stichprobe** des Umfangs $N$, verteilt auf $k$ Klassen in der Häufigkeitsverteilung

$$(n_1, n_2, \ldots, n_k) \quad \text{mit} \quad \sum_{i=1}^{k} n_i = N.$$

2. Eine **theoretische Wahrscheinlichkeitsverteilung**

$$(p_1, p_2, \ldots, p_k) \quad \text{mit} \quad \sum_{i=1}^{k} p_i = 1$$

und die zugehörige **Häufigkeitsverteilung**

$$(h_1, h_2, \ldots, h_k), \; h_i := N p_i \quad \text{mit} \quad \sum_{i=1}^{k} h_i = \sum_{i=1}^{k} N p_i = N.$$

Als Maß der Abweichung der $n_i$ von den $h_i$ verwendet man die Größe

$$\chi^2 = \sum_{i=1}^{k} \frac{(n_i - h_i)^2}{h_i}.$$

Die Größe $P(\chi^2)$ (vgl. Tafel $\chi^2$-Verteilung kumulativ) gibt Auskunft darüber, mit welcher Wahrscheinlichkeit der errechnete Wert von $\chi^2$ erreicht oder überschritten wird, wenn man die Hypothese aufstellt, daß $(n_1, n_2, \ldots, n_k)$ eine Zufallsstichprobe des Umfangs $N$ mit den Grundwahrscheinlichkeiten $(p_1, p_2, \ldots, p_k)$ ist.
Sie gibt gleichzeitig an, mit welcher Irrtumswahrscheinlichkeit die Hypothese „Die Stichprobe $(n_1, n_2, \ldots, n_k)$ ist mit der theoretischen Verteilung $(h_1, h_2, \ldots, h_k)$ verträglich" abgelehnt wird.

Mathematische Formeln und Sätze　　　　　　　　　　　　　　　　　　　　　　Tafel **26**

Beispiel: Zwei Würfel A und B sollen auf ihre Echtheit geprüft werden. Dazu werden beide je 600mal geworfen ($N = 600$).
Man erhält für die 6 möglichen Augenzahlen experimentelle Häufigkeiten $n_i$ ($i = 1, \ldots, 6$) für die Würfel A, B folgende Ergebnisse (während $h_1 = h_2 = \ldots = h_6 = 100$ die theoretischen Häufigkeiten für einen echten Würfel sind):

| $i$ | $n_i$ | | $h_i$ | Berechnung von $\chi^2$ | $i$ | $n_i - h_i$ | | $\dfrac{(n_i - h_i)^2}{h_i}$ | |
|---|---|---|---|---|---|---|---|---|---|
| | A | B | | | | A | B | A | B |
| 1 | 97 | 87 | 100 | | 1 | −3 | −13 | 0,09 | 1,69 |
| 2 | 106 | 124 | 100 | | 2 | 6 | 24 | 0,36 | 5,76 |
| 3 | 104 | 93 | 100 | | 3 | 4 | −7 | 0,16 | 0,49 |
| 4 | 95 | 92 | 100 | | 4 | −5 | −8 | 0,25 | 0,64 |
| 5 | 107 | 86 | 100 | | 5 | 7 | −14 | 0,49 | 1,96 |
| 6 | 91 | 118 | 100 | | 6 | −9 | 18 | 0,81 | 3,24 |
| N | 600 | 600 | 600 | | | | $\chi^2$: | 2,16 | 13,78 |

Auswertung: In der Tafel $\chi^2$-Verteilung kumulativ benutzt man die Werte von $\chi^2$ für 5 Freiheitsgrade ($f = 5$), weil nur 5 Häufigkeiten $n_1, n_2, \ldots, n_5$ „frei wählbar" sind: $n_6 = N - (n_1 + n_2 + \ldots + n_5)$.

Für Würfel $\begin{smallmatrix}A\\B\end{smallmatrix}$ ergibt sich $\begin{matrix}1{,}61 < 2{,}16 < 3{,}00\\11{,}1 < 13{,}78 < 15{,}1\end{matrix}$ mit $\begin{matrix}0{,}90 > P(2{,}16) > 0{,}70\\0{,}05 > P(13{,}78) > 0{,}01\end{matrix}$

Ergebnis: Für Würfel A wird die Hypothese „A ist echt" nicht abgelehnt; für Würfel B wird die Hypothese „B ist echt" abgelehnt; Irrtumswahrscheinlichkeit $< 5\%$.

## 9. Angewandte Mathematik

### 9.1. Rechnen mit Näherungszahlen

#### 9.1.1. Fehler

Sind $x, y$ Näherungszahlen für die (meist nicht bekannten) wahren Zahlen $x^*, y^*$, so heißen

$$|x^* - x| := \Delta x, \quad |y^* - y| := \Delta y \quad \text{absolute Fehler.}$$

Es ist $x^* = x \pm \Delta x$, $y^* = y \pm \Delta y$. Die Quotienten

$$\frac{\Delta x}{|x^*|} \approx \frac{\Delta x}{|x|}, \quad \frac{\Delta y}{|y^*|} \approx \frac{\Delta y}{|y|} \quad \text{heißen \textbf{relative Fehler}.}$$

Beispiele: $x = 3{,}14$; $x^* = \pi$. $\quad \Delta x = 0{,}0015926535\ldots, \quad \dfrac{\Delta x}{x} = 0{,}000507 = \dfrac{\Delta x}{x^*}$,

$y = 2{,}72$; $y^* = e$. $\quad \Delta y = 0{,}0017181715\ldots, \quad \dfrac{\Delta y}{y} = 0{,}000632 = \dfrac{\Delta y}{y^*}$.

Ist $x^*$ nicht bekannt, so auch nicht $\Delta x$.
Man berücksichtigt dann wenigstens die **maximalen Fehler** $(\Delta x)_{MAX}$ bzw. $\left(\dfrac{\Delta x}{|x|}\right)_{MAX}$.

Wegen der Rundungsregeln findet man: $(\Delta x)_{MAX} = 5$ Einheiten der ersten bei $x$ fehlenden Stelle.
Mit $x_{MIN} := x - (\Delta x)_{MAX}$, $x_{MAX} := x + (\Delta x)_{MAX}$ ist sicher $x^* \in [x_{MIN}, x_{MAX}[$.

Beispiele: $x = 3{,}14$ könnte durch Runden entstanden sein aus $x_{MIN} = 3{,}135\bar{0}$ oder aus $x_{MAX} = 3{,}145\bar{0}$.

$$(\Delta x)_{MAX} = \frac{1}{2}(x_{MAX} - x_{MIN}) = 0{,}005 \cdot \left(\frac{\Delta x}{|x|}\right)_{MAX} = 0{,}0016.$$

#### 9.1.2. Fehlerfortpflanzung

**Addition und Subtraktion**

Der maximale absolute Fehler der Summe (Differenz) zweier Näherungszahlen ist gleich der Summe der maximalen absoluten Fehler der beiden Näherungszahlen: $(\Delta(x \pm y))_{MAX} = (\Delta x)_{MAX} + (\Delta y)_{MAX}$.

**Achtung:** Beim Subtrahieren kann der Fehler so groß im Vergleich zur Differenz werden, daß das Resultat unbrauchbar ist!

**Faustregel** (Zählung der Nachkommastellen): Die Summe (Differenz) von Näherungszahlen hat höchstens soviele Stellen nach dem Komma wie die Näherungszahl mit der geringsten Stellenzahl nach dem Komma.

Beispiele: 3,14 + 2,7 = 5,8         3,14 − 2,7 = 0,4         Zur Faustregel:

|  | | | |
|---|---|---|---|
| denn | 3,14 ± 0,005 | denn 3,14 ± 0,005 | 4,87\|6 |
|  | + 2,7 ± 0,05 | − 2,7 ± 0,05 | + 12,54\| ← |
|  | 5,84 ± 0,055 | 0,44 ± 0,055 | + 6,12\|04 |
|  |  |  | − 4,23\|6 |
|  |  |  | 19,30;0̷4̷ |

## Multiplikation und Division

Der maximale relative Fehler eines Produkts $p$ (Quotienten $q$) zweier Näherungszahlen ist gleich der Summe der maximalen relativen Fehler der beiden Näherungszahlen.

$$\left(\frac{\Delta p}{|p|}\right)_{MAX} \approx \left(\frac{\Delta x}{|x|}\right)_{MAX} + \left(\frac{\Delta y}{|y|}\right)_{MAX} \approx \left(\frac{\Delta q}{|q|}\right)_{MAX}$$

Beispiele: $p = 3{,}14 \cdot 2{,}7 = 8{,}5$; denn:
$3{,}140 \cdot 2{,}7\overline{0} = 8{,}478\overline{0}$
und $\left(\frac{\Delta x}{|x|}\right)_{MAX} = 0{,}0016$, $\left(\frac{\Delta y}{|y|}\right)_{MAX} = 0{,}0185$, $\left(\frac{\Delta p}{|p|}\right)_{MAX} = 0{,}02$, $(\Delta p)_{MAX} = 0{,}02 \cdot 8{,}478 = 0{,}17$.

**Faustregel** (Zählung der wesentlichen Ziffern): Das Produkt (der Quotient) von Näherungszahlen hat so viele wesentlichen Ziffern wie die Näherungszahl mit der geringsten Anzahl wesentlicher Ziffern.

Beispiel: $\frac{\boxed{4{,}87} \cdot 0{,}02153}{11{,}401}$ (= 0,009196658187878) = 0,00$\boxed{920}$    (3 wesentliche Ziffern)

## Fehlerfortpflanzung bei differenzierbaren Funktionen

Wenn $y = f(x)$ und $\Delta x$ absoluter Fehler von $x$, dann $\Delta y \approx f'(x) \cdot \Delta x$ absoluter Fehler von $y$.

Beispiel: $y = \ln x$, $f'(x) = \frac{1}{x}$, $x = 1{,}85$, $\Delta x = 0{,}005$.

$y = \ln(1{,}85) = 0{,}615$, denn $\ln(1{,}850) = 0{,}615185\ldots$ und $\Delta y \approx \frac{1}{1{,}85} \cdot 0{,}005 = 0{,}003$   (vgl. Tafel 10!)

## 9.1.3. Hinweise zum Gebrauch von Elektronischen Taschenrechnern (ETR)

ETR geben für die Lösungen der meisten numerischen Probleme auf der Schule **zu viele Ziffern**. Man muß daher die Genauigkeit der Endergebnisse abschätzen (vgl. 9.1.2.).

Beispiel: $\ln 1{,}85 = 0{,}6151856390906\ldots$ ist viel zu genau, weil 1,85 mit 1,85000000000 fälschlich identifiziert.

Hilfreich sind auch **Kontrollrechnungen** für minimale/maximale Ergebnisse:

| | | |
|---|---|---|
| $(x+y)_{MIN} = x_{MIN} + y_{MIN}$ | $(x+y)_{MAX} = x_{MAX} + y_{MAX}$ | **Beispiele** |
| $(x-y)_{MIN} = x_{MIN} - y_{MAX}$ | $(x-y)_{MAX} = x_{MAX} - y_{MIN}$ | $3{,}14 \cdot 2{,}7 = 8{,}478$ unkontrolliert |
| ohne Berücksichtigung des Vorzeichens | | $3{,}135 \cdot 2{,}65 = 8{,}30775$ minimal |
| $(x \cdot y)_{MIN} = x_{MIN} \cdot y_{MIN}$ | $(x \cdot y)_{MAX} = x_{MAX} \cdot y_{MAX}$ | $3{,}145 \cdot 2{,}75 = 8{,}64875$ maximal |
| $(x:y)_{MIN} = x_{MIN} : y_{MAX}$ | $(x:y)_{MAX} = x_{MAX} : y_{MIN}$ | somit nur sinnvoll $3{,}14 \cdot 2{,}7 = 8{,}5$ |
| $(f(x))_{MIN} = f(x_{MIN})$, falls $f$ bei $x$ steigt | $(f(x))_{MAX} = f(x_{MAX})$, falls $f$ bei $x$ steigt | $\cos 32{,}5° = 0{,}8433914$ unkontrolliert |
| | | $\cos 32{,}55° = 0{,}84292$ minimal |
| $(f(x))_{MIN} = f(x_{MAX})$, falls $f$ bei $x$ fällt | $(f(x))_{MAX} = f(x_{MIN})$, falls $f$ bei $x$ fällt | $\cos 32{,}45° = 0{,}84386$ maximal |
| | | somit nur sinnvoll $\cos 32{,}5° = 0{,}843$ |

Mathematische Formeln und Sätze                                          Tafel **26**

## 9.2. Näherungsformeln

| | Fehler < 0,1% für | Fehler < 1% für | Beispiele |
|---|---|---|---|
| $(1+x)^2 \approx 1 + 2x$ | $|x| \leq 0{,}03$ | $|x| \leq 0{,}10$ | $1{,}08^2 = 1{,}1664 \approx 1{,}16$ |
| $(1+x)^3 \approx 1 + 3x$ | $|x| \leq 0{,}01$ | $|x| \leq 0{,}05$ | $1{,}03^3 = 1{,}092727 \approx 1{,}09$ |
| $\dfrac{1}{1+x} \approx 1 - x$ | $|x| \leq 0{,}03$ | $|x| \leq 0{,}10$ | $\dfrac{1}{1{,}04} = 0{,}9615\ldots \approx 0{,}96$ |
| $\sqrt{1+x} \approx 1 + \dfrac{x}{2}$ | $-0{,}08 \leq x \leq +0{,}10$ | $-0{,}24 \leq x \leq 0{,}32$ | $\sqrt{1{,}25} = 1{,}1180\ldots \approx 1{,}125$ |
| $\sqrt{\dfrac{1}{1+x}} \approx 1 - \dfrac{x}{2}$ | $-0{,}04 \leq x \leq 0{,}06$ | $-0{,}15 \leq x \leq 0{,}17$ | $\sqrt{\dfrac{1}{1{,}25}} = 0{,}8944\ldots \approx 0{,}875$ |
| $e^x \approx 1 + x$ | $|x| \leq 0{,}045$ | $-0{,}13 \leq x \leq 0{,}14$ | $e^{-0{,}1} = 0{,}9048\ldots \approx 0{,}9$ |
| $\ln(1+x) \approx x$ | $|x| \leq 0{,}002$ | $|x| \leq 0{,}02$ | $\ln 1{,}03 = 0{,}02955\ldots \approx 0{,}03$ |
| $\sin x \approx x$ | $|x| \leq 0{,}07\ (4°)$ | $|x| \leq 0{,}24\ (14°)$ | $\sin 0{,}2 = 0{,}1987\ldots \approx 0{,}2$ |
| $\cos x \approx 1 - \dfrac{x^2}{2}$ | $|x| \leq 0{,}38\ (22°)$ | $|x| \leq 0{,}65\ (37°)$ | $\cos 0{,}5 = 0{,}8775\ldots \approx 0{,}875$ |
| $\tan x \approx x$ | $|x| \leq 0{,}05\ (3°)$ | $|x| \leq 0{,}18\ (10°)$ | $\tan 0{,}1 = 0{,}1003\ldots \approx 0{,}1$ |

## 9.3. Zinseszins, Lebensversicherung

**Zinseszins**  $\left[\text{Zinsen } z = \dfrac{k\,p\,n}{100}\right]$  Zinsfaktor  $r = 1 + \dfrac{p}{100} = 1 + i$

Endwert $k_n$ des Anfangskapitals $k$ nach $n$ Jahren: $k_n = k\,r^n$   Barwert von $k_n$ ist $k = \dfrac{k_n}{r^n} = k_n\,v^n$

Nachschüssige Rente $R$: Endwert   $R_e = R\,\dfrac{r^n - 1}{r - 1} = R\,s_{\overline{n}|}$   Barwert   $R_b = \dfrac{R}{r^n}\,\dfrac{r^n - 1}{r - 1} = R\,a_{\overline{n}|}$

Vorschüssige Rente $R$: Endwert   $R'_e = R\,r\,\dfrac{r^n - 1}{r - 1} = R\,s'_{\overline{n}|}$   Barwert   $R'_b = \dfrac{R}{r^{n-1}}\,\dfrac{r^n - 1}{r - 1} = R\,a'_{\overline{n}|}$

Stetige Verzinsung:   $k_n = k\,e^{\frac{p}{100}n}$   $e = \lim\limits_{n \to \infty} \left(1 + \dfrac{1}{n}\right)^n = 2{,}7183\ldots$

**Lebensversicherung**

Zinssatz: $i = \dfrac{p}{100}$   Aufzinsungsfaktor: $r = 1 + i$   Abzinsungsfaktor: $v = \dfrac{1}{1+i} = \dfrac{1}{r}$

$q_x = \dfrac{d_x}{l_x}$ = Wahrscheinlichkeit, daß ein $x$-jähriger im Alter $x$ bis $x+1$ verstirbt.

$D_x = l_x \cdot v^x$ = diskontierte Zahl der Lebenden des Alters $x$   $N_x = D_{100} + D_{99} + \cdots + D_x$.

$C_x = d_x \cdot v^{x+1}$ = diskontierte Zahl der Toten des Alters $x$   $M_x = C_{100} + C_{99} + \cdots + C_x$.

| | Einmalprämie | Jahresprämie |
|---|---|---|
| Erlebensversicherung vom Betrage 1 (zahlbar nach $n$ Jahren, falls der Versicherte dann lebt): | $E_{x,\overline{n}|} = \dfrac{D_{x+n}}{D_x}$ | $P_{x,\overline{n}|} = \dfrac{D_{x+n}}{N_x - N_{x+n}}$ |
| Einf. Todesfallversicherung vom Betrage 1 (zahlbar am Ende des Todesjahres des Versicherten): | $A_x = \dfrac{M_x}{D_x}$ | $P_x = \dfrac{M_x}{N_x}$ |
| Gem. Versicherung vom Betrage 1 (zahlbar beim Tode oder nach $n$ Jahren): | $A_{x,\overline{n}|} = \dfrac{M_x - M_{x+n} + D_{x+n}}{D_x}$ | $P_{x,\overline{n}|} = \dfrac{M_x - M_{x+n} + D_{x+n}}{N_x - N_{x+n}}$ |
| Leibrente: (vorschüssig) | $a_x = \dfrac{N_x}{D_x}$ | $a_{x_m} = \dfrac{N_{x+m}}{D_x}$ | $a_{x,\overline{n}|} = \dfrac{N_x - N_{x+n}}{D_x}$ |
| | (lebenslänglich) | ($m$ Jahre aufgeschoben) | (auf $n$ Jahre beschränkt) |

## 9.4. Numerische Methoden

### Hornersches Schema

**Der Wert einer Funktion** $f(x) = a_n x^n + a_{n-1} x^{n-1} + a_{n-2} x^{n-2} + \cdots + a_1 x + a_0$ und ihrer Ableitungen soll für $x = \xi$ bestimmt werden. Die Koeffizienten werden nach fallenden Potenzen geordnet. Bei fehlenden Potenzen wird der Koeffizient **0** gesetzt. Die Durchrechnung geschieht nach folgendem Schema:

Gegeben: $f(x) = a_n x^n + a_{n-1} x^{n-1} + a_{n-2} x^{n-2} + \cdots + a_1 x + a_0$

Gesucht: Wert von $f(x), f'(x), f''(x), \ldots$ an der Stelle $x = \xi$

**Beispiel**

$f(x) = 2x^3 - 3x^2 - 5; \quad \xi = 2{,}5$

| $x^n$ | $x^{n-1}$ | $x^{n-2}$ | $\ldots$ | $x^2$ | $x^1$ | $x^0$ |
|---|---|---|---|---|---|---|
| $a_n$ | $a_{n-1}$ | $a_{n-2}$ | $\ldots$ | $a_2$ | $a_1$ | $a_0$ |
|  | $+\xi a'_n$ | $+\xi a'_{n-1}$ | $\ldots$ | $+\xi a'_3$ | $+\xi a'_2$ | $+\xi a'_1$ |
| $a'_n$ | $a'_{n-1}$ | $a'_{n-2}$ | $\ldots$ | $a'_2$ | $a'_1$ | $\boxed{a'_0} = f(\xi)$ |
|  | $+\xi a''_n$ | $+\xi a''_{n-1}$ | $\ldots$ | $+\xi a''_3$ | $+\xi a''_2$ |  |
| $a''_n$ | $a''_{n-1}$ | $a''_{n-2}$ | $\ldots$ | $a''_2$ | $\boxed{a''_1} = f'(\xi)$ |  |
|  | $+\xi a'''_n$ | $+\xi a'''_{n-1}$ | $\ldots$ | $+\xi a'''_3$ |  |  |
| $a'''_n$ | $a'''_{n-1}$ | $a'''_{n-2}$ | $\ldots$ | $\boxed{a'''_2} = \frac{1}{2!} f''(\xi)$ | usw. |  |

| $x^3$ | $x^2$ | $x^1$ | $x^0$ |
|---|---|---|---|
| $+2$ | $-3$ | $0$ | $-5$ |
|  | $+5$ | $+5$ | $+12{,}5$ |
| $+2$ | $+2$ | $+5$ | $\boxed{7{,}5} = f(2{,}5)$ |
|  | $+5$ | $+17{,}5$ |  |
| $+2$ | $+7$ | $\boxed{22{,}5} = f'(2{,}5)$ |  |
|  | $+5$ |  |  |
|  | $\boxed{12} = \frac{1}{2} f''(2{,}5)$ |  |  |

wobei $a'_n = a_n, \quad a'_{n-1} = a_{n-1} + \xi a'_n, \quad a'_{n-2} = a_{n-2} + \xi a'_{n-1} \ldots a'_{n-\nu} = a_{n-\nu} + \xi a'_{n-\nu+1}$

und $a_\nu^{(\nu+1)} = \frac{1}{\nu!} f^{(\nu)}(\xi)$ ist $(\nu = 1, 2, 3, \ldots, n)$

### Näherungslösungen von $y = f(x) = 0$

**Regula falsi** Aus zwei bekannten Näherungen $x_1$ und $x_2$ folgt

$$x_3 = x_1 - \frac{x_2 - x_1}{y_2 - y_1} \cdot y_1$$

**Newton-Verfahren** Aus einer Näherung $x_1$ folgt

$$x_2 = x_1 - \frac{f(x_1)}{f'(x_1)} = x_1 - \frac{y_1}{y'_1}$$

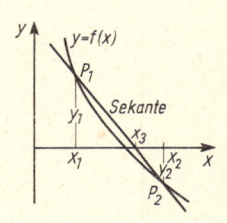

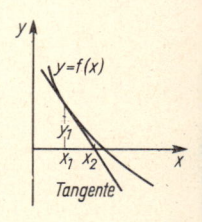

### Numerische Integration

Bei äquidistanten Ordinaten zwischen $x = a$ und $x = b$, wobei $h = \frac{b-a}{n}$ und $y_0 = f(a)$,
$y_1 = f(a+h), \quad y_2 = f(a+2h), \ldots, y_n = f(b)$

**Trapezregel** $A = \int_a^b y\, dx \approx h \left( \frac{1}{2} y_0 + y_1 + y_2 + \cdots + y_{n-2} + y_{n-1} + \frac{1}{2} y_n \right)$
($n \in \mathbb{N}$)

**Simpsonsche Regel** $A = \int_a^b y\, dx \approx \frac{h}{3} \left[ (y_0 + y_{2m}) + 2(y_2 + y_4 + \cdots + y_{2m-2}) + 4(y_1 + y_3 + \cdots + y_{2m-1}) \right]$
($n = 2m, m \in \mathbb{N}$)

## 9.5. Algorithmen

Die zur Darstellung von Algorithmen benutzten Flußdiagramme unterscheiden die drei wesentlich verschiedenen Bestandteile durch unterschiedliche geometrische Rahmen.
a) Rechtecke für Rechenanweisungen (z. B. Formeln);
b) Parallelogramme für Eingabe oder Ausgabe (Aufnahme der gegebenen Informationen oder Formulierung des Ergebnisses);
c) Verzweigungsrauten für Bedingungen mit Ausgang (+), falls Bedingung erfüllt,
Ausgang (−), falls Bedingung nicht erfüllt.

# Mathematische Formeln und Sätze

## Hornerschema zur Berechnung von $f(x) = a_n x^n + \cdots + a_1 x + a_0$

START
Eingabe $n, a_n, a_{n-1}, \ldots, a_1, a_0, x$
Setze $i = n$
Setze $b = 0$
Berechne $c = b \cdot x + a_i$
Setze $b = c$
Erniedrige $i$ um 1
$i < 0$?
Ausgabe $f(x) = b$
STOP

$f(x) = 2x^3 - 3x^2 - 5$
$x = 2{,}5$

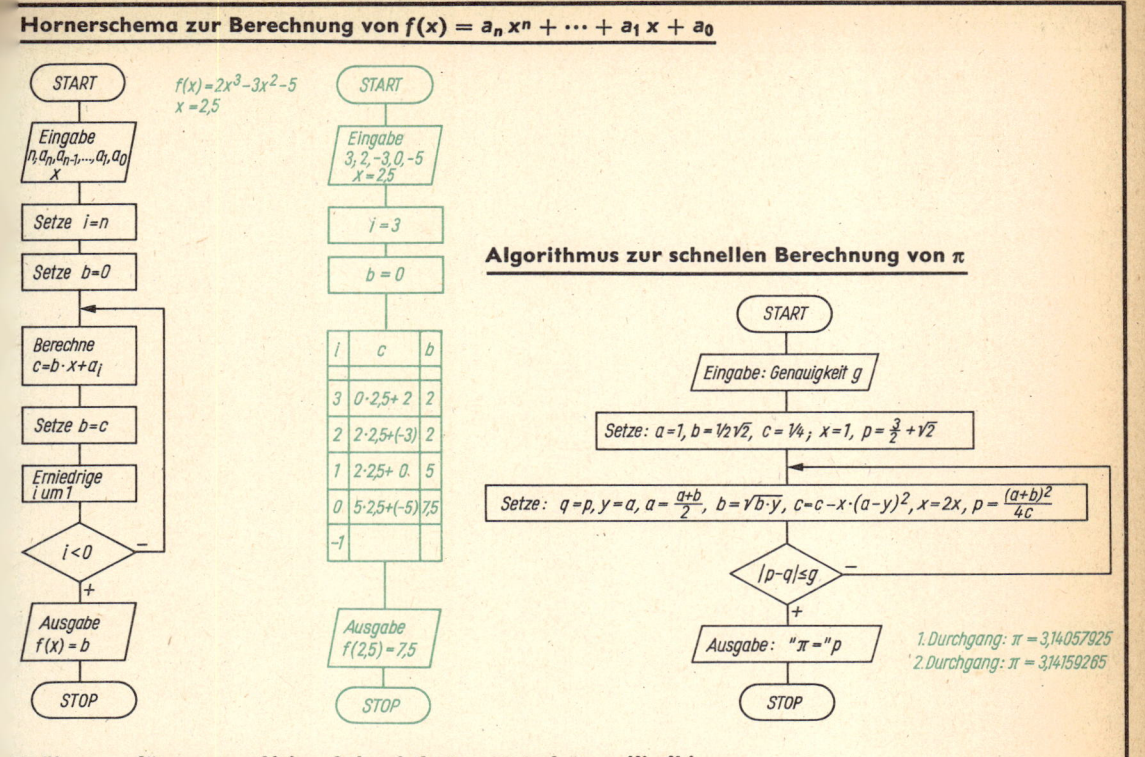

START
Eingabe $3, 2, -3, 0, -5$
$x = 2{,}5$
$i = 3$
$b = 0$

| $i$ | $c$ | $b$ |
|---|---|---|
| 3 | $0 \cdot 2{,}5 + 2$ | 2 |
| 2 | $2 \cdot 2{,}5 + (-3)$ | 2 |
| 1 | $2 \cdot 2{,}5 + 0$ | 5 |
| 0 | $5 \cdot 2{,}5 + (-5)$ | 7,5 |
| -1 | | |

Ausgabe $f(2{,}5) = 7{,}5$
STOP

## Algorithmus zur schnellen Berechnung von $\pi$

START
Eingabe: Genauigkeit $g$
Setze: $a = 1,\ b = \tfrac{1}{2}\sqrt{2},\ c = \tfrac{1}{4},\ x = 1,\ p = \tfrac{3}{2} + \sqrt{2}$
Setze: $q = p,\ y = a,\ a = \tfrac{a+b}{2},\ b = \sqrt{b \cdot y},\ c = c - x \cdot (a-y)^2,\ x = 2x,\ p = \tfrac{(a+b)^2}{4c}$
$|p - q| \leq g$?
Ausgabe: "$\pi =$" $p$
STOP

1. Durchgang: $\pi = 3{,}14057925$
2. Durchgang: $\pi = 3{,}14159265$

## Näherungslösung von $f(x) = 0$ durch fortgesetzte Intervallhalbierung

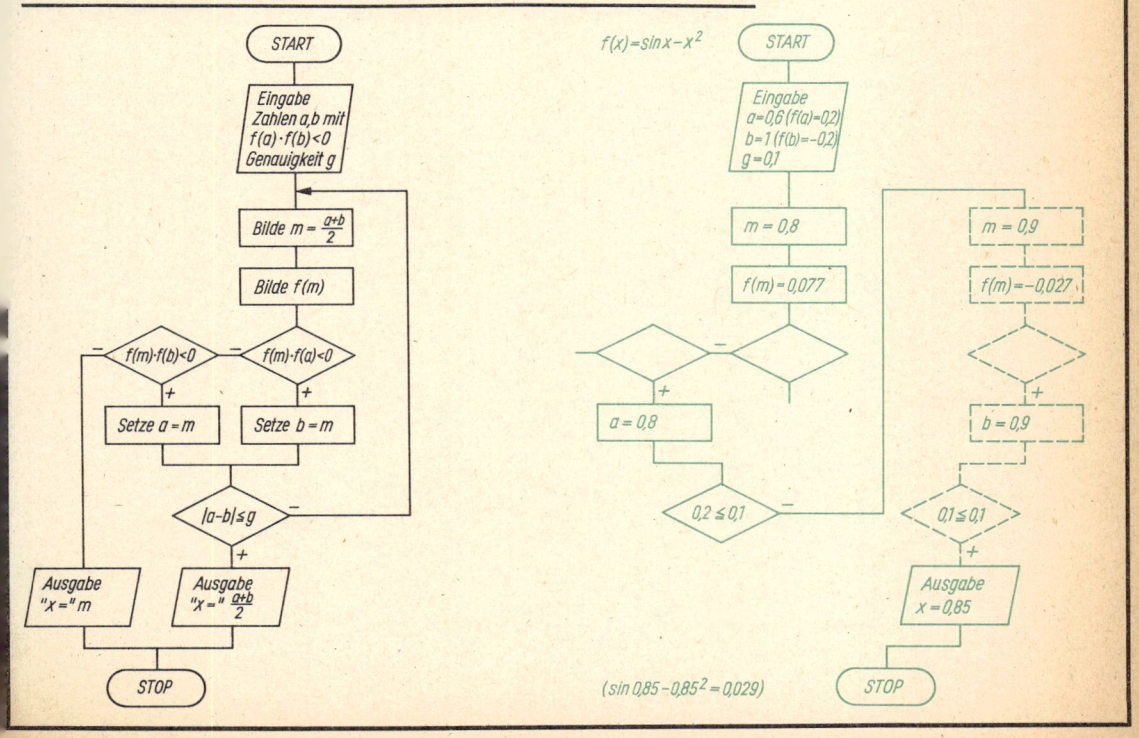

START
Eingabe Zahlen $a, b$ mit $f(a) \cdot f(b) < 0$ Genauigkeit $g$
Bilde $m = \tfrac{a+b}{2}$
Bilde $f(m)$
$f(m) \cdot f(b) < 0$?
$f(m) \cdot f(a) < 0$?
Setze $a = m$
Setze $b = m$
$|a - b| \leq g$?
Ausgabe "$x =$" $m$
Ausgabe "$x =$" $\tfrac{a+b}{2}$
STOP

$f(x) = \sin x - x^2$

START
Eingabe $a = 0{,}6\ (f(a) = 0{,}2)$
$b = 1\ (f(b) = -0{,}2)$
$g = 0{,}1$

$m = 0{,}8$
$f(m) = 0{,}077$
$a = 0{,}8$
$0{,}2 \leq 0{,}1$?

$m = 0{,}9$
$f(m) = -0{,}027$
$b = 0{,}9$
$0{,}1 \leq 0{,}1$?
Ausgabe $x = 0{,}85$
STOP

$(\sin 0{,}85 - 0{,}85^2 = 0{,}029)$

Tafel **26**

# Mathematische Formeln und Sätze

## 9.6. Nomogramme für Exponential- und Potenzfunktionen

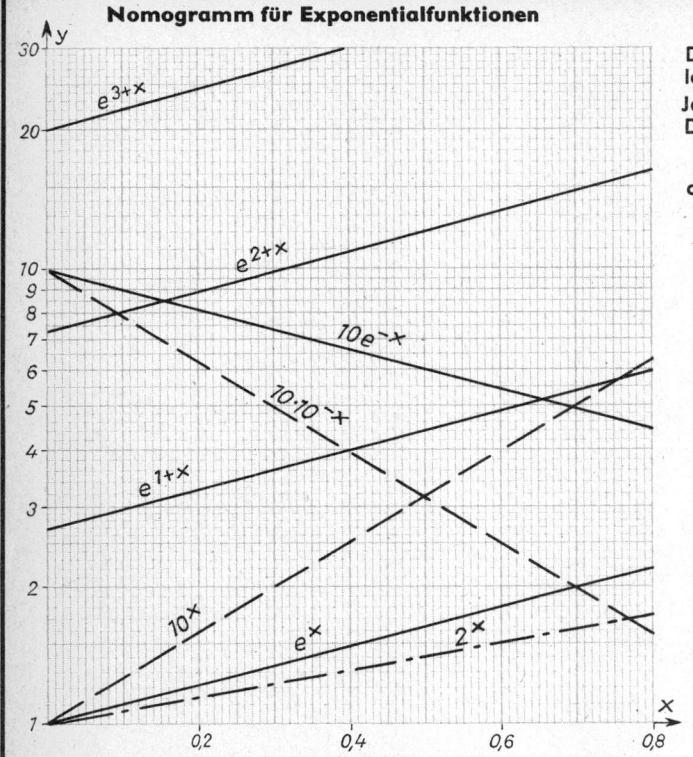

### Nomogramm für Exponentialfunktionen

Die nebenstehende Figur zeigt einfach logarithmisch geteiltes Papier.
Jeder Punkt hat die Koordinaten $(x/\lg y)$.
Daher hat die Gerade, die sonst durch
$$y = mx + b$$
dargestellt wird, die Gleichung
$$\lg y = mx + b \quad \text{oder}$$
$$y = 10^{mx+b},$$
$$y = c \cdot a^x.$$

### Nomogramm für Potenzfunktionen

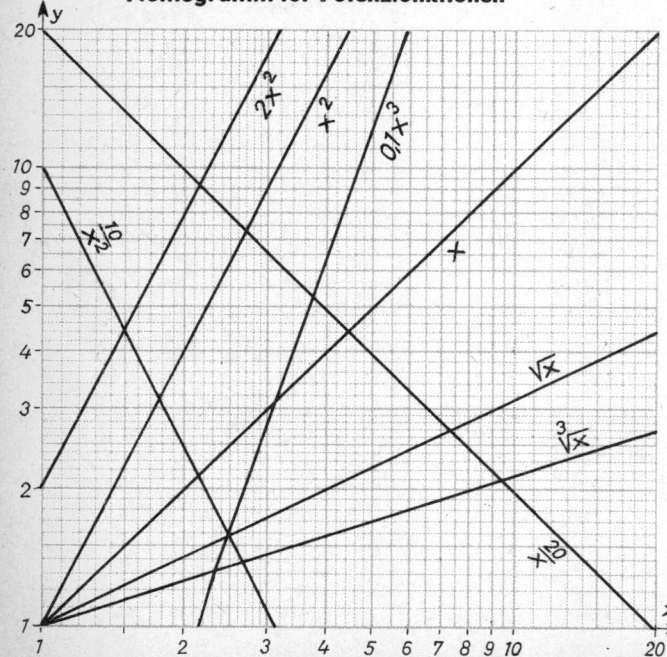

Die nebenstehende Figur zeigt doppelt logarithmisch geteiltes Papier.
Jeder Punkt hat die Koordinaten $(\lg x/\lg y)$.
Daher hat die Gerade, die sonst durch
$$y = mx + b$$
dargestellt wird, die Gleichung
$$\lg y = m \lg x + b \quad \text{oder}$$
$$y = 10^{m \lg x + b},$$
$$y = c \cdot x^m.$$

Beide Figuren gestatten die Darstellung von Funktionen über große Bereiche einer bzw. beider Veränderlicher.

# Sachverzeichnis

Abbildung, affine 54
–, allgemeine 43
–, lineare 51
Abhängigkeit, lineare 49
Ableitung 60
absoluter Betrag 58
Abstand (Punkt – Gerade/Ebene) 53
Abstandsfunktion 58
Achsenaffinität 54
Achsenspiegelung 54
Additionstheorem 66
affine Geometrie 51
affiner Raum 51
Ähnlichkeitsabbildung 54
Aktivität, radioaktive 37
Algorithmen 80 f.
Allquantor 41
$\alpha$-Teilchen 36 f.
Ampere 28
Angström 27
Anordnung 58
Äquivalenz, Masse – Energie 30
– relation 43
Arbeit 30
archimedische Anordnung 58
Argumentbereich 43
arithmetisches Mittel 67 f.
Assoziativität 44 f.
–, gemischte 49 f.
astronomische Begriffe und Konstanten 28, 32, 35, 38 ff.
Atmosphäre 30
Atommasse, relative 36 f.
atomphysikalische Konstanten 29, 34
Ausdehnungskoeffizient 33
Aussageverknüpfungen 41
Avogadro-Konstante 33

bar 30
barn 33
Basis 49 f.
– größen 27 ff.
bedingte Wahrscheinlichkeit 72
Beleuchtungsstärke 29
Beschleunigung 28, 31
$\beta$-Strahler 36 f.
$\beta$-Strahlung 36 f.
Bernoulli-Verteilung 74
Betrag eines Vektors 50
bijektiv 43
Bild einer linearen Abbildung 51
– menge 43
Bildungswärme 33
Binomialverteilung 74
binomische Reihe 63
binomischer Satz 46
Bogenlänge 62
Bogenmaß 64
Boltzmann-Konstante 33
Brechungsverhältnis 32 f.
Brennwert 34

Candela 27
Chi-Quadrat-Test 76
Cosinus 63, 66
Coulomb 29
Curie 30

Dämpfungsmaße 30
Definitionsbereich 43
Determinanten 48
Dezibel 30
Diagonalmatrix 47
Dichten, Feststoffe 31 f.
–, Flüssigkeiten 33, 35
–, Gase 32
–, wässerige Lösungen 35

Dielektrizitätskonstante 33
Differentialrechnung 60
differenzierbar 60
Dimension 49
Dimensionssatz 51
Distributivität 44 f.
Dosimetrie 30
Dosisleistung 30
Drehkörper 62, 65
Drehparaboloid 65
Drehstreckung 54
Drehung 54
Dreieck 52 f., 64, 66
Dreiecksungleichung 58
Druck, Einheiten 30

Ebene 52
Effektivwert 28
Einheiten, Basis- 27
Einheitsvektor 50
elektrische Feldkonstante 33
– Ladung 29
elektrischer Widerstand 29, 31
elektromagnetisches Spektrum 31
Elektronenvolt 30
Elektronischer Taschenrechner 78
Elementarladung 33
Elementarteilchen 33
Elemente, chemische 36 f.
Ellipse 55
Ellipsoid 62
Energieäquivalent der Masse 30
Energieeinheiten 30
Energieskala 35
Entfernung zweier Punkte 53
Entfernungen im Weltraum 35
Ereignisalgebra 71
Ereignisraum 71
erg 30
Erwartungswert 73
euklidische Geometrie 53
euklidischer Raum 53
– Vektorraum 50
Euler-Affinität 54
– Formel 57
Existenzquantor 41

Fakultät 46
Farad 29
Faraday-Konstante 33
Fehlerfortpflanzung 77 f.
Feldkonstanten 33
Feststoffe 32
Fläche eines Dreiecks 53, 64, 66
Flächeninhalt ebener Figuren 64
Flintglas 31
Fluchtgeschwindigkeit 31
Flußdiagramm 81
Flüssigkeiten 33, 35
Fraunhofer-Linien 31
Frequenz 28
Funktion 43
Funktionsverkettung 43

$\gamma$-Strahlung 37
Gase 32
Gaskonstante 33
Gauß-Verteilung 75
geometrische Reihe, endliche 47
– –, unendliche 63
Gerade 52 f.
Geschwindigkeit 31
Gleichung, quadratische 46
Gleichungssysteme, lineare 48 f.
Gravitationskonstante 33
Gray 30
Grenze 58

Grenzwert 59
Gruppe 44
Guldinsche Regeln 65

Halbwertzeit 36 f.
Halbwinkelsatz 66 f.
Hall-Konstante 31
harmonisches Mittel 67 f.
harmonische Teilung 64
Häufigkeit, relative 71
Heizwerte 35
Henry 29
Hesse-Normalform 53
Höhenmessung, barometrische 34
Höhensatz 64
Höhenstrahlung 31
Horner-Schema 80 f.
Hospital-Regel 61
Hyperbel 55
hypergeometrische Verteilung 74

imaginäre Einheit 57
Impuls 29
Induktion, magnetische 29
Induktivität 29
injektiv 43
Integralrechnung 61 f.
Intervalle 58
inverse Matrix 47
Isolatoren 31
Isomorphismus 45 f.
Isotope 36 f.

Jahr 27
Joule 30

Kalorie 30
Kapazität 29
Kathetensatz 64
Kegel 65
– schnitte 55 f.
– stumpf 65
Kelvin-Temperatur 27
Kern einer linearen Abbildung 51
Kettenregel 60
Kombinationen 70
Kombinatorik 70
Kommutativität 41 ff., 50
komplexe Zahlen 57
Kongruenzabbildung 54
Koordinatendarstellung 49 f.
Koordinatensystem, affines 51
–, kartesisches 53
Koordinatenvektor 49
Körper 44
– der reellen Zahlen 46
Korrelationen 69
Kosinus eines Vektorpaares 50
– satz 66
Krafteinheit 29
Kreis 53, 55, 64
–, Krümmungs- 61
Kugel 53, 65
– dreieck 67
– teile 65
– zweieck 67
Kurvendiskussion 61

Lautstärke 30
Lebensversicherung 79
Leistungseinheiten 30
Leuchtdichte 29
Lichtgeschwindigkeit 33
Lichtjahr 27
Lichtstärke 29
Lichtstrom 29
Limes 59

83

# Sachverzeichnis

linear unabhängig 49
lineare Algebra 47
– Gleichungssysteme 48 f.
Linearkombination 49
Löslichkeit 35
Logarithmen 45 f.
Loschmidt-Konstante 33
Luft 32
– druck 34
lumen 29
lux 29

**m**agnetische Feldkonstante 33
– Feldstärke 29
Mantelfläche von Rotationskörpern 62
Masse der Atome (relative) 36 f.
– – Elementarteilchen 33
Masseneinheit 27
–, atomare 28, 33
Maßkorrelation 69
Matrizen 47
Meereshorizont 35
Mengen 41
– lehre 41
Metalle 31 f.
Meter 27
Metrik 58
Mittelwerte 67 f.
Moivre, Satz von 57
Mol 28
Molekülgeschwindigkeit 31

**N**achbereich 43
Näherungsformeln 79
Näherungslösungen 80 f.
Neper 30
Nepersche Regel 67
Neutron 33
Newton 29
– -Verfahren 80
nichtmetrische Maße 33
Nomogramme 82
Norm eines Vektors 50
Normale einer Geraden/Ebene 53
– bei Kegelschnitten 55
Normalform, Gleichung einer Geraden/Ebene 53
Normalverteilung 75
Normdruck 33
Normtemperatur 33
Normvolumen 33
Nuklide 36 f.
Nullpunkt, absoluter 33
numerische Integration 80

**o**bere Grenze 58
– Schranke 58
Oersted 29
Ohm 29
Oktave 30
Operatorenbereich 44
Ordnungsrelation 42
Ordnungsstrukturen 57
orthogonale Geraden 53
Orthonormalbasis 50
Ortsvektor 51

**P**arabel 55
parallele Geraden 52
Parallelogramm 64
Parallelverschiebung 54
Parameter eines Kegelschnitts 55
Parameterform der Gleichung einer Geraden/Ebene 52

Parameterform der Funktion (Ableitung) 61
Pascal 30
Permutation 70
Phon 30
Planck-Konstante 33
Poisson-Verteilung 74 f.
Pol 55
Polare 55
Polargleichungen 55
Polarkoordinaten 55
Potenzen 46
Potenzreihen 63
Potenzsummen 47
Prisma 65
Proton 33
Punkt – Richtung – Form der Gleichung einer Geraden/Ebene 52
Pyramide 65

**Q**uadrat 64
quadratische Gleichung 46
quadratisches Mittel 67 f.
Quantoren 41
Quecksilber 33

**R**adiant 28, 64
radioaktive Isotope 36 f.
– Nuklide 36 f.
Rangkorrelation 69
Raumdiagonale 65
Rauminhalt 65
Raumwinkel 28
rd 30
rechtwinkliges Dreieck 64
Regression 69
Regula falsi 80
Reihen 47, 63
Ring 44
Röntgen 30
Rotationskörper 62

**S**arrus, Regel von 48
Sättigungsdruck 34
Schallgeschwindigkeit 31
Scherung 54
Schmelzpunkt 32 f.
Schmelzwärme 32 f.
Schnittwinkel von Geraden/Ebenen 53
Schwerebeschleunigung 31
Schwerpunkt eines Dreiecks 52
Seitenkosinussatz 67
Sekunde 27
Siedepunkt 32 f.
Signifikanztest 76
Simpsonsche Regel 80
Sinussatz 66, 67
Skalarprodukt 50
Solarkonstante 35
Spannungskoeffizient 32
Spektrallinien 31
Spektrum, elektromagnetisches 31
Spiegelung 54
Standardabweichung 67 f., 73
Standardbasis 50
Statistik 67 ff.
Stefan-Boltzmann-Konstante 33
stetige Teilung 64
– Verzinsung 79
Stetigkeit 59
Stichprobe 67 f.
Stilb 29
Stirlingsche Formel 70
Stromstärke 27
surjektiv 43

**T**angenssatz 66
Tangente 53, 55
Tangentialebene 53
Taschenrechner 78
Taylorsche Formel 63
Teilpunkt 52, 64
Teilverhältnis 52, 64
Tesla 29
Translation 54
Trapez 64
– regel 80
Trigonometrie 66 f.

**U**mlaufzeit 40
unendliche Reihen 63
Ungleichungen 58

**V**arianz 73
–, empirische 67
Variationen 70
Vektoren 49 ff.
Vektorräume 49 ff.
Verbände 45
Verbrennungswärme, spezifische 32 f.
Verdampfungswärme, spezifische 32 f
Verknüpfungen, allgemeine 44
– von Aussagen 41
– – Mengen 42
Verteilungen 72 ff.
vollständige Ordnung 57
Volt 29
Volumen 65
– ausdehnung 32 f.
– von Rotationskörpern 62
Vorbereich 43

**W**ahrheitstafel 41
Wahrscheinlichkeit 70 ff.
Wärmekapazität, spezifische 29, 32 f.
Wärmemenge 29
Wasser 33
wässerige Lösungen 35
Watt 29
Weber 29
Wellenlängen 28, 31
Wellenzahl 28
Wertevorrat 43
Wichte 29
Widerstand, elektrischer 29, 31
–, spezifischer 32
Winkel zwischen zwei Ebenen 53
– – – Geraden 53
– – – Vektoren 53
Winkelbeschleunigung 28
Winkelfunktionen 66 f.
Winkelgeschwindigkeit 28
Winkelkosinussatz 67
Wirkungsgrad 29
Wirkungsquerschnitt 33
Wohlordnung 57
Würfel 65
Wurzeln 46

**Z**ahlenmengen 42
Zehnerpotenzen, Vorsätze 27
Zeiteinheit 27
zentrische Streckung 54
Zerfall, radioaktiver 36 f.
Ziffernzählregeln 77 f.
Zinseszins 79
Zufallsvariable 72 f.
Zufallsexperiment 70
Zylinder 65